高等职业教育建筑工程技术专业系列教材

材 料 力 学

主 编　赵朝前　王　妍
参 编　邓　蓉　史筱红　王　倩　韩　超
主 审　吴明军

科 学 出 版 社

北 京

内 容 简 介

全书共9章，内容包括绪论、轴向拉伸与压缩、扭转、梁的弯曲内力、梁的弯曲应力、梁弯曲时的位移、应力状态和强度理论简介、组合变形、压杆稳定。附录Ⅰ介绍了截面的几何性质，附录Ⅱ列出了常用型钢规格表，附录Ⅲ提供了部分思考与练习题参考答案。本书力求内容紧凑、由浅入深，基本概念和理论阐述简明扼要，以便于学生理解和运用。

本书可作为高职高专土建类专业及应用型本科相关专业的材料力学课程教材，也可供相关工程技术人员参考。

图书在版编目(CIP)数据

材料力学/赵朝前，王妍主编. —北京：科学出版社，2022.6
（高等职业教育建筑工程技术专业系列教材）
ISBN 978-7-03-070140-4

Ⅰ.①材…　Ⅱ.①赵…②王…　Ⅲ.①材料力学–高等职业教育–教材
Ⅳ.①TB301

中国版本图书馆 CIP 数据核字（2021）第 214052 号

责任编辑：李　雪 / 责任校对：赵丽杰
责任印制：吕春珉 / 封面设计：曹　来

科学出版社 出版
北京东黄城根北街 16 号
邮政编码：100717
http://www.sciencep.com

廊坊市都印印刷有限公司 印刷
科学出版社发行　各地新华书店经销

＊

2022 年 6 月第 一 版　　开本：787×1092　1/16
2022 年 6 月第一次印刷　　印张：15
字数：356 000

定价：59.00 元
（如有印装质量问题，我社负责调换〈都印〉）

销售部电话 010-62136230　编辑部电话 010-62130874（VA03）

前　言

本书是按照职业教育培养高端技术技能人才的目标，同时结合土木建筑类相关专业人才培养方案对材料力学知识的基本要求编写而成的。

在编写过程中，编者根据多年的力学课程教学改革、研究和教材编写经验，以企业生产一线的技术与管理岗位职业标准和职业资格考试大纲为核心，注重职业能力和材料力学素养的培养。按照"必需、够用"的原则，通过分析研究职业岗位和后续课程对材料力学的广度和深度的要求，在保证基本概念、基本理论和基本方法应知应会的基础上，更注重实际应用和实际计算。

本书由四川建筑职业技术学院吴明军教授主审，他为本书的编写提出了许多宝贵意见，在此深表感谢。本书由四川建筑职业技术学院赵朝前和王妍任主编。具体编写分工如下：四川建筑职业技术学院赵朝前编写第 1 章、第 8 章，王妍编写第 2 章、第 5 章、第 6 章、附录 I 并提供附录 II，王倩编写第 3 章，邓蓉编写第 4 章，史筱红编写第 9 章；河北水利电力学院韩超编写第 7 章；部分思考与练习题参考答案由对应章节编写人员一并编写。

由于编者学识水平有限，书中难免有不妥之处，恳请读者批评指正。

编　者

2021 年 12 月

目　录

第 1 章

绪　论

材料力学主要是研究材料的力学性能和构件的强度、刚度和稳定性计算的学科。本章主要介绍材料力学的任务，研究对象和基本假设，外力、内力、应力和应变的概念，杆件变形的基本形式等。

1.1　材料力学的任务

工程实际中的结构物和机械是由梁、柱或轴等零部件组成的，这些零部件称为构件。这些构件在结构物和机械的制造及使用过程中都要承受各种力的作用，如各部分的自重、风压力、水压力、土压力、人及设备的重力等，这些力称为荷载。构件在外力（荷载和约束力）作用下，其尺寸和形状将发生的变化称为变形。当外力不超过一定的限度时，构件在外力卸除后能恢复到原来的形状和尺寸，随外力卸除而消失的变形称为弹性变形。当外力超过一定的限度时，外力卸除后，构件只能部分复原，即仅有部分变形能够消失，不能消失而残留下来的这部分变形称为塑性变形。

为了保证整个结构或机械正常工作，就必须要求每一个构件均能正常工作。工程实践表明，构件受到的作用力越大其变形也越大，当作用力过大时，构件将发生断裂或产生显著塑性变形，这种现象称为破坏，如起重钢索被拉断、机械传动轴被扭断等，这是不允许的。但若仅要求不发生破坏，并不能保证构件或整个结构的正常工作，如屋面檩条变形过大，屋面会漏水；吊车梁变形过大，吊车就不能正常工作。此外，有些构件在某种外力作用下，将发生不能保持原有平衡形态的现象，如房屋中受压的细长柱子，当压力达到或超过一定限度后，柱子将从直线形态突然明显变弯，甚至导致房屋倒塌。在一定外力作用下，构件突然发生无法保持其原有平衡形态的现象称为失稳。显然，构件工作时是不允许发生失稳的。

综上所述，为保证工程结构或机械能安全正常工作，构件应满足以下 3 个方面的要求。

（1）构件应具有足够的抵抗破坏的能力，称为构件的强度，以保证在规定的使用条件下不发生断裂或产生显著的塑性变形。

（2）构件应具有足够的抵抗变形的能力，称为构件的刚度，以保证在规定的使用条件下不产生过大的变形。

（3）构件应具有足够的保持原有平衡状态的能力，称为构件的稳定性，以保证在规定的使用条件下不失稳。

在设计和制造构件时，如果为了使构件有高的强度、刚度和好的稳定性，而选用优质的材料或加大截面尺寸，这样虽然能保证构件可以安全正常工作，但会造成结构自重增加和材料浪费，增加经济成本。反之，如果为了降低成本，选用低标准材料或减小截面尺寸，构件将可能无法满足强度、刚度和稳定性的要求，从而不能保证工程结构或机械的安全正常工作。可见，安全与经济之间存在着矛盾，材料力学的任务就是要合理地化解这一矛盾，即建立关于构件强度、刚度和稳定性计算的理论基础，为构件选用适当的材料、确定合理的截面形状和尺寸提供必要的计算方法，为保证既安全又经济地选择构件服务。

实验分析也是材料力学解决问题的重要方法。这是因为构件的强度、刚度和稳定性与其所用材料的力学性能（材料在外力作用下表现出来的变形和破坏等方面的性能）有关，材料的力学性能需要由试验来测定。同时，有些仅凭现有的理论难以解决的问题需借助实验方法来解决。

1.2 材料力学的研究对象和基本假设

1. 材料力学的研究对象

工程结构或机械中的构件形状多种多样，其中最常见、最基本的构件的几何特征是：在空间三维方向上某一个方向的尺寸远大于其他两个方向的尺寸，这类构件称为杆件，如图 1-1 所示。垂直于杆件长度方向的截面称为横截面，截面几何形状的中心称为截面几何图形的形心，杆件所有横截面形心的连线称为杆件的轴线。轴线为直线的杆件称为直杆 [图 1-1 （a）]，轴线为曲线的杆件称为曲杆 [图 1-1 （b）]。所有横截面形状和尺寸都相同的杆件称为等截面直杆，简称等直杆。材料力学的主要研究对象是等直杆。

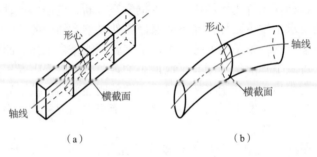

（a）　　　　　　　　　　　　（b）

图 1-1

2. 材料力学的基本假设

制造杆件的材料都是固体，而且受力会产生变形，这些材料统称为可变形固体，简称变形固体。工程中使用的固体材料多种多样，而且其微观结构和力学性能也各不相同。为了使问题简化，通常对变形固体做以下基本假设。

（1）连续性假设。连续性假设认为在固体材料的整个体积内毫无空隙地充满了物质。实际上，固体材料是由无数的微粒或晶粒组成的，各微粒或晶粒之间是有空隙的，是不可能连续的，但这种空隙的大小与构件的尺寸相比极其微小，可以忽略不计。根据这个假设，就可将构件中的一些力学量（如各点所受的力）用固体点的连续函数表示，并可采用坐标增量无限小的数学分析方法。需要注意的是，在正常工作条件下，连续性不仅适用于变形前的固体，也适用于变形后的变形固体。因此，构件中相邻的质点之间在变形后既不会产生新的空隙也不会挤入其他质点。

（2）均匀性假设。均匀性假设认为构件内各处具有完全相同的力学性能。事实上，组成构件材料的各个微粒或晶粒，彼此的性质不尽相同。但是构件的尺寸远远大于微粒或晶粒的尺寸，构件所包含的微粒或晶粒的数目又极多，所以，固体材料的力学性能并不是反映每个微粒或晶粒的性能，而是反映所有微粒或晶粒力学性能的统计平均量。因而，可以认为固体材料各部分的力学性能是均匀的。按照这个假设，可以从构件内任何位置取出一小部分来研究材料的性质，其结果适用于构件的任何部位。

（3）各向同性假设。各向同性假设认为材料在各个方向上的力学性能是相同的。事实上，组成材料的单个晶粒沿不同方向的力学性能是不相同的。但由于构件内所含晶粒的数目极多，在构件内的排列又是极不规则的，在宏观上材料沿各个方向的力学性能就趋于相同了，因此可以认为某些材料是各向同性的，如金属材料、塑料以及浇筑得很好的混凝土。根据这个假设，当获得了材料在某一个方向的力学性能后，就可将其结果用于其他方向。但是此假设并不适用于所有材料，如木材、竹材和纤维增强材料等，其力学性能是各向异性的。

构件正常工作时不允许产生塑性变形，只产生与构件原始尺寸相比非常微小的弹性变形，即小变形。分析构件上力的平衡关系时，可略去变形的影响，按构件的原始尺寸和形状进行计算。

综上所述，材料力学将构件看作连续、均匀、各向同性的变形固体，并主要研究弹性范围内的小变形情况。

1.3　外力、内力、应力和应变

材料力学课程中经常出现外力、内力、应力和应变这四个概念，下面对它们进行具体介绍。

1. 外力

研究某一构件时，其他构件与物体作用在该构件上的力称为外力，包括荷载与约束反力。外力按照其作用方式可分为体积力和表面力。体积力是指连续作用在物体内部各点的力，如物体的自重等。表面力是指作用在物体表面上的力，按其在物体表面上的分布情况可分为分布力和集中力。连续分布在物体表面某一范围的力称为分布力，如作用在坝体上的水压力。如果分布力的作用范围远小于构件的表面尺寸，或沿杆件轴线的分布范围远小于构件的轴线长度，分布力可简化为作用于一点的集中力，如屋架对墙的压力等。

荷载按其随时间变化的特征可分为静荷载和动荷载。随时间无变化或变化极其缓慢的荷载为静荷载，随时间变化显著的荷载为动荷载。材料在静荷载和动荷载作用下会表现出不同的力学性能，分析方法也有差异。

2. 内力

1）内力的概念

因外力作用在物体内各部分之间产生的相互作用力称为内力。

从广义上讲，物体内部各质点之间的相互作用力也可称为内力，正因为这种内力的存在，物体才能凝聚在一起而成为一个整体。显然，即使无外力作用，这种相互作用力也是存在的，这种内力也叫作广义内力。

在外力作用下，物体内部粒子间的相对位置发生了改变，粒子间的相互作用力也会发生改变。这种由于外力作用而引起的粒子间作用力的改变量，称为附加内力。材料力学中所研究的正是这种附加内力，简称内力。

内力与杆件的强度、刚度等有着密切的关系。内力将随外力的增加而增大，内力越大，变形也越大，当内力超过一定限度时，物体就会发生破坏。因此，确定杆件内力的大小及内力在杆件内的分布情况，是进行杆件设计的基础。讨论杆件强度、刚度和稳定性问题，必须先求出杆件的内力。

2）内力计算的基本方法——截面法

为了显示并确定杆件某个截面上的内力，可假想地从该截面处将杆件切为两段，任取其中一段作为研究对象，该研究对象在所有外力和切开截面上的内力共同作用下处于平衡状态，根据此平衡条件，建立平衡方程，进而求出杆件的内力。这种求内力的方法称为截面法。

下面以求解图 1-2（a）所示杆件 m—m 横截面上的内力为例，介绍利用截面法求内力的基本方法和步骤。

（1）截开。用假想的截面，在要求内力的位置处将杆件截开，从截面处把杆件分成两部分，如图 1-2（a）所示。

（2）取代。取截开后的任一部分作为研究对象，画受力图。画受力图时，在截开的截面处用该截面上的内力代替另一部分对该部分的作用力，如图 1-2（b）、（c）所示。现要求的内力就是合力 F_N。

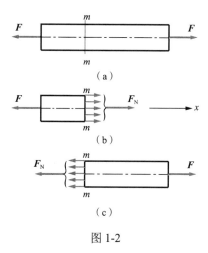

图 1-2

（3）平衡。列平衡方程求出内力。

由

$$\sum F_x = 0 , \quad F_N - F = 0$$

得

$$F_N = F$$

不管杆件产生何种变形，都可以用截面法求出内力。

3. 应力

杆件是否发生强度破坏虽然与内力有关，但仅仅知道杆件的内力是不够的。根据经验我们知道：相同材料制作的两根粗细不同的杆件，受相同的轴向拉力作用，当拉力逐渐增大至一定程度时，两杆件必将发生破坏，而细杆件将首先被拉断（材料发生了破坏）。细杆件发生破坏瞬时两杆件的内力是相同的。这一事实说明：杆件的强度不仅和杆件横截面上的内力有关，而且与横截面的面积有关。虽然两杆件横截面上的内力相同，但是由于横截面尺寸不同，两杆件横截面上的内力分布密集程度（简称集度）并不相同。细杆件横截面上的内力分布集度比粗杆件横截面上的内力分布集度大。所以，在材料相同的情况下，判断杆件破坏的依据不是内力的大小，而是内力分布集度，即内力在截面上各点处分布的密集程度。

受力杆件截面上某一点处的内力分布集度称为该点的应力。在构件的截面上，围绕任意一点 K 取微面积 ΔA [图 1-3（a）]，设 ΔA 上微内力的合力为 ΔF。ΔF 与 ΔA 的比值

$$p_m = \frac{\Delta F}{\Delta A}$$

称为 ΔA 上的平均应力。令微面积 ΔA 趋近于零，将极限值

$$p = \lim_{\Delta A \to 0} p_m = \lim_{\Delta A \to 0} \frac{\Delta F}{\Delta A} = \frac{\mathrm{d}F}{\mathrm{d}A} \tag{1-1}$$

称为 K 点处的应力。

应力 p 是一个矢量，一般既不与截面垂直，也不与截面相切。通常把它分解为两个分量，如图 1-3（b）所示。垂直于截面的法向分量 $\sigma = p\cos\alpha$，称为正应力；相切于截面的切向分量 $\tau = p\sin\alpha$，称为切应力。

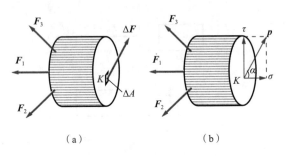

（a） （b）

图 1-3

工程中应力的单位常用帕（Pa）和兆帕（MPa），还可用千帕（kPa）和吉帕（GPa）。其中

$$1\text{Pa}=1\text{N/m}^2, \quad 1\text{MPa}=1\text{N/mm}^2$$
$$1\text{kPa}=1\times10^3\text{Pa}, \quad 1\text{MPa}=1\times10^6\text{Pa}$$
$$1\text{GPa}=1\times10^9\text{Pa}=1\times10^3\text{MPa}$$

注意：

（1）应力是针对受力杆件的某一截面上某一点而言的，所以提及应力时必须明确指出杆件、截面、点的位置。

（2）应力是矢量，不仅有大小还有方向。对于正应力 σ，通常规定：拉应力（箭头背离截面）为正，压应力（箭头指向截面）为负，如图 1-4 所示。

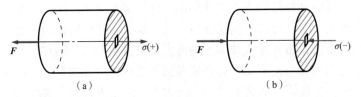

（a） （b）

图 1-4

（3）内力与应力的关系：内力在某一点处的集度为该点的应力；整个截面上各点处的应力总和等于该截面上的内力。

应力表示截面上某点受力的强弱程度，应力达到一定程度时，杆件就会发生破坏。

4. 应变

杆件受力后将产生变形，为便于分析杆件的变形规律，可在杆件内部取一边长无限小的正六面体并将其正投影置于一平面内，如图 1-5（a）所示。变形后六面体的边长和棱边的夹角都将发生变化，如图 1-5（b）所示。

变形前正六面体的边长为 Δx，变形后边长为 $\Delta x+\Delta s$，Δs 代表其边长的长度变化量，

比值 $\varepsilon_{\mathrm{m}} = \dfrac{\Delta s}{\Delta x}$ 反映的是每单位长度的平均伸长或缩短量，称为平均应变，当 Δx 趋近于零时，ε_{m} 的极限 ε 为

$$\varepsilon = \lim_{\Delta x \to 0} \frac{\Delta s}{\Delta x} = \frac{\mathrm{d}s}{\mathrm{d}x} \qquad (1\text{-}2)$$

ε 称为点沿 x 方向的线应变，简称为应变。如果在 Δx 长度内各点的变形程度是均匀的，则平均应变也就是点的应变。如果在 Δx 长度内各点的变形程度并不均匀，则必须由式（1-2）定义的应变来反映点沿 x 方向长度变化的程度。

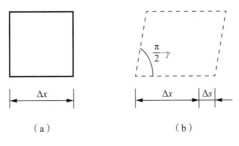

（a） （b）

图 1-5

由图 1-5 可知，杆件变形后，不但正六面体边长的长度发生改变，其棱边间的夹角也由直角变为 $\dfrac{\pi}{2} - \gamma$，角度的改变量 γ 称为该点的切应变。

线应变和切应变是度量一点变形程度的两个基本量，它们都是量纲为一的量。

1.4 杆件的变形形式

四种基本变形

杆件在不同外力作用下，可以产生不同的变形，但根据外力性质及其作用线（或外力偶作用面）与杆轴线的相对位置的特点，通常归结为四种基本变形形式。

1. 轴向拉伸和压缩

如果在直杆的两端各受到一个外力 $\boldsymbol{F}$ 的作用，且二者的大小相等、方向相反，作用线与杆件的轴线重合，那么杆的变形主要是沿轴线方向的伸长或缩短的。当外力 $\boldsymbol{F}$ 的方向沿杆件截面的外法线方向时，杆件因受拉而伸长，这种变形称为轴向拉伸，如图 1-6（a）所示；当外力 $\boldsymbol{F}$ 的方向沿杆件截面的内法线方向时，杆件因受压而缩短，这种变形称为轴向压缩，如图 1-6（b）所示。

（a） （b）

图 1-6

2. 剪切

如果直杆上受到一对大小相等、方向相反、作用线平行且相距很近的外力沿垂直于杆件轴线方向作用时,杆件的横截面沿外力的方向发生相对错动,这种变形称为剪切,如图 1-7 所示。

3. 扭转

如果直杆在两端各受到一个外力偶 M_e 的作用,且二者的大小相等、转向相反,作用面与杆件的轴线垂直,那么杆件的横截面将绕轴线发生相对转动,这种变形称为扭转,如图 1-8 所示。

图 1-7   图 1-8

4. 弯曲

如果直杆在两端各受到一个外力偶 M_e 的作用,且二者的大小相等、转向相反,作用面都与包含杆轴的某一纵向平面重合,或者是受到在纵向平面内作用的垂直于杆轴线的横向外力作用时,杆件的轴线就会变弯,这种变形称为弯曲(图 1-9)。图 1-9(a)所示弯曲称为纯弯曲,图 1-9(b)所示弯曲称为横力弯曲。

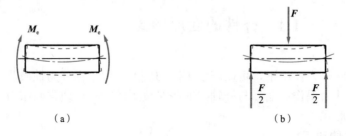

（a）   （b）

图 1-9

工程实际中的杆件可能只发生某一种基本变形,也可能同时发生两种或两种以上基本变形,称为组合变形。

第 2 章

轴向拉伸与压缩

轴向拉伸与压缩是杆件基本变形形式之一。本章主要讨论轴向拉（压）杆件的内力和应力的计算、变形计算和强度条件，介绍低碳钢和铸铁这两种具有典型意义的材料在轴向拉压时的主要力学性能，以及连接件的实用计算。

2.1 轴向拉（压）杆横截面上的内力

1. 轴向拉（压）变形的概念

如图 2-1 所示，当在杆件两端作用一对大小相等、方向相反的轴向外力 F 时，杆件将产生轴向拉伸或者轴向压缩变形。图中实线表示受力变形前的外形，虚线表示受力变形后的外形。其受力特点是：杆件在外力作用下处于平衡状态，且外力或者外力合力的作用线与杆件的轴线重合。其变形特点是：杆件发生轴向拉伸时，纵向伸长而横向缩短；杆件发生轴向压缩时，纵向缩短而横向伸长。杆件的这种变形形式称为轴向拉伸或轴向压缩。以轴向拉伸或者轴向压缩变形为主要变形形式的杆件称为拉（压）杆。

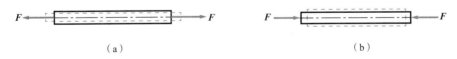

（a）　　　　　　　　　　　　　　　（b）

图 2-1

工程中有许多产生轴向拉伸或压缩变形的实例。如图 2-2 所示，建筑结构中的柱 AB 产生轴向压缩变形；如图 2-3 所示，桁架式屋架的每根杆都是二力杆，均产生轴向拉伸或者压缩变形。

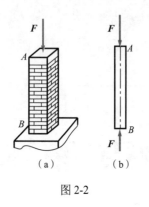

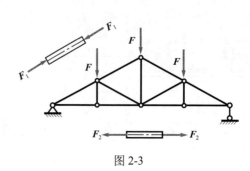

图 2-2   图 2-3

2. 求轴向拉（压）杆横截面上的内力

1）截面法求指定横截面轴力

为了求如图 2-4（a）所示拉（压）杆横截面上的内力，沿截面 m—m 假想地把杆分成两段，留下左段作为研究对象。右段对左段的作用是一个分布力系，其合力用 $\mathbf{F}_N$ 来表示，如图 2-4（b）所示，由于杆件原来处于平衡状态，因此切开后各部分仍应保持平衡。

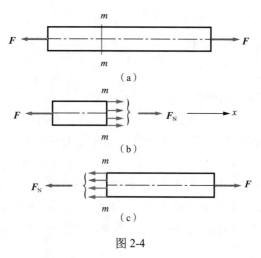

图 2-4

对左段建立平衡方程，$\sum F_x = 0$，得

$$F_N - F = 0$$
$$F_N = F$$

因为外力 $\mathbf{F}$ 的作用线与杆轴线重合，内力合力 $\mathbf{F}_N$ 的作用线也必然与杆轴线重合，所以 $\mathbf{F}_N$ 称为轴力。若取右段为研究对象，如图 2-4（c）所示，列平衡方程 $\sum F_x = 0$，所得结果相同，轴力 $F_N = F$，但其方向与用左段求出的轴力方向相反。为了表示轴力的方向，区别拉伸和压缩两种变形，保证无论取左段还是右段为研究对象所求得的横截面的内力不仅大小相等而且正负号也相同，规定：使杆件受拉伸时的轴力为正，此时轴力

$\boldsymbol{F}_\mathrm{N}$ 的方向背离作用面，称为拉力，如图 2-5（a）所示；使杆件受压缩时的轴力为负，此时轴力 $\boldsymbol{F}_\mathrm{N}$ 的方向指向作用截面，称为压力，如图 2-5（b）所示。

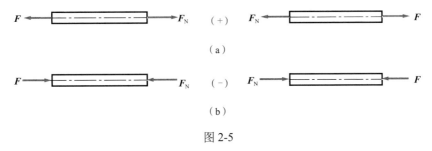

图 2-5

【例 2-1】 试求如图 2-6（a）所示杆件横截面 1—1、2—2 上的内力 $\boldsymbol{F}_\mathrm{N}$。

解：（1）沿横截面 1—1 假想地将杆件截开分成两段，取左段为研究对象，如图 2-6（b）所示，右段对左段的作用力用 $\boldsymbol{F}_\mathrm{N1}$ 代替，并假设 $\boldsymbol{F}_\mathrm{N1}$ 为拉力，由平衡方程 $\sum F_x = 0$，得

$$F_\mathrm{N1} - 4 = 0$$
$$F_\mathrm{N1} = 4(\mathrm{kN}) \quad （拉力）$$

计算结果为正，表明 $\boldsymbol{F}_\mathrm{N1}$ 为拉力。也可以取右段为研究对象来求轴力 $\boldsymbol{F}_\mathrm{N1}$，但右段上包含的外力较多，不如取左段简便。

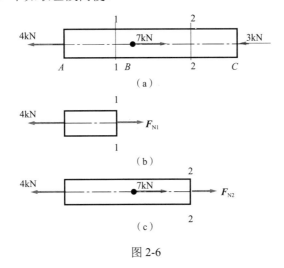

图 2-6

（2）沿横截面 2—2 假想地将杆件截开分成两段，取左段为研究对象，如图 2-6（c）所示，右段对左段的作用力用 $\boldsymbol{F}_\mathrm{N2}$ 代替，并假设 $\boldsymbol{F}_\mathrm{N2}$ 为拉力，由平衡方程 $\sum F_x = 0$，得

$$7 - 4 + F_\mathrm{N2} = 0$$
$$F_\mathrm{N2} = 4 - 7 = -3(\mathrm{kN}) \quad （压力）$$

计算结果是负值，说明该横截面实际受压。若取右段为研究对象可以得到相同的计算结果，可自行验证。

用截面法计算横截面上的内力时可先假定轴力 F_N 为拉力，由平衡条件求出轴力。根据轴力的正负号来确定该段杆件是受拉还是受压。

【例 2-2】 立柱受力如图 2-7（a）所示，已知 $F = 60 \mathrm{kN}$，试求 AB 和 CD 两段横截面上的内力分别是多少。

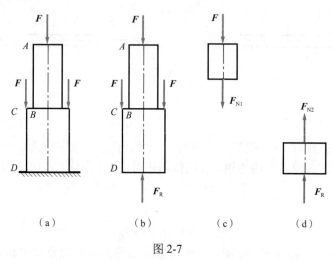

（a）　　　　（b）　　　　（c）　　　　（d）

图 2-7

解：（1）求支座反力。为了方便计算轴力，首先求出立柱下端的约束反力，受力分析如图 2-7（b）所示，由平衡方程 $\sum F_y = 0$，得

$$F_R - 3F = 0$$

$$F_R = 3F = 3 \times 60 = 180 (\mathrm{kN})$$

（2）用截面法求两段的内力，受力分析分别如图 2-7（c）、（d）所示，根据平衡方程 $\sum F_y = 0$，得两段横截面上的轴力分别为

$$F_{N1} = -60 (\mathrm{kN})$$

$$F_{N2} = -180 (\mathrm{kN})$$

通过计算可知，AB 和 CD 段的内力都为压力，工程中轴向受力的柱子受到的内力都是压力。

2）代数和法求指定截面轴力

根据截面法求指定截面内力的过程可知，该截面上的内力等于截面一侧所有轴向外力的代数和，即

$$F_N = \sum_{一侧} F_i \tag{2-1}$$

也就是说可以直接以某截面一侧为研究对象，列等式求得该截面上的轴力，此方法称为代数和法。用代数和法列等式时，轴向外力背离指定截面时将产生正的轴力则取正号；轴向外力指向指定截面时将产生负的轴力则取负号。

当杆件受到多个轴向外力作用时，杆的不同横截面上的轴力将各不相同。为了表明横截面上轴力随横截面位置的变化情况，可用轴力图来表示。用平行于杆轴线的横坐标

表示横截面的位置，用垂直于杆轴线的纵坐标表示相应横截面上轴力 F_N 的数值，按照选定的比例，绘出表示轴力与横截面位置关系的图线，即轴力图，也称 F_N 图。通过轴力图不仅可以确定最大轴力的数值及其所在横截面的位置，还可以表示出各段的变形是拉伸变形还是压缩变形。通常将正的轴力画在基线上侧，负的画在下侧。

【例 2-3】　试求图 2-8（a）所示直杆 1—1、2—2、3—3 截面上的轴力，并绘制轴力图。

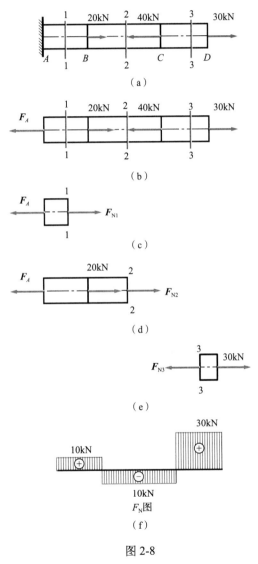

图 2-8

解：（1）求支座反力。如图 2-8（b）所示，由杆 AD 的平衡方程 $\sum F_x = 0$，得

$$F_A = 10(\mathrm{kN})$$

（2）求 1—1 截面上的轴力。沿横截面 1—1 假想地将杆件截开分成两段，取左段为

研究对象，如图 2-8（c）所示，由代数和法得

$$F_{N1} = 10(kN)（拉力）$$

（3）求 2—2 截面上的轴力。沿横截面 2—2 假想地将杆件截开分成两段，取左段为研究对象，如图 2-8（d）所示，由代数和法得

$$F_{N2} = -10(kN)（压力）$$

（4）求 3—3 截面上的轴力。沿横截面 3—3 假想地将杆件截开分成两段，取右段为研究对象，如图 2-8（e）所示，由代数和法得

$$F_{N3} = 30(kN)（拉力）$$

（5）绘制轴力图，如图 2-8（f）所示。

2.2　轴向拉（压）杆截面上的应力

1. 轴向拉（压）杆横截面上的应力

根据连续性假设，横截面上各点连续地分布着内力。若以 A 表示横截面的面积，dA 上的内力元素 σdA 组成一个垂直于横截面的平行力系，其合力就是轴力 $\boldsymbol{F}_N$。于是根据静力关系得

$$F_N = \int_A \sigma dA \tag{a}$$

为确定拉（压）杆横截面上每一点的应力，首先需要分析轴力在横截面上的分布规律。

首先观察拉（压）杆的变形。如图 2-9（a）所示，在等截面直杆表面任意画出两条垂直于杆轴线的横向线 ab 和 cd，然后在杆件两端作用一对等大、反向的轴向拉力 $\boldsymbol{F}$。杆件变形后，横向线 ab 和 cd 分别平移至 $a'b'$ 和 $c'd'$ 的位置，其间距变大，仍然保持为直线并且垂直于杆件轴线。根据这种变形现象，可假设：变形前是平面的横截面，变形后仍然保持为平面且与杆件轴线垂直。这个假设称为拉（压）杆的平面假设。

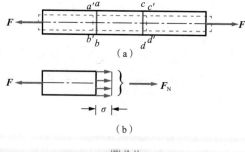

图 2-9

设想杆件是由无数根平行于轴线的纵向纤维组成的，由平面假设可知，轴向拉（压）杆任意两个横截面之间的所有纵向纤维都伸长（缩短）了相同的长度。又根据材料的均匀连续性假设可知，所有纵向纤维的力学性能相同且变形相同，可以推知各纵向纤维的

受力也应相同，因而横截面上的内力是均匀分布的，且方向垂直于横截面 [图 2-9（b）]。由此可知，轴向拉（压）杆横截面上只存在正应力且均匀分布，于是可得拉（压）杆横截面上正应力的计算公式为

$$F_{N} = \sigma \int dA = \sigma A \qquad\qquad\text{（b）}$$

$$\sigma = \frac{F_{N}}{A} \qquad\qquad\text{（2-2）}$$

对于轴向压缩的杆件，式（2-2）仍然适用。正应力 σ 正负号的规定与轴力 F_N 相同，即拉应力为正，压应力为负。

【例 2-4】　图 2-10(a)所示为变截面杆件，已知 $F = 20kN$，横截面面积 $A_1 = 2000mm^2$，$A_2 = 1000mm^2$，试作轴力图并计算杆件各段横截面上的正应力。

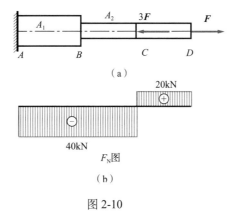

图 2-10

解：（1）由截面法求得 AC 和 CD 段的轴力分别为

$$F_{NAC} = -40(kN)$$

$$F_{NCD} = 20(kN)$$

轴力图如图 2-10（b）所示。

（2）由于杆件为变截面，正应力计算分三段计算，由式（2-2）得

$$\sigma_{AB} = \frac{F_{NAC}}{A_1} = \frac{-40\times10^3}{2000} = -20(MPa)\quad\text{（压应力）}$$

$$\sigma_{BC} = \frac{F_{NAC}}{A_2} = \frac{-40\times10^3}{1000} = -40(MPa)\quad\text{（压应力）}$$

$$\sigma_{CD} = \frac{F_{NCD}}{A_2} = \frac{20\times10^3}{1000} = 20(MPa)\quad\text{（拉应力）}$$

2. 轴向拉（压）杆斜截面上的应力

以上分析了拉（压）杆横截面上正应力的计算，但不同材料的试验表明，拉（压）杆的破坏并不是总沿横截面发生的。为此，应进一步讨论与横截面呈任一角度的斜截面 $k—k$ 上的应力。如图 2-11（a）所示，该截面的方位用其外法线 n 与杆轴之间的夹角 α 来

表示，并规定以杆轴线为起始边，逆时针转向的 α 角为正，反之为负。用一假想的平面沿斜截面 k—k 将杆件分为两段，并研究左段的平衡，如图 2-11（b）所示。于是，可得斜截面 k—k 上的内力 F_α 为

$$F_\alpha = F$$

根据横截面上正应力均匀分布的分析过程，同样可得到斜截面上各点处的总应力 p_α 相等的结论。于是有

$$p_\alpha = \frac{F_\alpha}{A_\alpha} \tag{a}$$

式中，A_α 是斜截面的面积。根据几何关系可知

$$A_\alpha = \frac{A}{\cos\alpha} \tag{b}$$

式中，A 是横截面面积。将式（b）代入式（a），得

$$p_\alpha = \frac{F_\alpha}{A_\alpha} = \frac{F}{A}\cos\alpha = \sigma\cos\alpha \tag{c}$$

式中，$\sigma = \dfrac{F}{A}$ 表示横截面上的正应力；p_α 是斜截面上任一点处的总应力，为了研究方便，将 p_α 沿截面的法向和切向分解为正应力 σ_α 和切应力 τ_α 两个分量，如图 2-11（c）所示，于是可得

$$\sigma_\alpha = p_\alpha\cos\alpha = \sigma\cos^2\alpha \tag{2-3}$$

$$\tau_\alpha = p_\alpha\sin\alpha = \sigma\sin\alpha\cos\alpha = \frac{1}{2}\sigma\sin 2\alpha \tag{2-4}$$

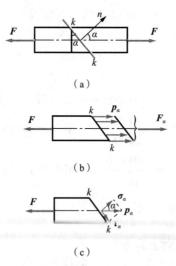

（a）

（b）

（c）

图 2-11

由以上两个式子可以看出，斜截面上任一点处的 σ_α 和 τ_α 是随着截面的方位角 α 而变化的。当 $\alpha = 0°$ 时，$\sigma_\alpha = \sigma_{\max} = \sigma$，$\tau_\alpha = 0$，即横截面上只有正应力无切应力；当 $\alpha = 45°$

时，$\sigma_\alpha = \dfrac{\sigma}{2}$，$\tau_\alpha = \tau_{max} = \dfrac{\sigma}{2}$，即最大切应力发生在与轴线呈 45° 的斜截面上；当 $\alpha = 90°$ 时，$\sigma_\alpha = 0$，$\tau_\alpha = 0$，即纵向面上正应力和切应力都为零，这表明在平行于杆件轴线的纵向截面上无任何应力。

3. 应力集中的概念

拉（压）杆横截面上的应力计算公式只适用于等截面直杆，对于横截面平缓变化的拉（压）杆，按等截面直杆的应力计算公式进行计算，在工程计算中一般是允许的。但是在工程实际中，由于结构或者工艺上的要求，在杆件上开有孔洞、留有刻槽或凹角等，致使这些部位上的截面尺寸发生突然变化。实验结果和理论分析表明，在零件尺寸突然改变的横截面上，应力并不是均匀分布的。

如图 2-12（a）所示，在带有小圆孔的橡胶板条的板面上画上网格，其受拉后的变形情况如图 2-12（b）所示。可以看到，在圆孔附近的网格比其余的网格变形较大，表明圆孔附近的应力明显增大，a—a 截面上的正应力呈明显的非均匀性。在离孔稍远处，网格的变形趋于均匀，表明离孔稍远处的应力呈均匀分布，如图 2-12（c）所示。同样，如图 2-13 所示具有切口的板条，受轴向拉伸时，在切口截面上的应力呈明显的非均匀性，切口附近的应力值剧增，在切口稍远处的截面上，应力迅速降低趋于均匀。

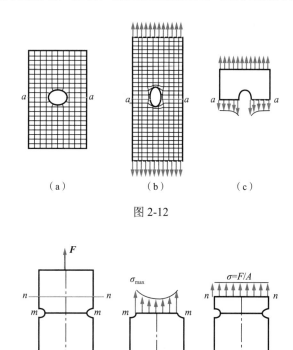

图 2-12

图 2-13

这种由于截面尺寸的突然改变而引起截面突变处应力局部急剧增大的现象称为应力集中。设发生应力集中的截面上的最大应力为 $\sigma_{\max}$，同一截面按削弱后的净面积计算的平均应力为 σ，则比值为

$$K = \frac{\sigma_{\max}}{\sigma} \qquad (2\text{-}5)$$

式中，K 称为理论应力集中系数，它反映了应力集中的程度，是一个大于 1 的因数。实验结果表明：截面尺寸改变得越急剧，角越尖、孔越大，应力集中的程度越严重。因此，杆件上应尽可能避免带尖角的孔或槽。

2.3 轴向拉（压）杆的变形和胡克定律

当杆件受到轴向荷载的作用时，其纵向与横向尺寸均发生变化。杆件沿轴线方向的变形，称为轴向变形或纵向变形；垂直于轴线方向的变形，称为横向变形。

1. 纵向（轴向）变形和应变

如图 2-14 所示，一等截面直杆，原长为 l，横截面面积为 A，在轴向外力 $\boldsymbol{F}$ 的作用下，杆件由原长 l 变为 l_1，则有

$$\Delta l = l_1 - l \qquad (2\text{-}6)$$

Δl 称为杆的纵向（轴向）变形或绝对伸长，单位为 m 或 mm。对于拉杆，Δl 为正值，表示纵向伸长；对于压杆，Δl 为负值，表示纵向缩短。

轴向拉伸变形

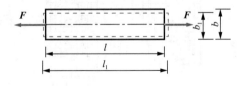
图 2-14

Δl 只反映杆件在纵向总的变形量，不能反映杆件的变形程度。因此，采用杆件的变形量 Δl 与原长 l 的比值表示杆件单位长度的纵向变形，称为平均线应变（简称应变），用 $\bar{\varepsilon}$ 表示，即

$$\bar{\varepsilon} = \frac{\Delta l}{l} \qquad (2\text{-}7)$$

线应变中的"线"表示变形为长度的变化，以区别于角度的变化。一般平均线应变 $\bar{\varepsilon}$ 是杆件长度 l 的函数，当 $l \to 0$ 时（杆段成为一点），$\bar{\varepsilon}$ 取极限值，称为该点的线应变，用 ε 表示，即

$$\varepsilon = \lim_{l \to 0} \frac{\Delta l}{l} \qquad (2\text{-}8)$$

对于轴力是常数的等截面直杆，各横截面处纵向变形程度相同，则平均线应变与各点的线应变相同。因此这种杆件不再区分平均线应变与各点的线应变，ε 称为纵向线应

变，简称线应变。ε 是一个量纲为一的量，其正负规定同 Δl，拉伸时 ε 为正，压缩时 ε 为负。

2. 胡克定律

对于相同材料制成的杆件，在杆长 l 和横截面面积 A 一定时，杆的轴力 F_N 越大，则杆件的轴向变形 Δl 就越大；而在轴力 F_N 和横截面面积 A 不变时，杆长 l 越长，则 Δl 就越大；F_N 和 l 不变时，杆越粗（横截面面积 A 越大），则 Δl 越小。当然，在轴力 F_N、横截面面积 A 和杆长 l 一定时，杆的材料不同，Δl 也不同。实验表明，工程中使用的大多数材料都有一个线弹性范围，在此范围内，轴向拉（压）杆的纵向变形 Δl 与轴力 F_N、杆长 l 成正比，而与横截面面积 A 成反比，即

$$\Delta l \propto \frac{F_N l}{A} \tag{a}$$

引入比例常数 E，可得

$$\Delta l = \frac{F_N l}{EA} \tag{2-9}$$

式（2-9）是拉（压）杆的轴向变形计算公式，称为胡克定律。

将公式 $\varepsilon = \dfrac{\Delta l}{l}$ 和 $\sigma = \dfrac{F_N}{A}$ 代入式（2-9），可得胡克定律的另一个表达式：

$$\sigma = E\varepsilon \tag{2-10}$$

式（2-10）表明：在线弹性范围内，横截面上的正应力与轴向线应变成正比。比例常数 E 称为材料的弹性模量。它的量纲与应力相同，数值因材料而异，可由实验测定，其值表征材料抵抗弹性变形的能力。通常材料在拉伸和压缩时弹性模量值是相等的。式（2-9）表明，对于长度相同且受力相同的杆件，EA 值越大，变形 Δl 越小。EA 反映了杆件抵抗拉压变形的能力，称为杆件的抗拉（压）刚度。

3. 横向变形与泊松比

如图 2-14 所示，杆件的原宽度为 b，在轴向外力 F 作用下，杆件宽度变为 b_1，则杆的横向变形为

$$\Delta b = b_1 - b \tag{2-11}$$

而横向线应变 ε' 为

$$\varepsilon' = \frac{\Delta b}{b} \tag{2-12}$$

对于拉杆，Δb 与 ε' 都为负；对于压杆，Δb 与 ε' 都为正。

实验结果表明：在线弹性范围以内（应力不超过比例极限时），横向线应变 ε' 与纵向线应变 ε 比值的绝对值是一个常数，即

$$v = \left| \frac{\varepsilon'}{\varepsilon} \right| \tag{2-13}$$

v 称为横向变形因数或泊松比，是一个量纲为一的量。

因为当杆件轴向伸长时横向缩短，而轴向缩短时横向伸长，所以 ε 与 ε' 的正负号总

是相反的。这样，ε 与 ε' 的关系可以写成

$$\varepsilon' = -\varepsilon\nu \tag{2-14}$$

弹性模量 E 与泊松比 ν 是表示材料性质的两个弹性常数。几种常用材料的 E 和 ν 的约值见表 2-1。

表 2-1 常用材料的弹性模量 E 和泊松比 ν 的约值

材料名称	E/GPa	ν
Q235 钢	200~220	0.24~0.28
16Mn 钢	200	0.25~0.30
合金钢	210	0.28~0.32
灰口铸铁	60~160	0.23~0.27
球墨铸铁	150~180	0.24~0.27

【例 2-5】 如图 2-15（a）所示，正方形截面混凝土柱子受轴向荷载作用，$F_1 = 200\text{kN}$，$F_2 = 135\text{kN}$，不计自重，上段柱边长 $a_1 = 240\text{mm}$，下段柱边长 $a_2 = 300\text{mm}$，混凝土的弹性模量 $E = 25\text{GPa}$，求柱子的总变形。

解：（1）画轴力图，如图 2-15（b）所示。

（2）计算各段柱的纵向变形。

由轴力图可知 AB 段的轴力 $F_{N1} = -200\text{kN}$，则 AB 段的纵向变形为

$$\Delta l_{AB} = \frac{F_{N1} \cdot l_{AB}}{EA_{AB}} = \frac{-200 \times 10^3 \times 3 \times 10^3}{25 \times 10^3 \times 240 \times 240} = -0.417(\text{mm})$$

由轴力图可知 CD 段的轴力 $F_{N2} = -470\text{kN}$，则 CD 段的纵向变形为

$$\Delta l_{CD} = \frac{F_{N2} \cdot l_{CD}}{EA_{CD}} = \frac{-470 \times 10^3 \times 3 \times 10^3}{25 \times 10^3 \times 300 \times 300} = -0.627(\text{mm})$$

（3）全柱的总变形。

$$\Delta l = \Delta l_{AB} + \Delta l_{CD} = -0.417 - 0.627 = -1.044(\text{mm})$$

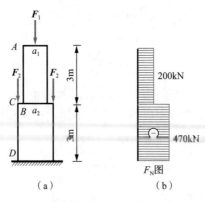

图 2-15

【例 2-6】 简易支架如图 2-16（a）所示，已知杆 AB 为钢杆，横截面面积 $A_{AB} = 6\text{cm}^2$，弹性模量 $E_{AB} = 200\text{GPa}$；杆 BC 为木质杆，横截面面积 $A_{BC} = 300\text{cm}^2$，$E_{BC} = 10\text{GPa}$。若荷载 $F = 90\text{kN}$，试计算两杆的变形和结点 B 的位移。

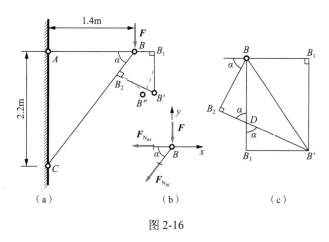

图 2-16

解：（1）计算各杆的轴力。取结点 B 为研究对象，受力如图 2-16（b）所示，由静力平衡条件

$$\sum F_x = 0 , \quad F_{N_{BA}} + F_{N_{BC}} \cos\alpha = 0$$

$$\sum F_y = 0 , \quad F_{N_{BC}} \sin\alpha + F = 0$$

得

$$F_{N_{BA}} = 57.2(\text{kN}) , \quad F_{N_{BC}} = -106.8(\text{kN})$$

（2）计算各杆的变形。

$$\Delta l_{AB} = \frac{F_{N_{BA}} l_{AB}}{E_{AB} A_{AB}} = \frac{57.2 \times 10^3 \times 1.4 \times 10^3}{200 \times 10^3 \times 6 \times 10^2} = 0.667(\text{mm})$$

$$\Delta l_{BC} = \frac{F_{N_{BC}} l_{BC}}{E_{BC} A_{BC}} = \frac{-106.8 \times 10^3 \times 2.608 \times 10^3}{10 \times 10^3 \times 300 \times 10^2} = -0.928(\text{mm})$$

（3）计算结点 B 的位移。为了计算结点 B 的位移，设想将结点 B 拆开，使杆 AB 伸长 Δl_{AB} 到 B_1 点，杆 BC 缩短 $|\Delta l_{BC}|$ 到 B_2 点。分别以 A 和 C 为圆心，以 AB_1 和 CB_2 为半径画圆交于 B'' 点，如图 2-16（a）所示。B'' 点即支架变形后结点 B 的位置。由于变形很小，B_1B'' 和 B_2B'' 是两段极其微小的圆弧，因此可用分别垂直于 AB_1 和 CB_2 的线段 $\overline{B_1B'}$ 和 $\overline{B_2B'}$ 来代替，以点 B' 代表支架变形后结点 B 的位置，如图 2-16（a）所示。为便于分析，将结点 B 的位移图放大，如图 2-16（c）所示。由几何关系可得 B 点的水平位移为

$$\overline{BB_1} = \Delta l_{AB} = 0.667(\text{mm})$$

B 点的竖直位移为

$$\overline{BB_3} = \overline{BD} + \overline{DB_3}$$

$$= \frac{\overline{BB_2}}{\sin \alpha} + \frac{\overline{B_3 B'}}{\tan \alpha}$$

$$= \frac{|\Delta l_{BC}|}{\sin \alpha} + \frac{\Delta l_{AB}}{\tan \alpha} = \frac{0.928}{0.843} + \frac{0.667}{0.843 \div 0.536}$$

$$= 1.101 + 0.424$$

$$= 1.525 (\text{mm})$$

故结点 B 的位移为

$$\Delta_B = \overline{BB'} = \sqrt{(\overline{BB_1})^2 + (\overline{BB_3})^2} = \sqrt{0.667^2 + 1.525^2} = 1.664 (\text{mm})$$

2.4 轴向拉伸或压缩应变能

弹性体在外力作用下将发生变形。在变形过程中,外力所做的功将转变为储存于弹性体内的能量。当外力逐渐减小时,变形逐渐恢复,弹性体又将释放储存的能量而做功。这种伴随着弹性变形的增减而改变的能量称为应变能,用 V_ε 表示。

弹性体变形后之所以会积蓄能量,是因为在加力过程中,力在其相应位移上做了功。若不考虑加力过程中其他形式的能量损耗,根据功能转换原理,则积蓄在弹性体内的应变能 V_ε 在数值上应等于外力所做的功 $W_{外}$,即

$$V_\varepsilon = W_{外} \tag{2-15}$$

因此,应变能 V_ε 可通过外力做功 $W_{外}$ 来计算。

如图 2-17(a)所示为一等截面轴向受拉杆,轴向外力从零开始逐渐缓慢增加,其最终值为 F,杆伸长 Δl,Δl 也为拉力 F 作用点的位移。由于外力是缓慢增加的,可认为加载过程中没有动能变化。下面讨论在弹性范围内,整个加载过程中外力在其相应位移上所做的功。

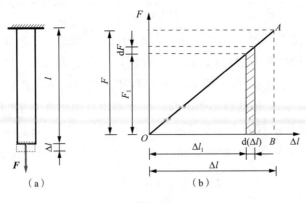

图 2-17

在弹性范围内，外力 F 与位移 Δl 呈线性关系，如图 2-17（b）所示。在加载过程中每一外力值均对应一定的位移值。当外力为 F_1 时，相应位移为 Δl_1，此时外力增加一微量 $\mathrm{d}F$，则位移也增加一微量 $\mathrm{d}(\Delta l)$，在这一过程中，外力所做的元功为

$$\mathrm{d}W = F \cdot \mathrm{d}(\Delta l) \tag{a}$$

容易看出，$\mathrm{d}W$ 等于图 2-17（b）中阴影部分的微面积。把拉力 F 看作一系列 $\mathrm{d}F$ 的积累，则拉力 F 所做的总功 W 应为上述微面积的总和，它等于三角形 OAB 的面积，即

$$W = \int_0^{\Delta l} F\mathrm{d}(\Delta l) = \frac{1}{2}F \cdot \Delta l \tag{b}$$

式中，Δl 为最终伸长量。

由式（2-15）可得积蓄在杆内的应变能为

$$V_\varepsilon = W = \frac{1}{2}F \cdot \Delta l \tag{2-16}$$

又因 $F_N = F$，而杆的轴向伸长量 $\Delta l = \dfrac{F_N l}{EA}$，故可将式（2-16）改写为

$$V_\varepsilon = \frac{1}{2}F_N \cdot \Delta l = \frac{F_N^2 l}{2EA} \tag{2-17}$$

由于拉杆各横截面上所有点处的应力均相同，故杆的单位体积内所积蓄的应变能等于杆的应变能 V_ε 除以杆的体积 V。单位体积内的应变能称为应变能密度，用 v_ε 表示，即

$$v_\varepsilon = \frac{V_\varepsilon}{V} = \frac{\frac{1}{2}F \cdot \Delta l}{Al} = \frac{1}{2}\sigma\varepsilon \tag{2-18}$$

式（2-18）表明：应变能密度可看作正应力 σ 在其相应的线应变 ε 上所做的功。根据胡克定律 $\sigma = E\varepsilon$，可得

$$v_\varepsilon = \frac{\sigma^2}{2E} \tag{2-19}$$

应变能密度的单位为 $\mathrm{J/m^3}$。

以上计算拉杆内应变能的各公式也适用于压杆。而且这些公式都只有在应力不超过材料的比例极限这一前提下才能应用，也就是说，只适用于应力与应变呈线性关系的线弹性范围以内。

利用应变能的概念可以解决与结构或杆件的弹性变形有关的问题，这种方法称为能量法。

【例 2-7】 如图 2-18（a）所示杆系结构，已知垂直荷载 $F = 10\mathrm{kN}$，水平杆 BC 的长度 $l = 2\mathrm{m}$，斜杆 AB 的倾角 $\alpha = 30°$，杆 AB 与杆 BC 材料相同，抗拉（压）刚度 $EA = 2 \times 10^5 \mathrm{kN}$。试求 B 点的垂直位移。

解：（1）取结点 B 为研究对象，受力分析如图 2-18（b）所示。

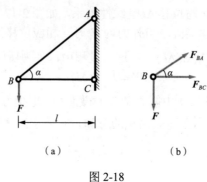

（a）　　　　　　　　　（b）

图 2-18

由平衡方程

$$\sum F_y = 0，\quad F_{BA}\sin 30° - F = 0$$

$$\sum F_x = 0，\quad F_{BA}\cos 30° + F_{BC} = 0$$

得

$$F_{BA} = 20(\text{kN})\ （拉力），\quad F_{BC} = -10\sqrt{3}(\text{kN})\ （压力）$$

则

$$F_{N_{BA}} = F_{BA} = 20(\text{kN})，\quad F_{N_{BC}} = F_{BC} = -10\sqrt{3}(\text{kN})$$

（2）根据式（2-17）求得结构的应变能为

$$V_\varepsilon = \frac{F_{N_{BC}}^2 l_{BC}}{2EA} + \frac{F_{N_{AB}}^2 l_{AB}}{2EA}$$

$$= \frac{(-10\sqrt{3})^2 \times 2 \times 10^9}{2 \times 2 \times 10^8} + \frac{20^2 \times \dfrac{4}{3}\sqrt{3} \times 10^9}{2 \times 2 \times 10^8}$$

$$= 3809(\text{N·mm})$$

（3）结点 B 的垂直位移。因结点 B 的垂直位移方向与荷载 F 的方向相同，由式 $V_\varepsilon = W = \dfrac{1}{2}F \cdot \Delta l$ 可得

$$\Delta l_{By} = \frac{2V_\varepsilon}{F} = \frac{2 \times 3809}{10 \times 10^3} = 0.762(\text{mm})$$

2.5　材料在拉伸或压缩时的力学性能

　　杆件的强度、刚度和稳定性，不仅与材料的形状、尺寸及受力情况有关，还与材料的力学性能有关。材料的力学性能也称为机械性能，是指材料在外力作用下，在变形和强度方面所表现出来的性能。材料的力学性能要通过试验测定。在常温、静载（是指从零缓慢地增加到标定值的荷载）条件下，材料常分为塑性材料和脆性材料两大类。下面

以低碳钢和铸铁为主要代表介绍材料在室温、静载下拉伸和压缩时的力学性能。

为了便于比较不同材料的试验结果，对试样的形状、加工精度、加载速度、试验环境等，国家标准《金属材料　拉伸试验　第 1 部分：室温试验方法》（GB/T 228.1—2010）都有统一规定。金属材料常用的拉抻试件如图 2-19 所示，对于试验段直径为 d_0 的圆截面试件，规定原始标距 $l_0 = 10d_0$ 或 $l_0 = 5d_0$；对于试验段横截面面积为 A_0 的矩形截面试件，规定 $l_0 = 11.3\sqrt{A_0}$ 或 $l_0 = 5.65\sqrt{A_0}$。

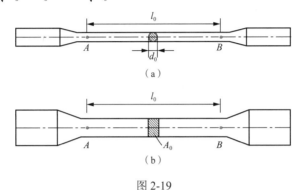

图 2-19

1. 材料在拉伸时的力学性能

1）塑性材料——低碳钢在拉伸时的力学性能

低碳钢是指含碳量在 0.3% 以下的碳素钢。这类钢材在工程中应用较广，力学性能较为典型。

（1）拉伸曲线和应力-应变曲线。实验室将标准试件安装在万能试验机的上、下夹头中，如图 2-20 所示。拉力 F 从零开始缓慢增加，试件逐渐被拉长，直至拉断。通过拉伸试验测得的轴向拉力 F 与试验段轴向变形 Δl 之间的关系曲线称为拉伸曲线，如图 2-21 所示。一般万能试验机上有自动绘图装置，在拉伸过程中能自动绘出拉伸曲线。图 2-21 为 Q235 钢的拉伸曲线。

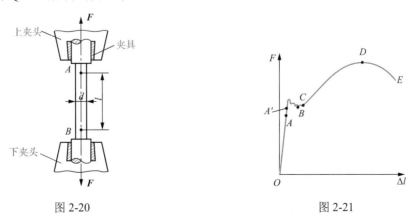

图 2-20　　　　　　　　　　　　　　图 2-21

拉伸曲线受试件几何尺寸的影响，不能直接反映材料的力学性能。试件粗细不同、标距长短不同，拉伸曲线都会发生变化。因此，将拉伸曲线中的纵坐标 F 除以试件的原始横截面面积 A_0，将横坐标 Δl 除以标距 l_0，得到试验段内横截面上的正应力 σ 与试验段内线应变 ε 之间的关系曲线，该曲线称为应力-应变曲线或 σ-ε 曲线，如图 2-22 所示。经过这样处理后的 σ-ε 曲线的形状与拉伸曲线相似，但与试件的尺寸无关，可以代表材料的力学性能。

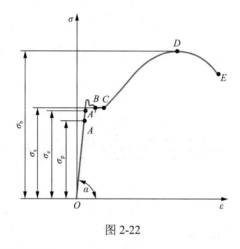

图 2-22

（2）拉伸过程中的四个阶段。

① 弹性阶段。在 OA' 段内，可以认为变形完全是弹性的，即在此阶段内若将荷载卸去，变形将完全消失，这一阶段称为弹性阶段。该阶段内的 OA 段为直线阶段，在此范围内，应力 σ 与线应变 ε 成正比，材料服从胡克定律，即 $\sigma = E\varepsilon$。比例系数 E 即弹性模量，由图 2-22 所示可知，$E = \tan\alpha$，是直线 OA 的斜率。直线部分的最高点 A 所对应的应力称为比例极限，用 σ_p 表示。显然只有当 $\sigma \leqslant \sigma_p$ 时，应力与应变才成正比，材料才服从胡克定律。低碳钢的比例极限在 200MPa 左右。

弹性阶段最高点 A' 对应的应力称为弹性极限，用 σ_e 表示。AA' 段是一段很短的微弯曲线，但在 A' 点卸载，试件的变形也将会完全消失。在 σ-ε 曲线上，A、A' 两点非常接近，所以在应用上并不严格区分弹性极限与比例极限。

② 屈服阶段。当应力超过弹性极限后，σ-ε 曲线上出现一段近似水平的锯齿形线段 $A'C$ 段。在该阶段，应力基本保持不变，而应变却在明显增加，好像材料暂时丧失了抵抗变形的能力，这种现象称为屈服。这一阶段称为屈服阶段。在屈服阶段，曲线有一段微小的波动，其最高点的应力值称为屈服上限，而最低点的应力值称为屈服下限。试验表明，很多因素对屈服上限的数值有影响，而屈服下限则较为稳定，能够反映材料的基本特性。因此，通常将屈服下限对应的应力称为屈服极限，用 σ_s 表示。低碳钢的屈服极限 σ_s 在 235 MPa 左右。由于屈服阶段会产生明显的塑性变形，是杆件正常工作所不允许的，因此屈服极限 σ_s 是衡量材料强度的重要指标。

在屈服阶段，将试件卸下，表面经过抛光，可以看到其表面会出现许多与试件轴线约呈 45° 夹角的条纹，这些条纹称为滑移线，如图 2-23 所示。这是由于轴向拉伸时 45° 斜面上最大切应力的作用，使材料内部晶格发生相对滑移的结果。

③ 强化阶段。经过屈服阶段后，因塑性变形材料结构内部重新调整，又增强了抵抗变形的能力，表现为曲线自 C 点开始又继续上升，直到最高点 D 为止，这一现象称为强化，这一阶段称为强化阶段，如图 2-22 中的 CD 段。D 点所对应的应力值，是材料所能承受的最大应力，称为强度极限（或抗拉强度），用 σ_b 表示。它是衡量材料强度的另一重要指标。低碳钢的强度极限约为 400MPa。在强化阶段试件的变形主要是塑性变形且比前两个阶段变形大得多，还可以明显看到试件的横截面尺寸在缩小。

④ 局部变形阶段。当应力到达最大值后，应力-应变曲线开始下降，如图 2-22 中的 DE 段。此时，试件的变形主要集中在某一小段内，该段的横截面面积明显缩小，出现如图 2-24 所示的颈缩现象。颈缩部位截面面积的急剧减小，从而使试件继续变形所需的拉力 F 减小，应力-应变曲线相应呈现下降趋势，最后导致试件在颈缩处被拉断。

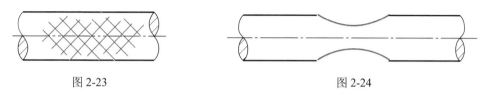

图 2-23　　　　　　　　　　　　　　　　图 2-24

由上述的试验现象可以看到，当应力到达屈服极限 σ_s 时，材料会产生显著的塑性变形；当应力到达强度极限 σ_b 时，材料会由于局部变形而断裂。这都是工程实际中应当避免的。因此，屈服极限 σ_s 和强度极限 σ_b 是反映材料强度的两个性能指标，也是拉伸试验中需要测得的重要数据。

（3）塑性指标——延伸率和断面收缩率。将拉断试件对接后进行测量，此时标距的长度由原来的 l_0 变为 l_1。试件拉断后断口处的横截面面积由原来的 A_0 缩减到 A_1。通常用相对残余变形来表征材料的塑性性能。工程中用于衡量材料塑性性能的两个指标分别为

延伸率

$$\delta = \frac{l_1 - l_0}{l_0} \times 100\%$$ （2-20）

断面收缩率

$$\psi = \frac{A_0 - A_1}{A_0} \times 100\%$$ （2-21）

延伸率和断面收缩率是衡量材料塑性的重要指标。延伸率和断面收缩率越大，说明材料的塑性性能越好。工程中通常按延伸率的大小把材料分成两类：延伸率 ≥5% 的材料称为塑性材料，如碳钢；延伸率 <5% 的材料称为脆性材料，如铸铁。

（4）卸载规律和冷作硬化。在拉伸试验过程中，当应力达到强化阶段内的任意一点 K 处时，缓慢地卸去荷载，则此时的 σ-ε 曲线将沿着与 OA 近似于平行的直线 KO_1 回落到 O_1 点，如图 2-25 所示。这说明在卸载过程中，应力与应变之间呈直线关系，这就是卸载规律。荷载全部卸去后，O_1O_2 这部分弹性应变消失，而 OO_1 这部分塑性应变残留下

来。卸载后重新加载，则 $\sigma\text{-}\varepsilon$ 曲线将大致沿着 O_1KDE 曲线变化，直至断裂。

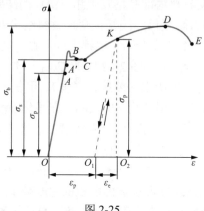

图 2-25

从图 2-25 中可以看出，卸载后重新加载，材料的比例极限和屈服极限提高了，强度极限不变，而断裂后的塑性应变减少了 OO_1。材料经过先加载至强化阶段某点 K 再卸载的处理应用到工程中，可提高材料的比例极限，这种不经过热处理而提高材料强度的方法称为冷作硬化。冷作硬化现象经退火后又可消除。

在实际工程中，常利用冷作硬化来提高材料的比例极限，如起重用的钢索和建筑用的钢筋借助冷拔工艺以提高强度。但由于冷作硬化后材料的塑性降低，某些零件容易产生裂纹，给下一步加工造成困难，因此往往需要在工序之前安排退火处理，以消除冷作硬化的不利影响。

2）其他塑性材料在拉伸时的力学性能

工程上常用的塑性材料除低碳钢以外，还有中碳钢、高碳钢、合金钢、铝合金、青铜、黄铜等。图 2-26 中是几种塑性材料的 $\sigma\text{-}\varepsilon$ 曲线。其中有些材料，如 Q345 钢和低碳钢一样，有明显的弹性阶段、屈服阶段、强化阶段和局部变形阶段。有些材料，如黄铜 H62，没有屈服阶段，但是其他三个阶段却很明显。还有些材料，如高碳钢 T10A，只有弹性阶段和强化阶段，没有屈服阶段和局部变形阶段。

对没有明显屈服阶段的塑性材料，可以将产生 0.2% 塑性应变时的应力作为屈服指标，称为名义屈服极限或条件屈服极限，用 $\sigma_{0.2}$ 来表示，如图 2-27 所示。

3）铸铁在拉伸时的力学性能

灰口铸铁是典型的脆性材料。将铸铁的标准试件按与低碳钢拉伸试验同样的方法进行试验，得到铸铁拉伸时的 $\sigma\text{-}\varepsilon$ 曲线，如图 2-28 所示。从这条曲线上可以看出，它没有明显的直线部分，是一段微弯曲线。铸铁试件在较小的拉力下就被拉断，拉伸过程中没有屈服阶段和颈缩现象，拉断时应变很小，延伸率也很小。拉断时的应力即 $\sigma\text{-}\varepsilon$ 曲线最高点所对应的应力 σ_b 称为强度极限（或抗拉强度）。因为没有屈服极限，所以强度极限是衡量铸铁强度的唯一指标。由于铸铁等脆性材料在拉伸时的强度极限很低，因此不宜用作抗拉构件的材料。

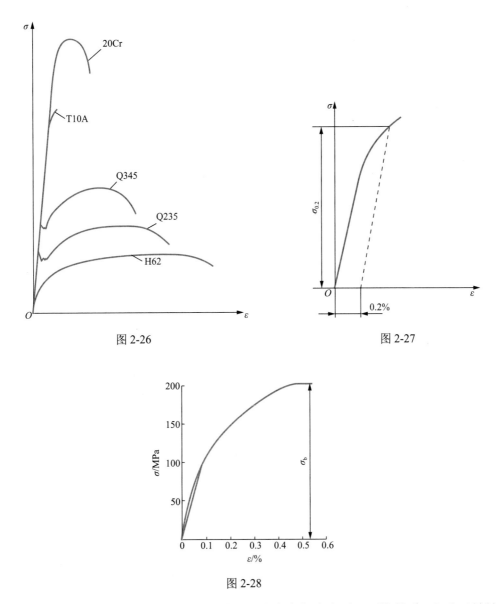

图 2-26

图 2-27

图 2-28

由于铸铁的 σ-ε 曲线没有明显的直线段，故应力与应变不呈正比关系。但由于铸铁拉伸时总是在较低的应力下工作，且变形很小，可近似地认为服从胡克定律。通常以 σ-ε 曲线的割线近似地代替曲线的开始部分，并以割线的斜率作为弹性模量 E，称为割线弹性模量。

2. 材料在压缩时的力学性能

金属材料做压缩试验时，试件一般制成短圆柱体，以免被压弯，试件高度一般为直径的 1.5～3 倍。混凝土、石料等则制成立方体的试块。

1）塑性材料在压缩时的力学性能

低碳钢压缩时的 σ-ε 曲线如图 2-29 所示。试验结果表明：低碳钢压缩时的弹性模量 E、屈服极限 σ_s 都与拉伸时大致相同。在屈服阶段后，试件越压越扁，横截面面积不断增大，抗压能力也继续提高，因而得不到压缩时的强度极限。由于可以从拉伸试验测得低碳钢的主要力学性能，所以对于低碳钢，通常不一定要进行压缩试验。

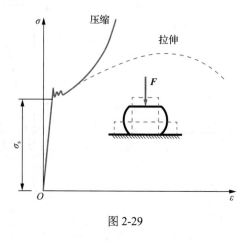

图 2-29

2）脆性材料在压缩时的力学性能

脆性材料在压缩时的力学性能与拉伸时有较大的差别。图 2-30 是铸铁在压缩时的 σ-ε 曲线，曲线最高点对应的应力 σ_{bc} 称为抗压强度。由图 2-30 可知，铸铁压缩与拉伸时的 σ-ε 曲线形状类似，但其抗压强度 σ_{bc} 要远高于抗拉强度 σ_b。其他脆性材料的抗压强度也都远远高于抗拉强度。因此脆性材料适宜制作抗压构件。

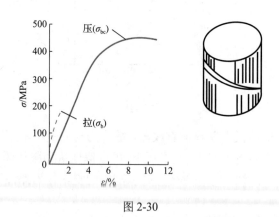

图 2-30

铸铁压缩破坏的断口大致与轴线呈 $45° \sim 55°$ 倾角，这是由于该斜截面上的切应力较大，由此表明，铸铁的压缩破坏主要是切应力引起的。

3. 塑性材料与脆性材料力学性能比较

通过以上试验可分析出塑性材料和脆性材料力学性能上的差别，归纳起来主要表现在以下几点。

（1）塑性材料断裂时延伸率大，塑性性能好；脆性材料断裂时延伸率很小，塑性性能很差。所以用脆性材料制作的构件，断裂破坏总是突然发生，破坏前无征兆，因此选择脆性材料制作构件时需要进行较多的安全储备；而塑性材料通常在发生显著的形状改变后才被破坏。

（2）多数塑性材料在拉伸和压缩变形时，其弹性模量及屈服极限值基本一致，即其抗拉和抗压的性能基本相同，所以应用范围广；多数脆性材料抗压性能远大于抗拉性能，所以宜用于制作受压构件。

（3）塑性材料承受动荷载的能力强，脆性材料承受动荷载的能力很差，所以承受动荷载作用的构件应由塑性材料制成。

（4）受静荷载作用时，用塑性材料制成的构件有屈服阶段，当局部最大应力达到屈服极限时，该处材料的变形可以继续增大，但是应力却不再增加。如外力继续增加，增加的外力就由截面上尚未达到屈服的材料来承担，使截面上的应力相继增大到屈服极限，这就使截面上的应力逐渐趋于平均，降低了应力不均匀的程度，也限制了最大应力的数值。因此，用塑性材料制成的构件在静载作用下可以不考虑应力集中的影响。脆性材料由于没有屈服阶段，应力集中处的最大应力一直是最大值，最早达到强度极限，该处首先产生裂缝，所以由脆性材料制成的构件，一般要考虑应力集中的影响。

（5）多数塑性材料在弹性范围内，应力与应变关系服从胡克定律；而多数脆性材料在拉伸和压缩时，σ-ε 曲线没有直线段，是一条微弯的曲线，应力和应变的关系不服从胡克定律，只是由于 σ-ε 曲线的曲率小，所以在应用上假设它们呈正比例关系。

（6）表征塑性材料力学性能的指标有比例极限 σ_p、弹性极限 σ_e、屈服极限 σ_s、强度极限 σ_b、弹性模量 E、延伸率 δ、断面收缩率 ψ 等；表征脆性材料力学性能的指标只有强度极限 σ_b 和弹性模量 E。

2.6　轴向拉（压）杆的强度条件及其应用

1. 极限应力和许用应力

（1）失效。由于各种原因使杆件丧失正常工作能力的现象称为失效。对于塑性材料，当工作应力达到屈服极限 σ_s 或名义屈服极限 $\sigma_{0.2}$ 时，杆件将发生屈服或出现明显的塑性变形，从而导致杆件不能正常工作，即认为杆件已失效。对于脆性材料，直到杆件被拉断时也无明显的塑性变形，其失效形式表现为脆性断裂。

（2）极限应力。工程中把材料丧失正常工作能力时的应力称为极限应力，用 σ_u 表示。故取屈服极限 σ_s 或名义屈服极限 $\sigma_{0.2}$ 作为塑性材料的极限应力 σ_u；取 σ_b（拉伸）

或 σ_{bc}（压缩）作为脆性材料的极限应力 σ_u。

（3）工作应力。杆件在外荷载作用下产生的应力称为工作应力，工作应力为截面上的真实应力，用 σ 表示。

（4）许用应力。材料在安全范围内工作所允许承受的最大应力称为材料的许用应力，用 $[\sigma]$ 表示。工程中使用的构件必须保证安全、可靠，不允许构件材料发生破坏，同时考虑到计算的可靠度、计算公式的近似性、构件尺寸制造的准确性等因素，将材料的极限应力除以一个大于 1 的安全系数 n，作为材料的许用应力。极限应力大于许用应力，将极限应力与许用应力之差作为安全储备。

对于塑性材料

$$[\sigma] = \frac{\sigma_s}{n_s} \text{ 或 } [\sigma] = \frac{\sigma_{0.2}}{n_s} \tag{2-22}$$

对于脆性材料

$$[\sigma] = \frac{\sigma_b}{n_b} \text{ 或 } [\sigma] = \frac{\sigma_{bc}}{n_b} \tag{2-23}$$

式中，n_s、n_b 分别是塑性材料和脆性材料的安全系数。从安全程度看，断裂比屈服更危险，所以一般 $n_b > n_s$。

安全系数的选择并不是单纯的力学问题，必须综合考虑计算荷载、应力的准确性，杆件工作的重要性以及材料的可靠性等影响因素，还要综合考虑工程和经济等多方面的因素。若规范无要求，则对塑性材料一般取 $n_s = 1.4 \sim 1.7$，对脆性材料一般取 $n_b = 2.5 \sim 5$。

2. 轴向拉（压）杆的强度条件

为保证轴向拉（压）杆在外力作用下安全可靠地工作，应使杆件的最大工作应力不超过材料的许用应力，因此，拉（压）杆的强度条件为

$$\sigma_{max} = \frac{F_N}{A} \leqslant [\sigma] \tag{2-24}$$

式中，F_N 为拉（压）杆的轴力；A 为拉（压）杆的横截面面积；σ_{max} 为拉（压）杆横截面上的最大工作应力。

3. 轴向拉（压）杆的强度计算

根据强度条件 [式（2-24）] 可以解决以下三种类型的强度计算问题。

（1）强度校核。已知杆件所受的外力，横截面面积和材料的许用应力，校核强度条件是否满足，从而确定杆件在给定的外力作用下是否安全。此时只需检查式（2-24）是否成立。

若 $\sigma_{max} \leqslant [\sigma]$，则杆件满足强度要求，是安全的，若 $\sigma_{max} > [\sigma]$，则杆件不满足强度要求，是不安全的，但是只要超出量 $\{\sigma_{max} - [\sigma]\}$ 不大于许用应力 $[\sigma]$ 的 5%，仍然认为杆件能安全工作。

（2）设计截面。已知杆件所受的外力和材料的许用应力，要求确定杆件的横截面面积或尺寸。为此，将式（2-24）改写为

$$A \geqslant \frac{F_N}{[\sigma]}$$ (2-24a)

（3）确定许用荷载。已知杆件的横截面面积和材料的许用应力，根据强度条件确定杆件能够承受的外力。由式（2-24）可得

$$F_N \leqslant [\sigma] \cdot A$$ (2-24b)

【例 2-8】　如图 2-31（a）所示阶梯形杆，AB、BC 和 CD 段的横截面面积分别为 $A_1 = 1500\text{mm}^2$、$A_2 = 625\text{mm}^2$、$A_3 = 900\text{mm}^2$。$F_1 = 120\text{kN}$、$F_2 = 220\text{kN}$、$F_3 = 260\text{kN}$、$F_4 = 160\text{kN}$。杆的材料为 Q235 钢，$[\sigma] = 170\,\text{MPa}$。试校核该杆的强度。

解：（1）画出杆的轴力图，如图 2-31（b）所示。

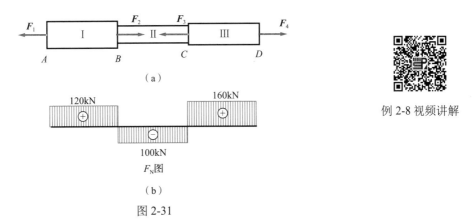

例 2-8 视频讲解

图 2-31

（2）确定危险截面。由轴力图和各段杆的横截面面积可知，危险截面可能在 BC 段或 CD 段，BC 段或 CD 段横截面上的正应力分别为

$$\sigma_2 = \frac{F_{N2}}{A_2} = \frac{-100 \times 10^3}{625} = -160(\text{MPa}) \quad (\text{压应力})$$

$$\sigma_3 = \frac{F_{N3}}{A_3} = \frac{160 \times 10^3}{900} = 177.8(\text{MPa}) \quad (\text{拉应力})$$

根据计算结果可知杆的最大正应力发生在 CD 段，则

$$\sigma_{\max} = \sigma_3 = 177.8\text{MPa} > [\sigma] = 170\text{MPa}$$

$\sigma_{\max}$ 稍大于 $[\sigma]$，超过的量为

$$\frac{177.8 - 170}{170} \times 100\% = 4.6\% < 5\%$$

故该杆满足强度要求。

【例 2-9】　如图 2-32（a）所示，水平梁 BC 上受到均布荷载 $q = 10\text{kN/m}$ 作用，斜杆 AB 由两根等边角钢组成，材料的许用应力 $[\sigma] = 160\text{MPa}$，试选择角钢型号。

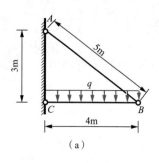

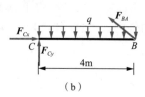

图 2-32

解：（1）求斜杆 AB 的轴力。取 BC 梁为研究对象，如图 2-32（b）所示。由平衡方程

$$\sum M_C = 0 , \quad F_{BA} \times \frac{3}{5} \times 4 - q \times 4 \times 2 = 0$$

得

$$F_{BA} = \frac{100}{3} (\text{kN})$$

故

$$F_{NAB} = F_{BA} = \frac{100}{3} (\text{kN})$$

（2）设计截面。由 AB 杆强度条件

$$\sigma_{AB} = \frac{F_{NAB}}{A_{AB}} \leqslant [\sigma]$$

得

$$A_{AB} \geqslant \frac{F_{NAB}}{[\sigma]} = \frac{\dfrac{100}{3} \times 10^3}{160} = 208 (\text{mm}^2)$$

选择角钢型号，每根角钢的横截面面积最小为 $\dfrac{208}{2} = 104 (\text{mm}^2)$ 。

由附录 II 常用型钢规格表查得等边角钢 20mm×20mm×3mm 的截面面积 $A = 113.2 \text{mm}^2$ ，略大于最小截面面积 104mm² ，故采用两根等边角钢 20mm×20mm×3mm 。

【例 2-10】 如图 2-33（a）所示，三脚架由 AB 和 BC 两杆组成，杆 AB 由两根 12.6 号槽钢组成，其许用应力 $[\sigma] = 160\text{MPa}$ ，杆 BC 由一根 22a 号工字钢组成，其许用应力 $[\sigma] = 100\text{MPa}$ ，求许用荷载 $[F]$ 。

解：（1）求各杆的轴力。取结点 B 为研究对象，受力分析如图 2-33（b）所示，由平衡方程

$$\sum F_x = 0 , \quad F_{BA} \sin 30° + F_{BC} \sin 60° = 0$$
$$\sum F_y = 0 , \quad F_{BA} \cos 30° - F_{BC} \cos 60° - F = 0$$

得

$$F_{BA} = \frac{\sqrt{3}}{2}F, \quad F_{BC} = -\frac{1}{2}F$$

则

$$F_{NAB} = F_{BA} = \frac{\sqrt{3}}{2}F, \quad F_{NBC} = F_{BC} = -\frac{1}{2}F$$

计算结果表明，BA 杆为拉杆，BC 杆为压杆。

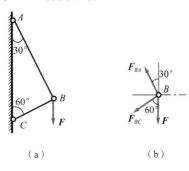

（a）　　　　　（b）

图 2-33

（2）确定两杆的横截面面积。由附录 II 查得，两根 12.6 号槽钢的截面面积 $A_1=15.69\text{cm}^2\times2=31.38\text{cm}^2$，一根 22a 号工字钢的截面面积 $A_2=42.10\text{cm}^2$。

（3）确定许用荷载[F]。

根据 AB 杆强度条件确定许用荷载$[F]_{AB}$，由

$$F_{NAB} = \frac{\sqrt{3}}{2}F \leqslant A_1 \cdot [\sigma]_{AB}$$

得

$$F \leqslant 579.75(\text{kN})$$

则$[F]_{AB} = 579.75\text{kN}$。

根据 BC 杆强度条件确定许用荷载$[F]_{BC}$。由

$$F_{NBC} = \frac{1}{2}F \leqslant A_2 \cdot [\sigma]_{BC}$$

得

$$F \leqslant 842(\text{kN})$$

则$[F]_{BC} = 842\text{kN}$。

为保证结构的安全，该三脚架所能承受的许用荷载[F]=579kN。

2.7　剪切与挤压的实用计算

在工程中，经常需要把杆件相互连接起来，图 2-34 所示为常见的一些连接。在这

些连接中，螺栓、铆钉、销轴等都是起连接作用的部件，称为连接件。

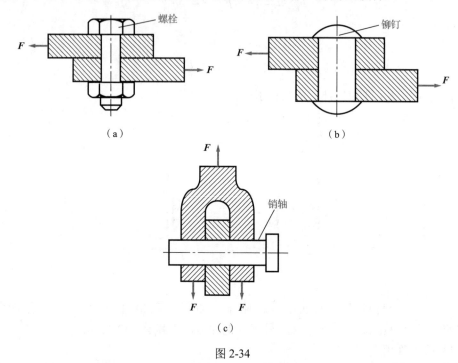

图 2-34

由于这些连接件体积比较小，其受力及变形比较复杂，要用精确的理论方法分析其应力是非常困难的。工程中常根据实践经验和构件的受力特点，作出一些假设进行简化计算，简称实用计算。

1. 剪切和挤压的概念

如图 2-35（a）所示，两块钢板用铆钉连接并受两个拉力 F 的作用。在连接处可能产生的破坏有：在两侧与钢板接触面的压力 F 作用下，铆钉将沿 m—m 截面被剪断，如图 2-35（b）、（c）所示；铆钉与钢板在接触面上因为挤压而发生破坏；钢板在受铆钉孔削弱的横截面处因强度不足发生破坏。因此，为了保证连接件的正常工作，一般需要进行连接件的剪切强度、挤压强度和钢板的抗拉强度的计算。

剪切破坏

铆钉的受力简图如图 2-35（b）所示，其受力特点是：在铆钉的两侧面上受到大小相等，方向相反，作用线相距很近且垂直于铆钉轴线的两个外力 F 作用。在这种外力作用下，铆钉的主要变形特点是：铆钉将沿两外力作用线之间的截面 m—m 发生相对错动，如图 2-35（c）所示。铆钉的这种变形称为剪切变形，发生相对错动的截面 m—m 称为剪切面或受剪面，剪切面与外力作用线平行。当外力足够大时，铆钉将沿剪切面被剪断。

挤压破坏

同时，在铆钉与钢板相互接触的侧面上，会发生彼此间的相互压紧，这种局部承压现象称为挤压。相互挤压接触面称为挤压面，挤压面与外力的作用线垂直。当挤压面传递的压力较大时，就会在局部区域产生显著的塑性变形，如图 2-35（d）所示。

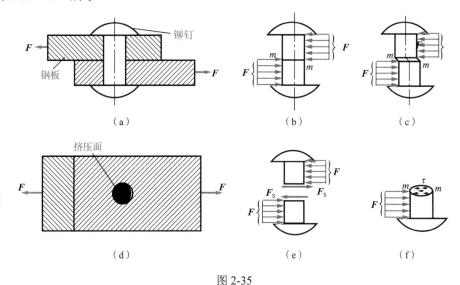

图 2-35

2. 剪切强度的实用计算

下面以图 2-35 所示的铆钉连接为例，介绍剪切强度的实用计算。

（1）剪切面上的内力。利用截面法分析铆钉剪切面上的内力。假想地将铆钉沿 m—m 截面截开，分成上、下两部分，取其中一部分为研究对象，如图 2-35（e）所示。由平衡条件可知，剪切面上的内力为切向力，称为剪力，用 $\boldsymbol{F}_S$ 表示。由平衡方程 $\sum F_x = 0$，得 $F_S = F$。

（2）剪切面上的应力。剪切面上的内力是剪力，因此在剪切面上必有切应力 τ，如图 2-35（f）所示。τ 在剪切面上的分布情况比较复杂，在实用计算中以剪切面上的平均切应力为依据，即

$$\tau = \frac{F_S}{A_S} \tag{2-25}$$

式中，A_S 为剪切面面积。

按式（2-25）计算的 τ 并非剪切面上的真实切应力，称为计算切应力或名义切应力。

（3）剪切强度条件。为了保证构件在工作时不发生剪切破坏，构件剪切面上的计算切应力不超过材料的许用切应力，故剪切强度条件为

$$\tau = \frac{F_S}{A_S} \leqslant [\tau] \tag{2-26}$$

式中，$[\tau]$ 为铆钉材料的许用切应力。它是用通过材料的剪切破坏试验得到的剪切强度极限除以安全系数确定的。

剪切强度条件同样可以解决强度校核、设计截面尺寸和确定许用荷载三类问题。

【例 2-11】　如图 2-36 所示夹剪，用力 $F=0.3\text{kN}$ 剪切直径 $d=5\text{mm}$ 的铁丝。已知 $a=30\text{mm}$，$b=100\text{mm}$，试计算铁丝上的切应力。

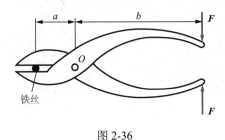

图 2-36

解：（1）计算剪力。设铁丝承受的剪力为 F_S，根据平衡条件有

$$\sum M_O = 0，\quad F \times b - F_S \times a = 0$$

得

$$F_S = 1(\text{kN})$$

（2）计算切应力。

$$\tau = \frac{F_S}{\dfrac{\pi d^2}{4}} = \frac{1 \times 10^3 \times 4}{3.14 \times 5^2} = 50.9(\text{MPa})$$

3. 挤压强度的实用计算

连接件除承受剪切作用外，在连接件和被连接件的接触面上还承受挤压作用。因此对连接件还需进行挤压强度的计算。

挤压面上的压力称为挤压力，用 F_{bs} 表示。在挤压面上产生的正应力称为挤压应力，用 σ_{bs} 表示。以铆钉为例，若挤压应力过大，将使铆钉或铆钉孔产生显著的局部塑性变形，造成铆钉松动而丧失承载能力，发生挤压破坏。

在挤压面上，挤压应力的分布情况也比较复杂，如图 2-37 所示。在实际计算中假设挤压应力均匀地分布在挤压面上。因此挤压应力可按下式计算。

$$\sigma_{bs} = \frac{F_{bs}}{A_{bs}} \tag{2-27}$$

式中，A_{bs} 为挤压面面积。在实际计算中，当连接件与被连接构件的接触面为平面时，A_{bs} 就是接触面的面积。当接触面为圆柱面时，则以圆孔或圆钉的直径平面面积 hd 为挤压面积，即实际接触面在直径平面上的正投影面积，如图 2-38 所示，由此计算出的挤压应力与实际的最大挤压应力大致相等。

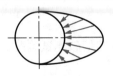

图 2-37

图 2-38

挤压强度条件为

$$\sigma_{bs} = \frac{F_{bs}}{A_{bs}} \leqslant [\sigma_{bs}] \tag{2-28}$$

式中，$[\sigma_{bs}]$ 为材料的许用挤压应力，由试验测定。

【例 2-12】　如图 2-39（a）所示，两块钢板用相同的四个铆钉连接，受轴向拉力 F 作用。已知 $F = 160kN$，两块钢板的厚度均为 $\delta = 12mm$，宽度 $b = 100mm$，铆钉直径 $d = 20mm$，许用挤压应力 $[\sigma_{bs}] = 320MPa$，许用切应力 $[\tau] = 140MPa$，钢板的许用拉应力 $[\sigma] = 170MPa$。试校核连接件的强度。

例 2-12 视频讲解

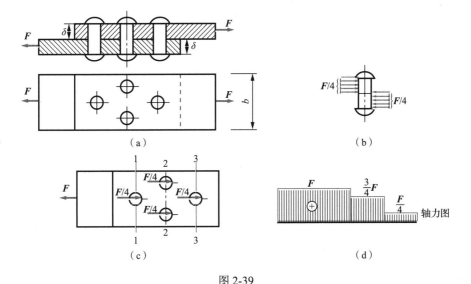

图 2-39

解：（1）校核连接件的抗剪强度。连接件由四个相同的铆钉连接且与外力作用线对称，则可认为每个铆钉所受作用力相等，如图 2-39（b）所示，于是有

$$F_S = \frac{F}{4} = 40(kN)$$

根据剪切强度条件有

$$\tau = \frac{F_S}{A_S} = \frac{40 \times 10^3}{\frac{\pi \times 20^2}{4}} = 127.4(MPa) < [\tau] = 140(MPa)$$

故连接件的抗剪强度满足要求。

（2）校核铆钉的挤压强度。根据挤压强度条件有

$$\sigma_{bs} = \frac{\frac{F}{4}}{A_{bs}} = \frac{40 \times 10^3}{20 \times 12} = 166.7(MPa) < [\sigma_{bs}] = 320(MPa)$$

故连接件挤压强度满足要求。

（3）校核钢板的抗拉强度。取下面一块板作为研究对象，受力分析如图 2-39（c）所示。根据受力情况，得到轴力图如图 2-39（d）所示。所以危险截面可能是 1—1 截面（内力最大），也可能是 2—2 截面（截面面积最小）。因此要分别按拉（压）杆的强度条件进行校核。

$$\sigma_1 = \frac{F}{(b-d)\delta} = \frac{160 \times 10^3}{(100-20) \times 12} = 166.7 \text{(MPa)} < [\sigma] = 170 \text{(MPa)}$$

$$\sigma_2 = \frac{\frac{3}{4}F}{(b-2d)\delta} = \frac{\frac{3}{4} \times 160 \times 10^3}{(100-40) \times 12} = 166.7 \text{(MPa)} < [\sigma] = 170 \text{(MPa)}$$

故钢板的抗拉强度满足要求。

综上所述，连接件的强度满足要求。

本 章 小 结

1. 轴向拉（压）杆的受力特点：杆件在外力作用下处于平衡状态，且外力或者外力的合力的作用线与杆件的轴线重合。其变形特点：杆件沿轴线方向伸长或缩短。

2. 轴向拉伸或压缩变形杆件截面上的内力是轴力，用 F_N 表示。轴力正负号的规定：使杆件受拉伸时的轴力为正，称为拉力；使杆件受压缩时的轴力为负，称为压力。

3. 用代数和法求指定截面轴力：$F_N = \sum\limits_{\text{一侧}} F_i$。

4. 表示轴力与横截面位置关系的图线，称为轴力图。通常将正的轴力画在基线上侧，负的画在下侧。

5. 轴向拉（压）杆横截面上只存在正应力且均匀分布，正应力的计算式为 $\sigma = \dfrac{F_N}{A}$。

6. 纵向变形：$\Delta l = l_1 - l$，纵向线应变：$\varepsilon = \dfrac{\Delta l}{l}$；横向变形：$\Delta b = b_1 - b$，横向线应变：$\varepsilon' = \dfrac{\Delta b}{b}$。横向线应变 ε' 与纵向线应变 ε 比值的绝对值称为横向变形因数或泊松比，用 ν 表示，$\nu = \left|\dfrac{\varepsilon'}{\varepsilon}\right|$；弹性模量 E 与泊松比 ν 是表示材料力学性质的两个弹性常数。

7. 胡克定律的两种表达式：$\Delta l = \dfrac{F_N l}{EA}$ 和 $\sigma = E\varepsilon$。EA 反映了杆件抵抗拉压变形的能力，称为杆件的抗拉（压）刚度。

8. 低碳钢在拉伸试验过程中分为四个阶段。①弹性阶段：该阶段变形是弹性变形，材料服从胡克定律，即 $\sigma = E\varepsilon$，直线 OA 的斜率为 $E = \tan\alpha$，比例系数 E 即为弹性模量。②屈服阶段：该阶段应力基本保持不变，而应变却在明显增加；将屈服下限对应的应力称为屈服极限，用 σ_s 表示。③强化阶段：该阶段试件的变形主要是塑性变形，σ-ε 应变曲线最高点对应的应力称为强度极限，用 σ_b 表示。④局部变形阶段：该阶段的横截面面积明显缩小，出现颈缩现象。

9. 低碳钢在拉伸试验中得到的两个塑性指标。①延伸率：$\delta = \dfrac{l_1 - l_0}{l_0} \times 100\%$；延伸率 $\geqslant 5\%$ 的材料称为塑性材料；延伸率 $< 5\%$ 的材料称为脆性材料。②断面收缩率：$\psi = \dfrac{A_0 - A_1}{A_0} \times 100\%$。

10. 铸铁在拉伸时，$\sigma\text{-}\varepsilon$ 曲线最高点对应的应力 σ_b 称为强度极限。因为没有屈服极限，强度极限是衡量铸铁强度的唯一指标。由于铸铁等脆性材料在拉伸时的强度极限很低，因此不宜用作抗拉构件的材料。

11. 铸铁在压缩时，$\sigma\text{-}\varepsilon$ 曲线最高点对应的应力 σ_{bc} 称为抗压强度。脆性材料的抗压强度远远高于抗拉强度，因此适宜制作抗压构件。

12. 由于各种原因使杆件丧失正常工作能力的现象称为失效。材料丧失正常工作能力时的应力称为极限应力，用 σ_u 表示。对于塑性材料：$\sigma_u = \sigma_s$ 或 $\sigma_u = \sigma_{0.2}$；对于脆性材料：$\sigma_u = \sigma_b$。

13. 材料在安全范围内工作所允许承受的最大应力称为材料的许用应力，用 $[\sigma]$ 表示。对于塑性材料：$[\sigma] = \dfrac{\sigma_s}{n_s}$ 或 $[\sigma] = \dfrac{\sigma_{0.2}}{n_s}$；对于脆性材料：$[\sigma] = \dfrac{\sigma_b}{n_b}$ 或 $[\sigma] = \dfrac{\sigma_{bc}}{n_b}$。

14. 轴向拉（压）杆的强度条件：$\sigma_{max} = \dfrac{F_N}{A} \leqslant [\sigma]$。根据强度条件可以解决强度校核、设计截面和确定许用荷载三种类型的强度计算问题。

15. 剪切强度的实用计算：剪切面上的内力称为剪力，用 F_S 表示。剪切面上的应力为切应力 τ，$\tau = \dfrac{F_S}{A_S}$。剪切强度条件：$\tau = \dfrac{F_S}{A_S} \leqslant [\tau]$。

16. 挤压强度的实用计算：挤压面上的压力称为挤压力，用 F_{bs} 表示。挤压应力：$\sigma_{bs} = \dfrac{F_{bs}}{A_{bs}}$，当连接件与被连接构件的接触面为平面时，$A_{bs}$ 就是挤压面的面积。当接触面为圆柱面时，则以圆孔或圆钉的直径平面面积为挤压面积，即实际接触面在直径平面上的正投影面积。挤压强度条件：$\sigma_{bs} = \dfrac{F}{A_{bs}} \leqslant [\sigma_{bs}]$。

思考与练习题

一、填空题

2-1　根据低碳钢 $\sigma\text{-}\varepsilon$ 曲线不同阶段的变形特征，整个拉伸过程依次分为_____、_____、_____、_____。在强化阶段的任一点停止加载，并逐渐卸载，卸载过程中，应力与应变之间的关系近似为_____线，并与弹性阶段的直线接近平行，这通常称为_____。

2-2 标距为 100mm 的标准试件，直径为 10mm，拉断后测得伸长后的标距为 123mm，缩颈处的最小直径为 6.4mm，则该材料的伸长率 δ 为_____，断面收缩率 ψ 为_____。

2-3 某材料的 σ-ε 曲线如图所示，则材料的屈服极限 σ_s =_____MPa，强度极限 σ_b =_____MPa，弹性模量 E =_____GPa。强度计算时，若取安全系数为 2，那么塑性材料的许用应力 $[\sigma]$ =_____MPa，脆性材料的许用应力 $[\sigma]$ =_____MPa。

二、选择题

2-4 铆钉连接钢板如图所示，试分析连接件破坏的形式不可能是（　　）。

A. 铆钉剪断　　　　　　　　　　B. 铆钉挤压

C. 钢板拉断　　　　　　　　　　D. 钢板剪断

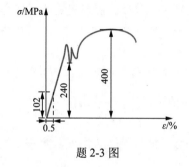

题 2-3 图

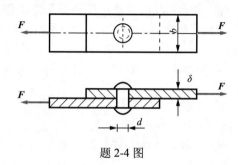

题 2-4 图

三、计算题

2-5 试用截面法求出各杆相应截面上的内力，并作出轴力图。

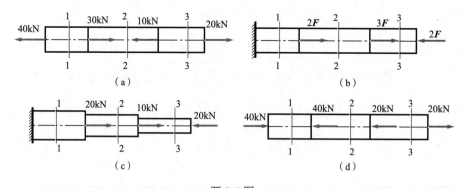

题 2-5 图

2-6 阶梯状直杆的受力图如图所示，各段杆横截面面积分别为 $A_1 = 200\text{mm}^2$，$A_2 = 300\text{mm}^2$，$A_3 = 400\text{mm}^2$，求各段杆横截面上的应力。

2-7 简单支架如图所示，AB 为圆钢，直径为 d=20mm，AC 为 8 号槽钢，若 F 为 30kN，试求各杆横截面上的应力。

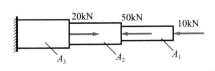

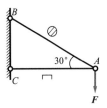

题 2-6 图 　　　　　　　　　 题 2-7 图

2-8　一等截面直钢杆如图所示，材料的弹性模量 E=210GPa，A=1000mm^2。试计算：（1）每段杆的纵向变形；（2）每段杆的线应变；（3）全杆的总变形。

2-9　在如图所示的结构中，梁 AB 的长度 L=2m，其变形和质量忽略不计。杆 1 为钢质圆杆，长 L_1 =1.5m，直径 d_1 =18mm，E_1 =200GPa；杆 2 为钢质圆杆，长 L_2 =1m，直径 d_2 =30mm，E_2 =100GPa。试问：（1）荷载 F 加在何处才能使梁 AB 保持在水平位置？（2）若此时 F=30kN，则两拉杆内的正应力各为多少？

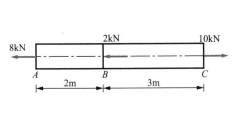

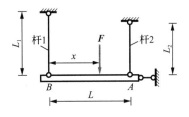

题 2-8 图 　　　　　　　　　 题 2-9 图

2-10　做低碳钢 Q235 拉伸试验，试件直径为 10mm，标距为 100mm。当试验机上荷载读数达到 F =10kN 时，量得的工作段伸长量 Δl =0.0607mm，直径缩小量为 Δd =0.0017mm。试求此时试样横截面上的正应力 σ，并求材料的弹性模量 E 和泊松比 v。已知 Q235 的比例极限为 σ_p =200MPa。

2-11　圆截面阶梯形钢杆如图所示，已知钢杆所受轴向外荷载 F_1 =35kN，F_2 =80kN；杆 AB 的直径 d_1 =18mm，杆 BC 的直径 d_2 =20mm，材料为低碳钢 Q235，屈服极限 σ_s =235MPa，安全系数 n_s =1.4，试校核该阶梯杆的强度。

2-12　支架如图所示，杆 AB 为直径 d =16mm 的圆截面钢杆，许用应力 $[\sigma]_{AB}$ =140MPa；杆 BC 为边长 a =100mm 的方形截面木杆，许用应力 $[\sigma]_{BC}$ =4.7MPa。已知结点 B 处挂一重物 F =36kN，试校核两杆的强度。

2-13　一块厚 10mm、宽 200mm 的钢板，其横截面被直径 d =20mm 的圆孔削弱，圆孔的排列对称于杆的轴线。已知轴向拉力 F =200kN，材料的许用应力 $[\sigma]$ =170MPa，试校核钢板的强度。

2-14　支架如图所示，杆 1 为钢材，弹性模量 E_1 =200GPa，许用应力 $[\sigma_1]$ =100MPa，横截面面积 A_1 =127mm^2。杆 2 为铝合金，弹性模量 E_2 =70GPa，许用应力 $[\sigma_2]$ =80MPa，

横截面面积 $A_2 = 100\text{mm}^2$，长度 $l_2 = 1\text{m}$。荷载 $F = 5\text{kN}$。试校核结构的强度。

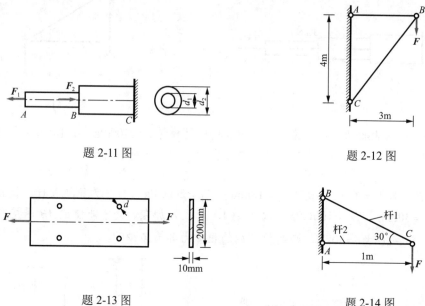

题 2-11 图   题 2-12 图

题 2-13 图   题 2-14 图

2-15　简易起重装备如图所示，杆 AB 由两根 $80\text{mm} \times 80\text{mm} \times 7\text{mm}$ 等边角钢组成，AC 杆由两根 10 号工字钢组成，材料的许用应力 $[\sigma] = 170\text{MPa}$。求：（1）若起吊荷载 $F = 160\text{kN}$，试校核其强度；（2）求最大起吊荷载 $[F]$。

2-16　图示桁架的杆 1 和杆 2 均由 Q235 钢制成，两杆横截面均为圆形，材料的许用应力 $[\sigma] = 170\text{MPa}$，杆 1 的直径 $d_1 = 30\text{mm}$，杆 2 的直径 $d_2 = 20\text{mm}$，荷载 F 铅垂向下。试确定最大许用荷载。

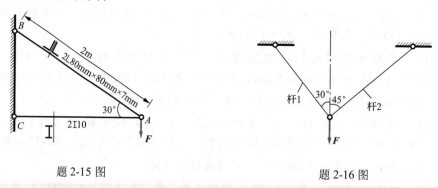

题 2-15 图   题 2-16 图

2-17　矩形截面木杆的接头如图所示，已知轴向拉力 $F = 50\text{kN}$，截面宽度 $b = 250\text{mm}$，木材许用切应力 $[\tau] = 1\text{MPa}$，许用挤压应力 $[\sigma_{bs}] = 10\text{MPa}$，试设计此接头的尺寸 l 和 a。

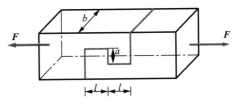

题 2-17 图

第**3**章

扭　　转

扭转变形是杆件基本变形之一，本章主要讨论扭转圆轴的内力、应力和变形的计算，强度条件和刚度条件的应用，并简要介绍以低碳钢为代表的塑性材料和以铸铁为代表的脆性材料受扭时的力学性能。

3.1　扭转的概念

扭转变形特征

　　杆件在作用面垂直于杆轴线的外力偶作用下将发生扭转变形。在实际生活和工程中，单纯发生扭转的杆件不多，但以扭转为主要变形的却不少，如螺丝刀［图 3-1（a）］和方向盘操纵杆［图 3-1（b）］等。若杆件变形以扭转为主，其他变形可忽略不计，则可按扭转变形对其进行强度和刚度计算。这些以扭转变形为主的杆件称为轴。有些构件除扭转变形外还有其他主要变形，例如，机器传动轴［图 3-1（c）］和雨篷梁［图 3-1（d）］除了扭转变形还有弯曲变形，这种属于组合变形，将在第 8 章讨论。

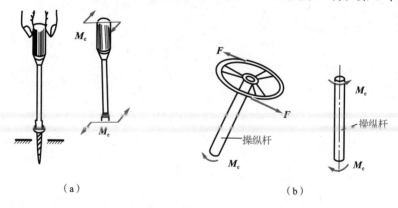

（a）　　　　　　　　　　　　　　　　（b）

图 3-1

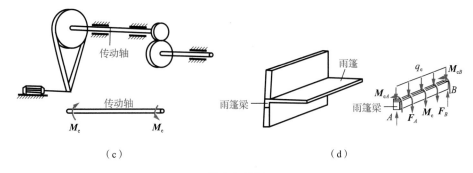

（c）　　　　　　　　　　　　　　　　（d）

图 3-1（续）

扭转杆件的受力特点：在垂直于杆轴的平面内作用着一对大小相等、转向相反的外力偶矩。其变形特点：轴的各横截面都绕杆轴线发生相对转动。

如图 3-2 所示的等截面圆轴，在垂直于杆轴的杆端平面内作用着一对大小相等、转向相反的外力偶矩 M_e，使杆发生扭转变形。

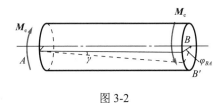

图 3-2

若认为圆轴左端平面相对不动，则圆轴表面的纵向线 AB，由于受到外力偶作用而变成螺旋线 AB'，其倾斜的角度为 γ，γ 称为切应变。B 截面相对于 A 截面转过的角度称为扭转角，用 φ_{BA} 表示。

本章只研究等直圆轴的扭转问题，包括轴的外力、内力、应力和变形的计算，并在此基础上讨论圆轴的强度和刚度计算。非圆截面杆由于横截面不存在极对称性，扭转时其变形和横截面上的应力分布较复杂，需用弹性理论计算，本书不讨论此问题。

3.2　圆轴扭转时的内力计算

1．外力偶矩的计算

作用在圆轴上的外力偶矩，一般可通过空间力偶系的平衡方程求解得到。但机械中的传动轴等转动构件，通常只知道其功率和转轴的转速，这时在分析内力之前，需要根据功率和转速计算圆轴所承受的外力偶矩。

由理论力学可知，力偶在单位时间内所做的功即功率，等于该力偶矩 M_e 与角速度 ω 的乘积，即

$$P = M_e \omega \tag{a}$$

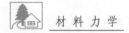

在实际工程中，功率 P 的常用单位是 kW，力偶矩 M_e 与转速 n 的常用单位分别是 N·m 和 r/min，由于

$$1\text{W} = 1\text{N} \cdot \text{m/s} \qquad\qquad\qquad (\text{b})$$

因此，式（a）又可写为

$$P \times 1000 = M_e \times \frac{2\pi n}{60}$$

由此可得

$$M_e = 9550 \frac{P}{n} \qquad\qquad\qquad (3\text{-}1)$$

式中，M_e 为轴上某处的外力偶矩，单位为 N·m；P 为轴上某处输入或输出的功率，单位为 kW；n 为轴的转速，单位为 r/min。

在确定外力偶的转向时应该注意，主动轮上外力偶的转向与轴的转向一致，从动轮上外力偶的转向与轴的转向相反，这是因为从动轮的外力偶是阻力偶。

2. 扭矩

研究圆轴受扭时横截面上的内力仍采用截面法。如图 3-3（a）所示，一等直圆轴杆端受到一对大小均为 M_e、转向相反、作用面垂直于杆轴线的外力偶作用。假想在轴的任一横截面 m—m 处将其切开，隔离体 I 的受力图如图 3-3（b）所示，隔离体 II 的受力图如图 3-3（c）所示。

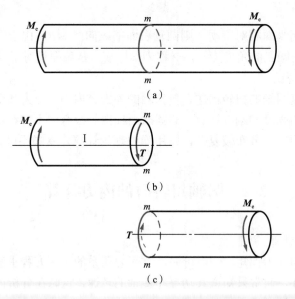

图 3-3

取隔离体 I 为研究对象，由于整个圆轴处于平衡状态，隔离体 I 必然也是平衡的，因此，横截面 m—m 上必存在一个内力偶矩。该内力偶矩是横截面上分布内力的合力偶矩，称为扭矩，用 T 表示。由静力学平衡方程：

$$\sum M_x = 0，\quad T - M_e = 0$$

得

$$T = M_e$$

扭矩 T 的常用单位是 N·m 和 kN·m。

同理，以隔离体 Ⅱ 为研究对象，同样得出横截面 $m—m$ 上的扭矩 $T = M_e$，但其转向正好与隔离体 Ⅰ 上的扭矩相反。为了使无论取哪一部分为研究对象，求出的同一截面上的扭矩不仅数值相等，而且符号也相同，对扭矩 **T** 的正负号做如下规定：采用右手螺旋法则，以右手的四指表示扭矩的转向，若大拇指的指向背离截面，则扭矩为正；反之为负（图 3-4）。

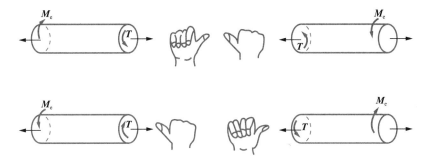

图 3-4

用截面法计算内力时，建议假设所求截面上的扭矩为正。若由平衡方程求出的值为正，则说明所求截面上的扭矩和假设转向一致；反之，则说明所求截面上的扭矩和假设转向相反。

3. 扭矩图

作用在轴上的外力偶往往有多个，因此，不同轴段上的扭矩也各不相同。为了更直观地表示扭矩沿轴线的变化情况，通常用与轴线平行的坐标（基线）表示横截面的位置，用垂直于杆轴线的坐标表示相应截面上的扭矩。这种按适当的比例绘出的表示扭矩随横截面位置变化规律的图形称为扭矩图，也称 T 图。扭矩图与轴力图类似，通常将正的扭矩画在基线上方，负的画在基线下方。

【例 3-1】 如图 3-5（a）所示的传动轴，其转速为 $n = 200\text{r}/\min$，主动轮 A 的输入功率 $P_A = 100\text{kW}$，若不考虑轴承摩擦所损耗的功率，3 个从动轮的输出功率分别为 $P_B = 50\text{kW}$，$P_C = 30\text{kW}$，$P_D = 20\text{kW}$。试绘出该轴的扭矩图。

例 3-1 视频讲解

解：（1）计算外力偶矩。由式（3-1），得

$$M_{eA} = 9550 \times \frac{P_A}{n} = 9550 \times \frac{100}{200} = 4.78 \times 10^3 (\text{N·m}) = 4.78(\text{kN·m})$$

$$M_{eB} = 9550 \times \frac{P_B}{n} = 9550 \times \frac{50}{200} = 2.39 \times 10^3 (\text{N·m}) = 2.39(\text{kN·m})$$

$$M_{eC} = 9550 \times \frac{P_C}{n} = 9550 \times \frac{30}{200} = 1.43 \times 10^3 (\text{N} \cdot \text{m}) = 1.43(\text{kN} \cdot \text{m})$$

$$M_{eD} = 9550 \times \frac{P_D}{n} = 9550 \times \frac{20}{200} = 955(\text{N} \cdot \text{m}) = 0.96(\text{kN} \cdot \text{m})$$

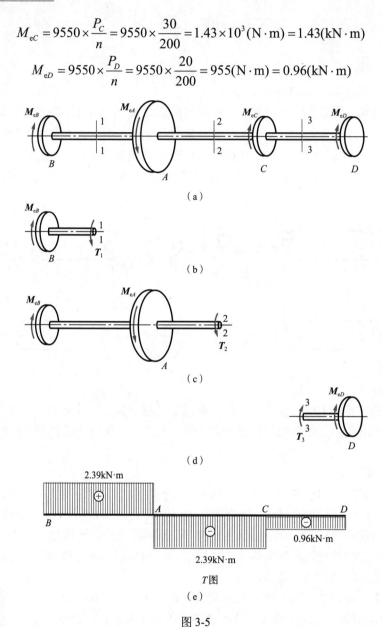

图 3-5

（2）计算各段轴内横截面上的扭矩。用截面法计算各段轴的任一截面上的扭矩。在 BA 段任选一截面 1—1，假想地将轴断开分成两部分，并取左段为研究对象。假设 T_1 为正扭矩，根据右手螺旋法则，其转向如图 3-5（b）所示，由平衡方程

$$\sum M_x = 0, \quad -M_{eB} + T_1 = 0$$

得

$$T_1 = M_{eB} = 2.39(\text{kN} \cdot \text{m})$$

同理在 *AC* 段沿 2—2 截面假想地将轴断开，并取左段为研究对象。假设 T_2 为正扭矩，根据右手螺旋法则，其转向如图 3-5（c）所示，由平衡方程

$$\sum M_x = 0 , \quad -M_{eB} + M_{eA} + T_2 = 0$$

得

$$T_2 = M_{eB} - M_{eA} = 2.39 - 4.78 = -2.39 (\text{kN} \cdot \text{m})$$

同理在 *CD* 段沿 3—3 截面假想地将轴断开，并取右段为研究对象。假设 T_3 为正扭矩，根据右手螺旋法则，其转向如图 3-5（d）所示，由平衡方程得

$$T_3 = -M_{eD} = -0.96 (\text{kN} \cdot \text{m})$$

计算所得的 T_1 为正值，说明 *BA* 段轴扭矩的转向与假设相同，为正的扭矩；T_2 和 T_3 为负值，则说明 *AC* 段轴和 *CD* 段轴扭矩的转向与假设相反，为负的扭矩。

（3）绘制扭矩图。按照一定比例绘制扭矩图。正的扭矩画在基线上方，负的扭矩画在基线下方，如图 3-5（e）所示。

4．用代数和法计算扭矩

前面已经讨论了通过列平衡方程计算扭矩。若轴上的外力偶较多时，每个截面均选取隔离体，画受力图，列空间力偶系平衡方程，这个计算过程过于烦琐。在例 3-1 的求解过程中发现，任意截面的扭矩均等于该截面一侧（左侧或右侧）轴段上所有外力偶矩的代数和，即

$$T = \sum_{\text{一侧}} M_{ei} \tag{3-2}$$

外力偶矩的正负号规定如下：采用右手螺旋法则，以右手的四指表示扭矩的转向，若大拇指的指向背离所求截面，外力偶矩记为正；反之记为负。

【例 3-2】　某阶梯状圆轴受力如图 3-6（a）所示，已知 *AB*=*BC*=*CD*=*l*，*AC* 段的直径 *D*=20mm，*CD* 段的直径 *d*=10mm，绘制该轴的扭矩图。

解：该轴 *A* 端为固定端，其支座反力未知，可通过列空间力偶系平衡方程解得。但为避免计算时出现错误，建议计算任意截面扭矩时选取右段隔离体为研究对象。

（1）计算各轴段扭矩值。

取 1—1 横截面以右段为研究对象：

$$T_1 = 5 (\text{kN} \cdot \text{m})$$

取 2—2 横截面以右段为研究对象：

$$T_2 = 5 - 8 = -3 (\text{kN} \cdot \text{m})$$

（2）绘制扭矩图。按照一定比例绘制扭矩图。正的扭矩画在基线上方；负的扭矩画在基线下方，如图 3-6（b）所示。

计算时无须将每个隔离体的受力图都单独画出来，做题时可将所求截面一侧（左侧或右侧）轴段遮住，根据右手螺旋法则确定可见轴段上的外力偶矩的正负，代入计算式即可。

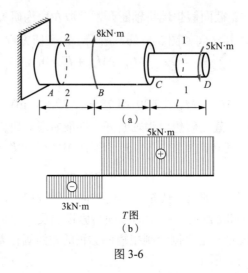

图 3-6

3.3　圆轴扭转时的应力及强度计算

1.　圆轴扭转试验及剪切胡克定律

扭转试验在扭转试验机上进行。试件多为圆柱形，直径为 10～15mm，长度为 150～200mm；试件头部的形状视机器的夹头而定，例如图 3-7（a）所示试件。根据夹头处施加力偶矩的大小和标距的两截面相对转角，可绘出扭矩-扭转角曲线。

试验表明：以低碳钢为代表的塑性材料受扭时，试件最后沿横截面被切断，断口表面光滑，如图 3-7（b）所示；以铸铁为代表的脆性材料受扭时，试件最后在与轴线约呈45°倾角的螺旋面上被拉断，断口粗糙，晶粒明显，如图 3-7（c）所示。由试件破坏时的断口形状和方位可知，脆性材料受扭破坏是斜截面上的拉应力造成的破坏，因此，断面出现在拉应力最大的斜截面上，而不是切应力最大的横截面上。结合铸铁的拉、压、扭试验破坏分析可得到以下结论：铸铁抗压能力最强，抗剪能力其次，抗拉能力最弱。

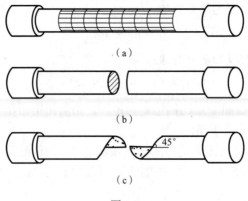

图 3-7

根据扭转试验得到 τ-γ 曲线，如图 3-8 所示。在材料的线弹性范围内，切应力 τ 和切应变 γ 成正比，这就是剪切胡克定律，即

$$\tau = G\gamma \tag{3-3}$$

式中，G 为比例常数，称为材料的切变模量。其量纲与弹性模量 E 相同，单位为 Pa。钢材的切变模量约为 80GPa。

至此，我们已经引入材料的三个弹性常量：弹性模量 E、泊松比 ν 和切变模量 G。对于各向同性材料，三个弹性常量之间存在下列关系：

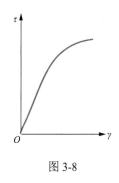

图 3-8

$$G = \frac{E}{2(1+\nu)} \tag{3-4}$$

三个弹性常量并不是独立存在的，它们互相有线性关系，只要知道任意两个，即可确定第三个。

2. 圆轴扭转时横截面上的应力

利用平衡条件可以确定圆轴扭转时横截面上内力合力的大小，但还不能确定应力在横截面上是如何分布的。确定横截面上的应力是一个超静定问题，必须同时考虑变形条件、物理条件和平衡条件三个方面。

1）变形条件

观察受扭圆轴试验前后的变形情况。为了便于观察，试验前在圆轴表面画上任意两条圆周线和若干条纵向线。在外力偶矩作用下，圆轴变形如图 3-9（a）所示，可观察到以下现象。

圆周线：两圆周线的形状、大小和间距均未变，只是绕轴线转动了不同的角度。

纵向线：各纵向线均倾斜了一个微小的角度 γ，表面上所有的矩形变成了平行四边形。

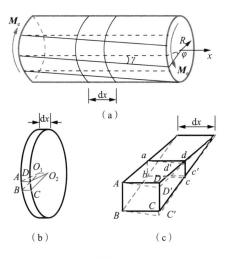

图 3-9

根据上述圆轴表面的变形特点，可做以下假设：圆轴横截面始终保持平面，且其形状、大小以及两相邻横截面的距离保持不变，即各横截面只是不同程度地、刚性地绕轴转动。这个假设称为平面假设。

根据平面假设可知各纵向线段的长度不变，因此，横截面上没有正应力存在。如图 3-9（b）所示，取圆轴上长为 dx 的微段，再取楔形体 O_1O_2ABCD 为研究对象，左截面设为相对静止的面，右截面相对于左截面转过的角度为 $d\varphi$。表面的纵向线段 AD 变为 AD'，矩形 ABCD 变成了平行四边形 $ABC'D'$，如图 3-9（c）所示。右截面上的 D 点的位移 $\overline{DD'}$，从圆轴表面看 $\overline{DD'} = \gamma dx$，从横截面上看 $\overline{DD'} = Rd\varphi$，因此

$$\gamma dx = Rd\varphi$$

内部变形如同圆轴表面，距轴心距离为 ρ 的矩形 abcd 变成了平行四边形 $abc'd'$。因此，d 点的位移 $\overline{dd'}$ 也有以下关系式：

$$\overline{dd'} = \gamma_\rho dx = \rho d\varphi \tag{3-5}$$

式中，γ_ρ 是半径为 ρ 处的切应变。

式（3-5）可改写为

$$\gamma_\rho = \frac{\rho d\varphi}{dx} = \rho\theta \tag{3-6}$$

式中，$\theta = \dfrac{d\varphi}{dx}$ 为单位长度扭转角。

式（3-6）表达了横截面上切应变的分布规律，切应变 γ_ρ 与半径 ρ 成正比。

2）物理条件

由剪切胡克定律可知，当 $\tau \leq \tau_\rho$ 时，$\tau = G\gamma$。

将式（3-6）代入得

$$\tau_\rho = G\gamma_\rho = G\rho\theta \tag{3-7}$$

式中，τ_ρ 为横截面上半径为 ρ 处点的切应力。由于变形前后横截面的形状和尺寸均未发生改变，因此，切应力必然皆垂直于半径。

由式（3-7）可知，圆轴横截面上的切应力 τ_ρ 和 ρ 成正比，即切应力沿半径方向呈线性分布，在距圆心等距离的各点处切应力 τ 的大小相等，圆心处切应力为零，圆轴表面上各点处切应力取得最大值，切应力分布规律如图 3-10（a）所示。上述分析也适用于空心圆截面杆，如图 3-10（b）所示。

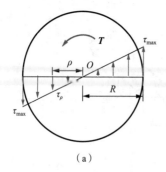
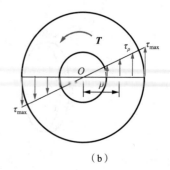

（a）   （b）

图 3-10

3）平衡条件

由变形条件、物理条件便可确定切应力在横截面上的分布规律，若单位长度扭转角 θ 确定，则应力就确定了。由内力的定义可知，各点处切应力对圆心的力矩之和就是扭矩，由于扭矩已知，τ 值便可求得。

在横截面上距圆心为 ρ 处取微面积 $\mathrm{d}A$，微面积 $\mathrm{d}A$ 上切应力之和为 $\tau_{\rho}\mathrm{d}A$，此力对圆心的力矩为 $(\tau_{\rho}\mathrm{d}A)\rho$，如图 3-11 所示。

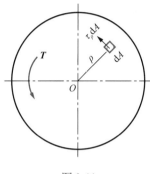

图 3-11

整个横截面上的切应力对圆心的力矩等于横截面上的内力扭矩 $\boldsymbol{T}$，即

$$T = \int_A \tau_{\rho}\rho\mathrm{d}A = \int_A \rho^2 \theta G\mathrm{d}A = \theta G\int_A \rho^2 \mathrm{d}A \tag{3-8}$$

令 $I_\mathrm{p} = \int_A \rho^2 \mathrm{d}A$，则式（3-8）可变为 $T = \theta G I_\mathrm{p}$。由此可得单位长度扭转角公式：

$$\theta = \frac{T}{GI_\mathrm{p}} \tag{3-9}$$

式中，I_p 称为横截面对圆心的极惯性矩。它是一个只与横截面的几何形状、尺寸有关的量，常用单位为 m^4 或 mm^4。对于给定的截面，I_p 为常数。GI_p 称为抗扭刚度，GI_p 越大，扭转变形越小，即单位扭转角 θ 越小。

将式（3-9）代入式（3-7），消去 G 后得

$$\tau_{\rho} = \frac{T\rho}{I_\mathrm{p}} \tag{3-10}$$

式（3-10）就是圆轴扭转时横截面上任意点处切应力大小的计算公式。切应力值与材料性质无关，只取决于内力和横截面几何形状、尺寸。当 $\rho = \rho_{\max} = R$ 时，即圆轴表面处，切应力最大，为

$$\tau_{\max} = \frac{TR}{I_\mathrm{p}} = \frac{T}{W_\mathrm{p}} \tag{3-11}$$

式中，$W_\mathrm{p} = \dfrac{I_\mathrm{p}}{R}$，$W_\mathrm{p}$ 称为圆截面的抗扭截面系数。它也是一个只与横截面几何形状、尺寸有关的量，常用单位为 m^3 或 mm^3。

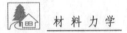

极惯性矩 I_p 和抗扭截面系数 W_p 的计算需要用到积分。在横截面上距圆心为 ρ 处取宽度为 $d\rho$ 的圆环面积为面积元素，如图 3-12（a）所示，则面积元素 $dA = 2\pi\rho d\rho$，由极惯性矩的定义式可得实心圆截面的极惯性矩为

$$I_p = \int_A \rho^2 dA = \int_0^{\frac{D}{2}} 2\pi\rho^3 d\rho = \frac{\pi D^4}{32}$$ （3-12）

则实心圆截面的抗扭截面系数为

$$W_p = \frac{I_p}{R} = \frac{I_p}{\frac{D}{2}} = \frac{\pi D^3}{16}$$ （3-13）

以上计算对空心圆轴也适用，设圆环形截面的内、外直径分别为 d 和 D，如图 3-12（b）所示，记内、外直径的比值为 $\alpha = \dfrac{d}{D}$，则可得圆环形截面的极惯性矩为

$$I_p = \int_A \rho^2 dA = \int_{\frac{d}{2}}^{\frac{D}{2}} 2\pi\rho^3 d\rho = \frac{\pi(D^4 - d^4)}{32} = \frac{\pi D^4}{32}(1 - \alpha^4)$$ （3-14）

则圆环形截面抗扭截面系数为

$$W_p = \frac{I_p}{\frac{D}{2}} = \frac{\pi(D^4 - d^4)}{16D} = \frac{\pi D^3}{16}(1 - \alpha^4)$$ （3-15）

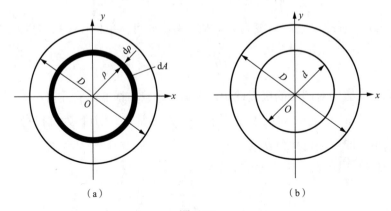

图 3-12

【例 3-3】 一直径为 $D = 60\text{mm}$ 的圆轴受力如图 3-13 所示，外力偶 $M_e = 5\text{kN} \cdot \text{m}$。求：（1）指定点 a、b（距圆心 10mm）、c 三点处的切应力；（2）圆轴的最大切应力。

例 3-3 视频讲解

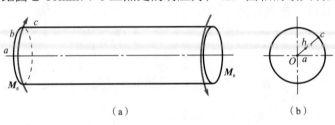

图 3-13

解：（1）求指定点的切应力。

① 计算圆轴的极惯性矩和抗扭截面系数。

极惯性矩：

$$I_p = \frac{\pi D^4}{32} = \frac{\pi \times 60^4}{32} = 1.27 \times 10^6 (\text{mm}^4)$$

抗扭截面系数：

$$W_p = \frac{\pi D^3}{16} = \frac{\pi \times 60^3}{16} = 4.24 \times 10^4 (\text{mm}^3)$$

② 计算指定点处的切应力。该轴只受到一对外力偶作用，可不用绘制扭矩图，整个轴的扭矩 $T = M_e = 5\text{kN} \cdot \text{m}$，指定点到圆心的距离分别为：$\rho_a = 0\text{mm}$，$\rho_b = 10\text{mm}$，$\rho_c = R = \frac{D}{2} = 30\text{mm}$。

a 点：

$$\tau_a = \frac{T\rho_a}{I_p} = \frac{5 \times 10^6 \times 0}{1.27 \times 10^6} = 0(\text{MPa})$$

b 点：

$$\tau_b = \frac{T\rho_b}{I_p} = \frac{5 \times 10^6 \times 10}{1.27 \times 10^6} = 39.37(\text{MPa})$$

c 点：

$$\tau_c = \frac{TR}{I_p} = \tau_{\max} = \frac{T}{W_p} = \frac{5 \times 10^6}{4.24 \times 10^4} = 117.92(\text{MPa})$$

（2）圆轴的最大切应力在圆轴表面位置上，即 $\rho = R$ 时，切应力最大。由（1）可知，为 117.92MPa。

注：a 点为横截面圆心，根据切应力分布特点也可以直接推出 $\tau_a = 0\text{MPa}$。

3. 圆轴扭转时的强度条件及其应用

圆轴受扭时，各点上只有切应力。对于等直圆轴，轴内最大的切应力发生在最大扭矩 $T_{\max}$ 所在横截面的最外边缘处。$\tau_{\max}$ 不能超过材料的许用切应力 $[\tau]$，即

$$\tau_{\max} = \frac{T_{\max}}{W_p} \leqslant [\tau] \tag{3-16}$$

式（3-16）为等直圆杆扭转时的强度条件。类比轴向拉（压）杆的强度条件，式（3-16）也可以解决工程中校核强度、设计截面和确定许用荷载三类问题。

根据试验数据可知，材料的许用切应力 $[\tau]$ 与许用正应力 $[\sigma]$ 之间存在一定的关系。一般情况下，塑性材料的许用切应力 $[\tau] = (0.5 \sim 0.6)[\sigma]$；脆性材料的许用切应力 $[\tau] = (0.8 \sim 1.0)[\sigma]$。

【例 3-4】 一阶梯形实心圆轴如图 3-14（a）所示，AB 段的直径为 60mm，BC 段

的直径为80mm。圆轴所受到的外力偶矩 $M_{eA}=2\text{kN}\cdot\text{m}$，$M_{eB}=5\text{kN}\cdot\text{m}$，$M_{eC}=3\text{kN}\cdot\text{m}$。圆轴由钢材制成，许用切应力$[\tau]=60\text{MPa}$。试校核该轴的强度。

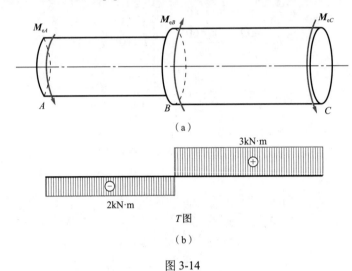

（a）

（b）

图 3-14

解：（1）绘制扭矩图，如图 3-14（b）所示。

（2）强度计算。

AB 段：

$$\tau_{\max}^{AB}=\frac{T_{AB}}{W_\text{p}}=\frac{2\times10^6}{\dfrac{\pi\times60^3}{16}}=47.18(\text{MPa})$$

BC 段：

$$\tau_{\max}^{BC}=\frac{T_{BC}}{W_\text{p}}=\frac{3\times10^6}{\dfrac{\pi\times80^3}{16}}=29.86(\text{MPa})$$

整个轴的最大切应力

$$\tau_{\max}=\tau_{\max}^{AB}=47.16\text{MPa}\leqslant60\text{MPa}$$

因此，该轴满足强度要求。

【例 3-5】 一传动轴为实心圆轴，其受到的最大扭矩 $T=5\text{kN}\cdot\text{m}$，材料的许用切应力$[\tau]=100\text{MPa}$，试设计其截面直径 D。若将此轴改为空心圆轴，且内、外直径的比值 $u=\dfrac{d_0}{D_0}=0.8$，试设计该圆轴的内、外直径 d_0 和 D_0，并求实心圆轴和空心圆轴的质量比。

解：（1）设计实心圆轴的直径。根据强度条件 $\tau_{\max}=\dfrac{T_{\max}}{W_\text{p}}\leqslant[\tau]$，可计算出抗扭截面系数，即

$$W_{\mathrm{p}} \geqslant \frac{T_{\max}}{[\tau]} = \frac{5 \times 10^6}{100} = 5 \times 10^4 (\mathrm{mm}^3)$$

由 $W_{\mathrm{p}} = \dfrac{\pi D^3}{16}$，可计算实心圆轴的直径

$$D \geqslant \sqrt[3]{\frac{5 \times 10^4 \times 16}{\pi}} = 63.4 (\mathrm{mm})$$

因此，取 $D=63.4$mm。

（2）设计空心圆轴的内、外直径。

由 $W_{\mathrm{p}} = \dfrac{\pi D_0^3}{16}(1-\alpha^4) = \dfrac{\pi D_0^3}{16}(1-0.8^4)$，$W_{\mathrm{p}} \geqslant 5 \times 10^4 \mathrm{mm}^3$，得

$$D_0 \geqslant 75.6\mathrm{mm}$$

取 $D_0 = 75.6\mathrm{mm}$，则 $d_0 = 0.8D_0 = 60.5\mathrm{mm}$。

（3）求实心圆轴和空心圆轴的质量比。

由于两轴材料和长度均相同，因此，两轴的质量比可转化为横截面面积比。

实心圆轴的截面面积

$$A = \frac{\pi D^2}{4} = \frac{\pi \times 63.4^2}{4} = 3155(\mathrm{mm}^2)$$

空心圆轴的截面面积

$$A_0 = \frac{\pi}{4}\left(D_0^2 - d_0^2\right) = \frac{\pi}{4}(75.6^2 - 60.5^2) = 1613(\mathrm{mm}^2)$$

两轴横截面面积比为

$$\frac{A}{A_0} = \frac{3155}{1613} = 1.96$$

则实心圆轴和空心圆轴的质量比为 1.96。

由此可见，同一传动轴采用实心圆轴的用料几乎是空心圆轴的两倍。因此，工程中有许多受扭杆件采用空心圆轴，以减轻自重，节约材料，但其制作工艺复杂，而且筒壁过薄易发生皱折。

4．切应力互等定理

在两端受一对外力偶 M_{e} 作用的等直圆轴的表面，绕任一点 A 用三对平面取出一个边长无限小的正六面体，即单元体，如图 3-15 所示。单元体的左、右面对应圆轴的横截面，上、下面对应纵向截面，前、后面对应同轴圆柱面。由前面的知识可知，横截面上只有切应力存在，记为 τ；前、后面是自由面，因此，没有应力存在。

由切应力计算公式（3-10）可算出左、右面上的切应力大小相等，但方向相反，于是左、右两侧面的切向内力形成了一个力矩为 $(\tau\mathrm{d}y\mathrm{d}z)\mathrm{d}x$ 的空间力偶。为了保持单元体的平衡，上、下面上必有切应力，记为 τ'，上、下面上的切向内力形成的空间力偶矩大小为 $(\tau'\mathrm{d}x\mathrm{d}z)\mathrm{d}y$，由平衡条件，得

$$\sum M_z = 0, \quad (\tau\mathrm{d}y\mathrm{d}z)\mathrm{d}x - (\tau'\mathrm{d}x\mathrm{d}z)\mathrm{d}y = 0$$

整理得

$$\tau = \tau'$$ (3-17)

式（3-17）表明，单元体上两个互相垂直的平面，其上切应力必然成对出现，且大小相等，均垂直于两平面交线，共同指向或者共同背离交线，这就是切应力互等定理。

图 3-15 所示单元体的两对面上只有切应力而没有正应力，这种应力情况称为纯剪切。

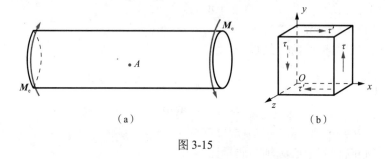

（a）　　　　　　　　　　　　（b）

图 3-15

3.4　圆轴扭转时的变形及刚度计算

1. 圆轴扭转时的变形

圆轴扭转变形的标志是两个横截面绕轴线的相对转角，即扭转角，用 φ 表示。由式（3-6）和式（3-9），得

$$d\varphi = \theta dx = \frac{T}{GI_p} dx$$

式中，$d\varphi$ 为相距为 dx 的两个横截面之间的扭转角。沿轴线 x 积分，则可求得距离为 l 的两个横截面之间的扭转角，即

$$\varphi = \int_0^l \frac{T}{GI_p} dx$$ (3-18)

式（3-18）为计算圆轴扭转角的一般公式。

对于长为 l、在两端受一对外力偶矩 M_e 作用的等直圆杆，此时 T、G、I_p 均为常量，则

$$\varphi = \int_0^l \frac{T}{GI_p} dx = \frac{Tl}{GI_p}$$ (3-19)

式（3-19）表明，扭转角 φ 与扭矩 T、长度 l 成正比；与 GI_p 成反比，即 GI_p 越大，轴就越不容易发生扭转变形。因此把 GI_p 称为圆轴的扭转刚度，用它来表示圆轴抵抗扭转变形的能力。把转角 φ 的转向和扭矩 T 相同，它的正负号随扭矩 T 而定。

由式（3-19）计算出来的扭转角的单位是 rad（弧度）。若以单位"°"进行计算，则

$$\varphi = \frac{Tl}{GI_p} \times \frac{180°}{\pi}$$ (3-20)

工程中通常采用单位长度扭转角 θ 来度量扭转变形，按式（3-9）计算。单位长度扭转角 θ 的单位为 rad/m（弧度/米）。

【例 3-6】 如图 3-16（a）所示传动轴，直径 $D=40\mathrm{mm}$。已知 $M_{eA}=4\mathrm{kN}\cdot\mathrm{m}$，$M_{eB}=7\mathrm{kN}\cdot\mathrm{m}$，$M_{eC}=3\mathrm{kN}\cdot\mathrm{m}$，材料的切变模量 $G=80\mathrm{GPa}$，试求截面 C 相对于截面 A 的扭转角。

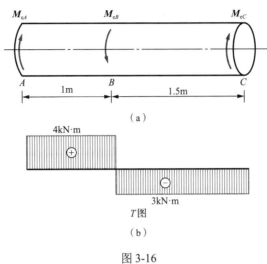

图 3-16

解：（1）绘制扭矩图，如图 3-16（b）所示。

（2）计算扭转角。由于 AB 段和 BC 段的扭矩不同，长度不同，因此，要分段计算 AB 段和 BC 段的扭转角，然后进行叠加。

$$\varphi_{AB}=\frac{T_{AB}l_{AB}}{GI_{\mathrm{p}}}=\frac{4\times10^{6}\times1000\times32}{80\times10^{3}\times\pi\times40^{4}}=0.199(\mathrm{rad})$$

$$\varphi_{BC}=\frac{T_{BC}l_{BC}}{GI_{\mathrm{p}}}=\frac{-3\times10^{6}\times1500\times32}{80\times10^{3}\times\pi\times40^{4}}=0.224(\mathrm{rad})$$

由此得

$$\varphi_{AC}=\varphi_{AB}+\varphi_{BC}=0.199-0.224=-0.025(\mathrm{rad})$$

负号表示相对扭转角的转向与 M_{eC} 的转向一致。

2. 圆轴扭转时的刚度条件及其应用

圆轴受扭时，除了满足强度条件外，还要对它的扭转变形加以限制，这样才能保证圆轴正常工作。例如，机床主轴等扭转变形过大会影响加工精度。为了忽略轴长的影响，通常是限制最大的单位长度扭转角 $\theta_{\max}$ 不超过规范给定的单位长度许用扭转角 $[\theta]$，即

$$\theta_{\max}=\frac{T_{\max}}{GI_{\mathrm{p}}}\leqslant[\theta] \tag{3-21}$$

式中，$\theta_{\max}$ 的单位为 rad/m，工程中给出的 $[\theta]$ 单位通常是 °/m。

式（3-21）为圆轴扭转时的刚度条件，可写为

$$\theta_{\max} = \frac{T_{\max}}{GI_p} \times \frac{180°}{\pi} \leqslant [\theta] \qquad (3\text{-}22)$$

利用刚度条件，可以解决刚度校核、设计截面和确定许用荷载三种类型的刚度计算问题。

【例 3-7】 阶梯状圆轴的直径分别为 $d_1 = 40\text{mm}$，$d_2 = 60\text{mm}$，如图 3-17（a）所示。已知作用在轴上的外力偶矩分别为 $M_{e1} = 0.7\text{kN}\cdot\text{m}$，$M_{e2} = 1.5\text{kN}\cdot\text{m}$，$M_{e3} = 0.8\text{kN}\cdot\text{m}$。材料的许用切应力 $[\tau] = 60\text{MPa}$，切变模量 $G = 80\text{GPa}$，许用扭转角 $[\theta] = 2°/\text{m}$。试校核该轴的强度和刚度。

例 3-7 视频讲解

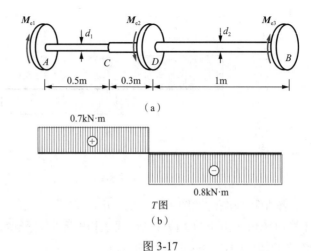

（a）

T 图
（b）

图 3-17

解：（1）作扭矩图，如图 3-17（b）所示。

（2）强度校核。AC 段和 CD 段的扭矩相同，AC 段的直径小于 CD 段的直径，因此，AC 段和 CD 段中，最大切应力必出现在 AC 段上。整个轴只需对 AC 段和 DB 段进行强度校核即可。

AC 段：

$$\tau_{\max}^{AC} = \frac{T_{AC}}{W_p} = \frac{0.7 \times 10^6}{\dfrac{\pi d_1^3}{16}} = \frac{0.7 \times 10^6}{\dfrac{\pi \times 40^3}{16}} = 55.7(\text{MPa}) < [\tau] = 60(\text{MPa})$$

DB 段：

$$\tau_{\max}^{DB} = \frac{T_{DB}}{W_p} = \frac{0.8 \times 10^6}{\dfrac{\pi d_2^3}{16}} = \frac{0.8 \times 10^6}{\dfrac{\pi \times 60^3}{16}} = 18.87(\text{MPa}) < [\tau] = 60(\text{MPa})$$

因此，轴的强度是满足要求的。

（3）刚度校核。同强度校核分析，只需对 AC 段和 DB 段进行刚度校核。

第3章 扭 转

AC 段：

$$\theta_{\max}^{AC} = \frac{T_{AC}}{GI_{\mathrm{p}}} \times \frac{180}{\pi} = \frac{0.7 \times 10^6}{\dfrac{80 \times 10^3 \times \pi \times 40^4}{32}} \times \frac{180}{\pi} = 0.00199(^\circ/\mathrm{mm}) = 1.99(^\circ/\mathrm{m}) < [\theta] = 2(^\circ/\mathrm{m})$$

DB 段：

$$\theta_{\max}^{DB} = \frac{T_{DB}}{GI_{\mathrm{p}}} \times \frac{180}{\pi} = \frac{0.8 \times 10^6}{\dfrac{80 \times 10^3 \times \pi \times 60^4}{32}} \times \frac{180}{\pi} = 0.00045(^\circ/\mathrm{mm}) = 0.45(^\circ/\mathrm{m}) < [\theta] = 2(^\circ/\mathrm{m})$$

因此，轴的刚度是满足要求的。

本 章 小 结

1. 轴：扭转变形为主的杆件。受力特点：在垂直于杆轴的平面内作用着一对大小相等、转向相反的外力偶；变形特点：轴的各横截面都绕杆轴线发生相对转动。

2. 外力偶矩计算公式：$M_{\mathrm{e}} = 9550\dfrac{P}{n}$，$M_{\mathrm{e}}$ 的单位为 N·m，P 的单位为 kW，n 的单位为 r/min。

3. 代数和法计算扭矩的公式：$T = \sum\limits_{一侧} M_{\mathrm{e}i}$，$M_{\mathrm{e}i}$ 的正负号根据右手螺旋法则确定，以右手的四指表示扭矩的转向，若大拇指的指向背离所求截面，记为正；反之记为负。扭矩图中，将正的扭矩画在基线上方，负的画在基线下方。扭矩的大小只与外力偶矩有关，与材料、杆件长度、截面形状和尺寸均无关。

4. 圆轴扭转时横截面上距圆心为 ρ 点处切应力计算公式：$\tau_{\rho} = \dfrac{T\rho}{I_{\mathrm{p}}}$，切应力在横截面上沿半径方向呈直线分布，在圆心处为零，在圆轴外表面取得最大值。

5. 实心圆轴和空心圆轴极惯性矩和抗扭截面系数计算公式：
实心圆：

$$I_{\mathrm{p}} = \frac{\pi D^4}{32}, \quad W_{\mathrm{p}} = \frac{\pi D^3}{16}$$

空心圆：

$$I_{\mathrm{p}} = \frac{\pi D^4}{32}(1-\alpha^4), \quad W_{\mathrm{p}} = \frac{\pi D^3}{16}(1-\alpha^4), \quad \alpha = \frac{d}{D}$$

6. 等直圆杆扭转时的强度条件：$\tau_{\max} = \dfrac{T_{\max}}{W_{\mathrm{p}}} \leqslant [\tau]$，利用强度条件可解决工程中校核强度、设计截面、确定许用荷载三类问题。

7. 切应力互等定理：单元体上两个互相垂直的平面，其上切应力必然成对出现，且

大小相等，均垂直于两平面交线，共同指向或者共同背离交线。

8. 相距为 l 的两截面的相对扭转角为 $\varphi = \dfrac{Tl}{GI_p}$，单位长度扭转角为 $\theta = \dfrac{T}{GI_p}$。

9. 等直圆杆扭转时的刚度条件：$\theta_{max} = \dfrac{T_{max}}{GI_p} \leqslant [\theta]$，利用刚度条件可解决工程中校核刚度、设计截面、确定许用荷载三类问题。

思考与练习题

一、填空题

3-1 以扭转变形为主要变形的构件称为_____。

3-2 扭转时外力偶的作用平面与杆轴线_____，杆件任意两横截面都绕轴线发生相对_____。

3-3 在轴上集中外力偶作用处，所对应的扭矩图发生_____。

3-4 在受扭圆轴上，任意横截面上的扭矩等于该截面一侧（左侧或右侧）轴段上所有外力偶矩的_____。

3-5 某圆截面杆长 $l=1m$，直径 $d=100mm$，两端受轴向拉力 $F=50kN$ 作用时，杆伸长 $\Delta l=0.1mm$，两端受外力偶矩 $M_e=50kN \cdot m$ 作用时，两端截面的相对扭转角 $\varphi=2rad$，该轴的材料为各向同性材料，则该材料的泊松比为_____。

3-6 圆轴扭转时，横截面上任意点的切应力与该点到圆心的距离成_____。

3-7 扭转试验时，低碳钢最终在_____截面被切断，铸铁在_____截面被拉断。

3-8 某受扭圆轴，若直径增大一倍，其他条件不变，则扭转角将变为原来的_____。

二、选择题

3-9 一传动轴某轮的功率为 100kW，转速 $n=100r/min$，该轮受到的外力偶矩为（　　）。

A. 9550kN·m　　B. 9.55kN·m　　C. 9.55N·m　　D. 9550kW·m

3-10 空心圆轴受扭转力偶作用，横截面上的扭矩为 T，下列四种（横截面上）沿径向的应力分布图中（　　）是正确的。

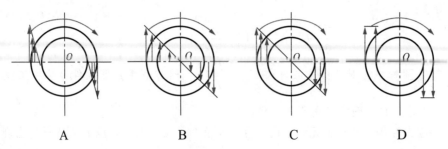

A　　　　　　B　　　　　　C　　　　　　D

3-11　一内、外直径的比值为 $\alpha = \dfrac{d}{D}$ 的空心圆轴，当两端承受外力偶矩作用时，横截面上的最大切应力为 τ，则内圆轴处的切应力为（　　　）。

A. τ　　　　　B. $\alpha\tau$　　　　　C. $(1-\alpha^3)\tau$　　　　　D. $(1-\alpha^4)\tau$

3-12　脆性材料的抗拉、抗压和抗剪能力，由高到低的排列顺序为（　　　）。

A. 抗拉>抗压>抗剪　　　　　B. 抗压>抗拉>抗剪

C. 抗压>抗剪>抗拉　　　　　D. 抗拉>抗剪>抗压

3-13　以下单元体应力状态正确的是（　　　）。

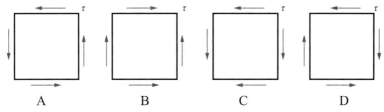

　　　A　　　　　　　　　B　　　　　　　　　C　　　　　　　　　D

3-14　汽车传动轴所传递的功率不变，当轴的转速降低为原来的二分之一时，轴所受的外力偶矩较转速降低前将（　　　）。

A. 增加一倍　　　B. 增大三倍　　　C. 减少一半　　　D. 不改变

3-15　直径为 D 的实心圆轴，两端所受外力偶矩为 M_e，轴横截面上的最大切应力为 τ，若直径变为 $0.5D$，则轴横截面上的最大切应力是（　　　）。

A. 16τ　　　　　B. 8τ　　　　　C. 4τ　　　　　D. τ

3-16　一空心圆轴和一实心圆轴，两者长度、材料和横截面面积均相同，则两者的抗扭刚度（　　　）。

A. 实心圆轴大　　　B. 空心圆轴大　　　C. 两者一样大　　　D. 无法确定

三、计算题

3-17　绘制图示圆轴的扭矩图。

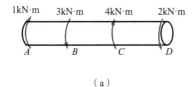

（a）

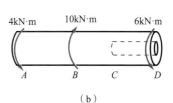

（b）

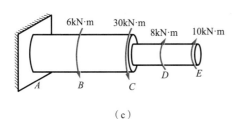

（c）

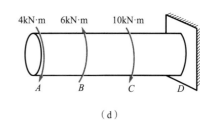

（d）

题 3-17 图

3-18 一传动轴上装有 5 个轮子，匀速转动，转速 $n=200\text{r/min}$。主动轮 1 输入的功率 $P_1=330\text{kW}$，从动轮 2、3、4、5 依次输出的功率为 $P_2=80\text{kW}$，$P_3=100\text{kW}$，$P_4=75\text{kW}$，$P_5=75\text{kW}$。试作出该轴的扭矩图。这样安排是否合理？若不合理，如何调整轮子？

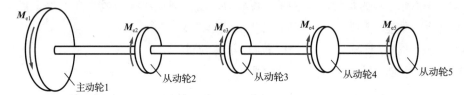

题 3-18 图

3-19 一等直圆轴的直径 $d=50\text{mm}$。已知转速 $n=120\text{r/min}$ 时该轴的最大切应力为 60MPa，试求圆轴所传递的功率。

3-20 如图所示的空心圆轴，外径 $D=100\text{mm}$，内径 $d=80\text{mm}$，$l=500\text{mm}$，$M_{e1}=6\text{kN·m}$，$M_{e2}=4\text{kN·m}$。（1）请绘出该轴的扭矩图并绘出 AB 段任意横截面的扭矩 T 及转向和切应力分布图；（2）求出该轴上的最大切应力。

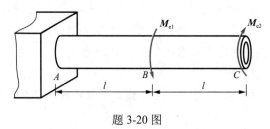

题 3-20 图

3-21 题 3-17（a）若已知圆轴直径 $d=40\text{mm}$，$[\tau]=80\text{MPa}$，试校核该轴强度。若不满足强度条件，试重新设计该轴。

3-22 一传动轴如图所示。轴上 A 为主动轮，B、C 为从动轮。已知轴的直径 $D=80\text{mm}$，材料的许用切应力 $[\tau]=80\text{MPa}$。从动轮的力偶矩 $M_{eB}:M_{eC}=2:3$。试确定主动轮上能作用的最大力偶矩 M_{eA}。

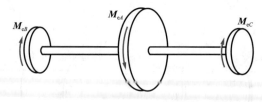

题 3-22 图

3-23 一木制圆轴受扭如图所示。轴的直径为 $D=200\text{mm}$，圆木顺纹许用切应力 $[\tau]_{\text{顺}}=2\text{MPa}$，横纹许用切应力 $[\tau]_{\text{横}}=8\text{MPa}$。求轴的许用外力偶矩 M_e。

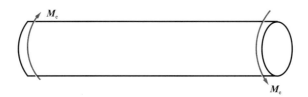

题 3-23 图

3-24　一等直实心圆轴，两端受到外力偶作用。已知 $M_e = 8\text{kN}\cdot\text{m}$ ，d=100mm，l=1.5m，材料的切变模量 $G = 80\text{GPa}$ ，试求两端的相对扭转角。

3-25　图示阶梯状圆杆，AB 段直径 $d_1 = 75\text{mm}$ ，长度 $l_1 = 750\text{mm}$ ；BC 段直径 $d_2 = 50\text{mm}$ ，长度 l_2=500mm，外力偶矩 $M_{eB} = 1.8\text{kN}\cdot\text{m}$ ，$M_{eC} = 1.2\text{kN}\cdot\text{m}$ ，材料的切变模量 $G = 80\text{GPa}$ 。试求：（1）杆内的最大切应力并指出其作用点位置；（2）杆的 C 截面相对于 B 截面的扭转角 φ_{BC} 及 C 截面的（绝对）扭转角 φ_C 。

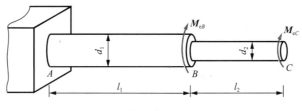

题 3-25 图

3-26　圆轴受力如图所示。已知：D=8cm，d=4cm，$[\tau] = 50\text{MPa}$ ，$[\theta] = 1.5°/\text{m}$ ，$G = 80\text{GPa}$ ，试对此轴进行强度和刚度校核。

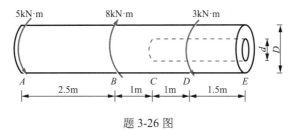

题 3-26 图

3-27　已知实心圆轴转速 n=300r/min，传递功率 P=330kW，材料许用切应力 $[\tau] = 60\text{MPa}$ ，切变模量 $G = 80\text{GPa}$ ，单位长度许用扭转角 $[\theta] = 0.5°/\text{m}$ ，试求该轴的最小直径。

第4章

梁的弯曲内力

弯曲变形是杆件基本变形形式之一。本章主要讨论梁发生弯曲变形时弯曲内力的定义、正负号规定以及弯曲内力的计算。另外，还将讨论弯曲内力随截面位置变化的规律，即弯曲内力图，并重点分析内力图的特征规律以及绘制方法。

4.1 弯曲变形概述

1. 弯曲变形和平面弯曲

弯曲是工程和生活实际中最常见的一种基本变形形式。当杆件受到垂直于杆件轴线的横向力或位于杆轴平面内的外力偶时，杆件的轴线将由直线变成曲线，这种变形称为弯曲。以弯曲为主要变形的构件通常称为梁。例如，梁式桥的主梁（图4-1），房屋中的主梁、次梁（图4-2）等都属于受弯构件。

吊车梁发生弯曲变形

火车轮轴发生弯曲变形

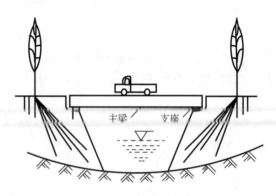

图4-1

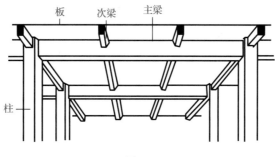

图 4-2

建筑工程中梁的横截面通常采用对称形状，如矩形、圆形、工字形及 T 形等。这些截面都具有一个竖向对称轴（图 4-3）。梁上所有横截面的竖向对称轴形成了梁的纵向对称面。显然，梁的轴线也在纵向对称面内，且梁的横截面与纵向对称面垂直。若梁上所有外力都作用在纵向对称面内，则梁的轴线将在纵向对称面内由直线变成曲线，这样的弯曲变形称为平面弯曲。平面弯曲是弯曲变形中的特殊情况，也是工程中最常见的弯曲问题。本章主要讨论平面弯曲的内力计算，后面两章将分别讨论平面弯曲的应力和变形。

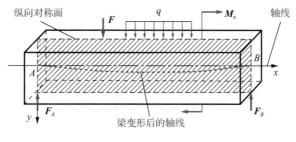

图 4-3

2.　梁的计算简图及梁的分类

为了分析梁在外力作用下产生的内力和变形，必须建立能反映梁在工作时的主要受力特征，并略去次要因素而便于分析计算的简图。在力学计算中，一般以梁的轴线（梁各横截面的形心连线）代表梁。将梁与地面或其他固定结构联系起来的装置称为支座，常用的支座有固定铰支座、可动铰支座和固定端支座三种。作用在梁上的外力包括荷载和支座约束力。梁上的荷载一般简化为集中力、集中力偶或线均布荷载三种类型［图 4-4（a）］。

工程中通常按支座情况把梁分为以下三种基本形式。

（1）简支梁。梁的一端是固定铰支座，另一端是可动铰支座，如图 4-4（a）所示。

（2）外伸梁。一端或两端伸出支座外的梁称为外伸梁，如图 4-4（b）所示。

（3）悬臂梁。一端固定，另一端自由的梁称为悬臂梁，如图 4-4（c）所示。

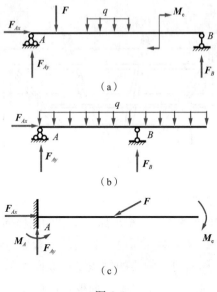

(a)

(b)

(c)

图 4-4

以上三种梁在荷载作用下都可以由静力平衡方程确定所有的支座约束力，因此都是静定梁。本章主要讨论简支梁、外伸梁以及悬臂梁（即单跨静定梁）的内力及内力的变化规律。

4.2 单跨静定梁的内力计算

1. 剪力和弯矩的概念

与计算其他基本变形构件的内力类似，当作用在梁上的外力完全确定后，便可以用截面法来计算梁的内力。

设有一矩形截面简支梁 [图 4-5（a）] 在竖向荷载 F 及支座反力作用下处于静力平衡状态。现在来计算梁上任意横截面 m—m 上的内力。用一假想的平面将梁在距 A 端为 x 处截开，分为左、右两段，因为梁 AB 处于平衡状态，所以它的每一部分也应当是平衡的。以左段梁为研究对象 [图 4-5（b）]，在左段梁上作用有一个向上的支座反力，为了维持平衡，先要保证它在竖直方向上不发生移动，这样在截面 m—m 上必定存在一个与支座反力大小相等而竖直向下的内力，如图 4-5（b）所示的 F_S。但是，当截面上有了这个内力后，左段梁还不能平衡，因为内力 F_S 和支座反力 F_A 组成了一个力偶，为了保证左段梁不发生转动，在截面 m—m 上必定还存在一个内力偶与之平衡，该内力偶的力矩与其他所有外力对截面 m—m 形心 C 的力矩的代数和大小相等，转向相反，如图 4-5（b）所示的 M。

梁弯曲时，横截面上有两种内力。①与横截面相切的分布内力系的合力，称为剪力，常用 F_S 表示。剪力的常用单位为 N 或 kN。②与横截面垂直的分布内力系的合力偶的力矩，称为弯矩，常用 M 表示。弯矩的常用单位为 N·m 或 kN·m。

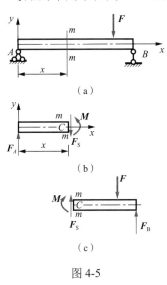

图 4-5

横截面上的剪力和弯矩值可以由左段梁或右段梁的平衡条件求得，以左段梁为例，由

$$\sum F_y = 0 , \quad F_A - F_S = 0$$

得

$$F_S = F_A$$

由

$$\sum M_C = 0 , \quad M - F_A \cdot x = 0$$

得

$$M = F_A \cdot x$$

2. 剪力和弯矩的正负号规定

以上研究图 4-5（a）所示简支梁的内力时，是取 m—m 截面左段为研究对象（即脱离体）的。若取右段为研究对象 [图 4-5（c）]，也可以求得 m—m 截面上的剪力和弯矩。根据作用力与反作用力的关系，两者的方向是相反的。但是，对于同一截面，不论研究左段还是右段，其内力应当有相同的符号。为此，将剪力和弯矩的正负号做如下规定。

（1）剪力的正负号。梁横截面上的剪力使脱离体产生顺时针方向转动趋势时为正，反之为负，如图 4-6（a）所示。

（2）弯矩的正负号。梁横截面上的弯矩使脱离体产生下表面纤维受拉、上表面纤维受压时为正，反之为负，如图 4-6（b）所示。

3. 用截面法计算剪力和弯矩

用截面法求指定截面剪力和弯矩的步骤如下。

（1）计算支座反力。

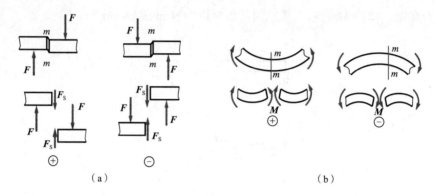

图 4-6

（2）用假想的截面在欲求内力处将梁截成两段，取其中一段为研究对象，画出研究对象的受力图。在取出的梁段上保留作用于该段上的所有外力（包括荷载和支座反力），在截开的截面上画出未知的剪力和弯矩，剪力和弯矩的方向均按正向假设。

（3）建立平衡方程，求解剪力和弯矩。

特别强调的是，由于未知的剪力和弯矩均按正向假设，所以内力的计算结果可能为正值，也可能为负值。当内力的计算结果为正值时，说明内力的实际方向与假设的方向一致，是正剪力或正弯矩；当内力的计算结果为负值时，说明内力的实际方向与假设的方向相反，是负剪力或负弯矩。

【例 4-1】　如图 4-7（a）所示简支梁。已知：$F_1 = F_2 = 30 \text{kN}$，试求截面 1—1 上的剪力和弯矩。

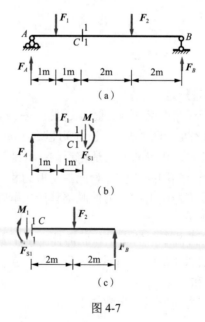

图 4-7

解：（1）求支座反力。考虑梁的整体平衡，列平衡方程

$$\sum M_B = 0, \quad F_1 \times 5 + F_2 \times 2 - F_A \times 6 = 0$$

$$\sum M_A = 0, \quad -F_1 \times 1 - F_2 \times 4 + F_B \times 6 = 0$$

解得

$$F_A = 35(\text{kN})(\uparrow), \quad F_B = 25(\text{kN})(\uparrow)$$

校核：

$$\sum F_y = F_A + F_B - F_1 - F_2 = 35 + 25 - 30 - 30 = 0$$

（2）求截面 1—1 上的内力。假想地沿截面 1—1 将梁截开，分成两段，取左段梁为研究对象，截面上的剪力 $\boldsymbol{F}_{S1}$ 和弯矩 $\boldsymbol{M}_1$ 均先假设为正，画出其受力图 [图 4-7（b）]。由平衡方程

$$\sum F_y = 0, \quad F_A - F_1 - F_{S1} = 0$$

$$\sum M_C = 0, \quad F_A \times 2 - F_1 \times 1 - M_1 = 0$$

解得

$$F_{S1} = F_A - F_1 = 35 - 30 = 5(\text{kN})$$

$$M_1 = F_A \times 2 - F_1 \times 1 = 35 \times 2 - 30 \times 1 = 40(\text{kN} \cdot \text{m})$$

求得的剪力 $\boldsymbol{F}_{S1}$ 和弯矩 $\boldsymbol{M}_1$ 均为正值，表示截面 1—1 上内力的实际方向与假定的方向相同，即 $\boldsymbol{F}_{S1}$ 为正剪力，$\boldsymbol{M}_1$ 为正弯矩。

若取截面 1—1 右段梁为研究对象 [图 4-7（c）] 可得出同样的结果。

【例 4-2】　求如图 4-8（a）所示悬臂梁截面 1—1 上的剪力和弯矩。

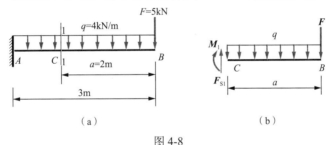

（a）　　　　　　　　　　　　　（b）

图 4-8

解：对于悬臂梁，可不用求支座反力。假想地沿横截面 1—1 将梁截开，分成两段，因右段梁不用求支座反力，故取右段梁为研究对象，设横截面上的剪力 $\boldsymbol{F}_{S1}$ 和弯矩 $\boldsymbol{M}_1$ 均为正，其受力图如图 4-8（b）所示。列平衡方程

$$\sum F_y = 0, \quad F_{S1} - qa - F = 0$$

$$\sum M_1 = 0, \quad M_1 + qa \cdot \frac{a}{2} + Fa = 0$$

解得

$$F_{S1} = qa + F = 4 \times 2 + 5 = 13(\text{kN})$$

$$M_1 = -qa \cdot \frac{a}{2} - Fa = -4 \times 2 \times \frac{2}{2} - 5 \times 2 = -18(\text{kN} \cdot \text{m})$$

求得 F_{S1} 为正值,表示 F_{S1} 的实际方向与假定的方向相同,即 F_{S1} 为正剪力;M_1 为负值,表示 M_1 的实际方向与假定的方向相反,即 M_1 为负弯矩。

4. 用代数和法计算剪力和弯矩

通过上述例题,可以总结出直接根据外力计算梁内力的规律。

1)剪力的计算

计算剪力是对截面左(或右)段梁建立力的投影方程,方程经过移项后可得

$$F_S = \sum F_左 \quad 或 \quad F_S = \sum F_右$$

以上两式说明:梁内任一横截面上的剪力在数值上等于该截面一侧所有外力在垂直于轴线方向投影的代数和。绕所求截面产生顺时针转动趋势的外力产生正剪力,取正号;反之产生负剪力,取负号 [图 4-6(a)]。

2)弯矩的计算

计算弯矩是对截面左(或右)段梁建立力矩方程,方程经过移项后可得

$$M = \sum M_左 \quad 或 \quad M = \sum M_右$$

以上两式说明:梁内任一横截面上的弯矩在数值上等于该截面一侧所有外力(包括力偶)对该截面形心力矩的代数和。将所求截面固定,使所考虑的梁段产生下凸弯曲变形(即下部受拉,上部受压)的外力产生正弯矩,取正号;反之产生负弯矩,取负号 [图 4-6(b)]。

利用上述规律可以直接根据待求截面左段或右段梁的外力列代数式求该截面上的剪力和弯矩。用代数和法求内力可以不必画受力图和列平衡方程,从而简化计算过程。现举例说明。

【例 4-3】 求如图 4-9 所示悬臂梁上 A 截面和 C 截面上的剪力和弯矩。

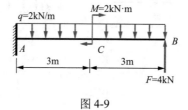

图 4-9

解:悬臂梁可不用求支座反力,直接利用代数和法计算 A 截面和 C 截面上的内力。

(1)求 A 截面上的内力。

$$F_{SA右} = \sum F_右 = -F + q \times 6 = -4 + 2 \times 6 = 8(\text{kN})$$

$$M_{A右} = \sum M_右 = F \times 6 - q \times 6 \times 3 - M = 4 \times 6 - 2 \times 6 \times 3 - 2 = -14(\text{kN} \cdot \text{m})$$

(2)求 C 截面上的内力。

$$F_{SC右} = \sum F_右 = -F + q \times 3 = -4 + 2 \times 3 = 2(\text{kN})$$

$$M_{C右} = \sum M_右 = F \times 3 - q \times 3 \times 1.5 = 4 \times 3 - 2 \times 3 \times 1.5 = 3(\text{kN} \cdot \text{m})$$

$$M_{C左} = \sum M_左 = F \times 3 - q \times 3 \times 1.5 - M = 4 \times 3 - 2 \times 3 \times 1.5 - 2 = 1(\text{kN} \cdot \text{m})$$

【例 4-4】 求如图 4-10 所示外伸梁上 A 截面和 C 截面上的剪力和弯矩。

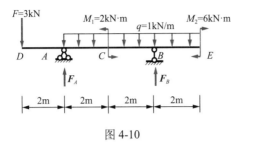

例 4-4 视频讲解

图 4-10

解：（1）求支座反力。列梁的平衡方程

$$\sum M_B(F)=0 ，F\times6-F_A\times4+M_1+q\times6\times1-M_2=0$$

$$\sum M_A(F)=0 ，F\times2+M_1-q\times6\times3+F_B\times4-M_2=0$$

解得

$$F_A=5(kN)(\uparrow)，F_B=4(kN)(\uparrow)$$

（2）求 A 截面上的剪力和弯矩。

$$F_{SA左}=-3(kN)$$

$$F_{SA右}=-3+5=2(kN) \text{ 或 } F_{SA右}=1\times6-4=2(kN)$$

$$M_A=-3\times2=-6(kN\cdot m)$$

（3）求 C 截面上的剪力和弯矩。

$$F_{SC}=-3+5-1\times2=0$$

$$M_{C左}=-3\times4+5\times2-1\times2\times1=-4(kN\cdot m)$$

$$M_{C右}=-3\times4+5\times2-1\times2\times1-2=-6(kN\cdot m)$$

或

$$M_{C右}=-6-1\times4\times2+4\times2=-6(kN\cdot m)$$

从本例可以看出，在集中力 $\boldsymbol{F}_A$ 处，剪力发生突变，突变值等于集中力值；在集中力偶矩 $\boldsymbol{M}_1$ 处，弯矩发生突变，突变值等于集中力偶矩值。

4.3 单跨静定梁的内力图

1. 剪力方程和弯矩方程

从上节的讨论中可以看出，一般情况下，梁横截面上的剪力和弯矩随横截面的位置而变化。若横截面的位置用沿梁轴线的坐标 x 来表示，则各横截面上的剪力和弯矩都可以表示为坐标 x 的函数，即

$$F_S=F_S(x) \tag{4-1}$$

$$M=M(x) \tag{4-2}$$

式（4-1）和式（4-2）分别表示梁内剪力和弯矩沿梁轴线的变化规律，分别称为梁的剪力方程和弯矩方程。

2. 剪力图和弯矩图

为了形象地表示剪力和弯矩沿梁轴线变化的规律，以沿梁轴线的横坐标 x 表示梁横截面的位置，以纵坐标表示相应横截面上的剪力或弯矩的数值，按适当的比例绘出剪力方程或弯矩方程的图线，绘出的图形分别称为剪力图或弯矩图，即梁的内力图。在建筑工程中，习惯把正剪力画在 x 轴上方，负剪力画在 x 轴下方，并在图中标明"⊕、⊖"；而把弯矩图画在梁受拉的一侧，即正弯矩画在 x 轴下方，负弯矩画在 x 轴上方，在图中不需标明"⊕、⊖"，如图 4-11 所示。

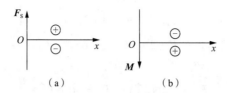

图 4-11

绘制内力图的意义在于可以由剪力图和弯矩图确定梁的最大内力的数值及其所在的横截面的位置，这种内力极值所在的截面通常称为梁的危险截面。梁危险截面上的内力值是等截面梁设计的重要依据。单一荷载下静定梁的剪力图和弯矩图是最基本的内力图，下面举例说明绘制剪力图和弯矩图的方法。

【例 4-5】　如图 4-12（a）所示简支梁受均布荷载作用，试绘制梁的剪力图和弯矩图。

例 4-5 视频讲解

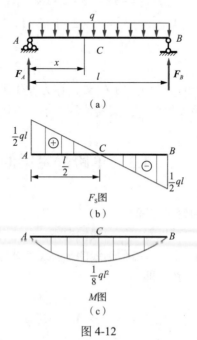

图 4-12

解：（1）求支座反力。根据结构及荷载的对称关系，可得

$$F_A = F_B = \frac{ql}{2}(\uparrow)$$

（2）列剪力方程和弯矩方程。以图中的 A 点为坐标原点，建立 x 坐标轴。取距 A 点为 x 处的任意截面，将梁假想截开，考虑左段平衡，可得全段梁的剪力方程和弯矩方程分别为

$$F_S(x) = F_A - qx = \frac{1}{2}ql - qx \quad (0 < x < l) \tag{a}$$

$$M(x) = F_A x - \frac{1}{2}qx^2 = \frac{1}{2}qlx - \frac{1}{2}qx^2 \quad (0 \leqslant x \leqslant l) \tag{b}$$

因在支座 A、B 处有集中力作用，剪力在无限靠近支座处有突变，而且为不定值，故剪力方程的适用范围用开区间的符号表示；弯矩值在该支座处没有突变，弯矩方程的适用范围用闭区间的符号表示。

（3）绘制剪力图和弯矩图

由式（a）可见，在 AB 段内，$F_S(x)$ 是 x 的一次函数，所以该梁的剪力图是一条斜直线。只要确定直线上的两点，就可以确定这条直线。当 $x \to 0$ 时，$F_{SA} = \frac{1}{2}ql$；在 $x \to l$ 时，$F_{SB} = -\frac{1}{2}ql$。连接这两点就得到 AB 梁的剪力图，如图 4-12（b）所示。

由式（b）知，$M(x)$ 是 x 的二次函数，所以弯矩图是一条二次抛物线，至少需要确定三个点（即计算三个截面上的弯矩值）才能大致绘出。当 $x = 0$ 时，$M_A = 0$；当 $x = \frac{l}{2}$ 时，$M_C = \frac{ql^2}{8}$；在 $x = l$ 处，$M_B = 0$。用平滑的曲线连接这三点就得到梁 AB 的弯矩图，如图 4-12（c）所示。

从剪力图和弯矩图中可知，受均布荷载作用的简支梁，其剪力图为斜直线，弯矩图为二次抛物线；最大剪力发生在两端支座处，绝对值为 $|F_{Smax}| = \frac{ql}{2}$；最大弯矩发生在剪力为零的梁跨中点横截面上，其绝对值为 $|M_{max}| = \frac{ql^2}{8}$。

【例 4-6】　如图 4-13（a）所示简支梁受一个集中力作用，试绘制梁的剪力图和弯矩图。

解：（1）求支座反力。由梁的整体平衡条件 $\sum M_A = 0$，$\sum M_B = 0$，得

$$F_A = \frac{Fb}{l}(\uparrow), \quad F_B = \frac{Fa}{l}(\uparrow)$$

（2）列剪力方程和弯矩方程。

如图 4-13（a）所示，梁在 C 处有集中力作用，故梁在 AC 段和 CB 段的剪力方程和弯矩方程不相同，应分段列出。以梁的左端为坐标原点，讨论距 A 端为 x 处的剪力和弯矩。

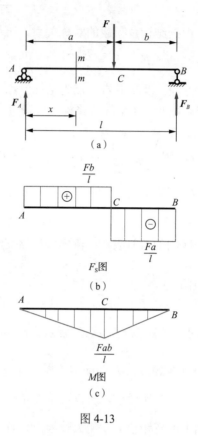

图 4-13

在 AC 段内，假想距 A 端为 x 的任意横截面 m—m 将梁截开，考虑左段梁平衡，横截面以左只有外力 F_A，列出剪力方程和弯矩方程分别为

$$F_S(x) = F_A = \frac{Fb}{l} \; (0 < x < a) \tag{a}$$

$$M(x) = F_A x = \frac{Fb}{l} x \; (0 \leqslant x \leqslant a) \tag{b}$$

在 CB 段内，假想距 A 端为 x 的任意横截面将梁截开，截面以左有 F_A 和 F 两个外力，考虑左段梁的平衡，列出剪力方程和弯矩方程分别为

$$F_S(x) = F_A - F = \frac{Fb}{l} - F = -\frac{Fa}{l} \; (a < x < l) \tag{c}$$

$$M(x) = F_A x - F(x - a) = \frac{Fa}{l}(l - x) \; (a \leqslant x \leqslant l) \tag{d}$$

（3）绘制剪力图和弯矩图。

由式（a）可知，在 AC 段 $(0 < x < a)$ 内，梁的任意横截面上的剪力均为常数 $\dfrac{Fb}{l}$，剪力图为在 x 轴上方且平行于 x 轴的直线段。同理，可以根据式（c）绘制 CB 段剪力图。在向下的集中力 F 作用的 C 处，剪力图出现向下的突变，突变值等于集中力的大小，

如图 4-13（b）所示。从剪力图中可以看出，当 $a>b$ 时，最大剪力发生在 CB 段梁的任一横截面上，最大剪力为 $|F_{Smax}|=\dfrac{Fa}{l}$。

由式（b）可知，AC 段弯矩 $M(x)$ 是 x 的一次函数，所以弯矩图是一条斜直线。只要确定线上的两点（即计算两个截面上的弯矩值），就可以确定这条直线段。这两点的坐标分别为 $x=0$，$M_A=0$；$x=a$，$M_C=\dfrac{Fab}{l}$。连接这两点就得到 AC 段弯矩图。同理，可以根据式（d），绘制 CB 段弯矩图。从弯矩图 ［图 4-13（c）］中可以看出，最大弯矩发生在集中力作用处的 C 横截面上，且 $M_{max}=\dfrac{Fab}{l}$。若集中力作用在梁的跨中，则最大弯矩发生在梁的跨中横截面上，其值为 $M_{max}=\dfrac{Fl}{4}$。弯矩图在集中力 $\boldsymbol{F}$ 作用处形成向下的尖角。

【例 4-7】　如图 4-14（a）所示简支梁受一个集中力偶 $\boldsymbol{M}_e$ 作用，绘制梁的剪力图和弯矩图。

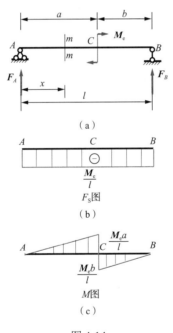

图 4-14

解：（1）求支座反力。由梁的整体平衡条件 $\sum M_A=0$，$\sum M_B=0$，得

$$F_A=-\frac{M_e}{l}(\downarrow)，\quad F_B=\frac{M_e}{l}(\uparrow)$$

（2）列剪力方程和弯矩方程。梁在 C 处有集中力偶 $\boldsymbol{M}_e$ 作用，需分两段列出剪力方程和弯矩方程。以梁的左端为坐标原点，选取坐标系如图 4-14（a）所示。

在 AC 段内，假想距 A 端为 x 的任意横截面 m—m 将梁截开，考虑左段梁平衡，列出剪力方程和弯矩方程分别为

$$F_S(x) = F_A = -\frac{M_e}{l} \quad (0 \leqslant x < a) \tag{a}$$

$$M(x) = F_A x = -\frac{M_e}{l}x \quad (0 < x \leqslant a) \tag{b}$$

在 CB 段内，假想距 A 端为 x 的任意横截面将梁截开，考虑右段梁平衡，列出剪力方程和弯矩方程分别为

$$F_S(x) = -F_B = -\frac{M_e}{l} \quad (a \leqslant x < l) \tag{c}$$

$$M(x) = F_B(l-x) = \frac{M_e}{l}(l-x) \quad (a < x \leqslant l) \tag{d}$$

（3）绘制剪力图和弯矩图。

由式（a）、式（c）可知，梁在 AC 段和 CB 段剪力都是常数，其值为 $-\dfrac{M_e}{l}$，故剪力图是一条在 x 轴下方且平行于 x 轴的直线段，如图 4-14（b）所示。

由式（b）、式（d）可知，梁在 AC 段和 CB 段弯矩都是 x 的一次函数，故弯矩图是两段斜直线。AC 段弯矩图上两点的坐标：$x=0$，$M_A=0$；$x=a$，$M_{C左}=-\dfrac{M_e a}{l}$。连接这两点就得到 AC 段的弯矩图。同理，根据式（d）绘制出 CB 段的弯矩图，如图 4-14（c）所示。

从内力图中可知，简支梁只受一个力偶作用时，剪力图为一条平行于轴线的直线段，而弯矩图是两段平行的斜直线；在集中力偶作用处，左右截面上剪力无变化，而弯矩发生了突变，其突变值等于该集中力偶矩。

利用剪力方程和弯矩方程绘制剪力图和弯矩图是一种基本方法。下一节介绍利用荷载集度、剪力和弯矩三者之间的函数关系作剪力图和弯矩图，这种绘图方法比较方便，在工程中常被采用。

4.4 荷载集度、剪力与弯矩之间的微分关系

如图 4-15（a）所示，以梁轴线为 x 轴，且以向右为正，y 轴向上为正。梁上作用有任意的分布荷载，分布荷载集度 $q(x)$ 是截面位置 x 的连续函数，且规定 $q(x)$ 以向上为正。取 A 为坐标原点，在距离原点为 x 处从梁中取出分布荷载作用下长为 $\mathrm{d}x$ 的微段进行研究 [图 4-15（b）]。

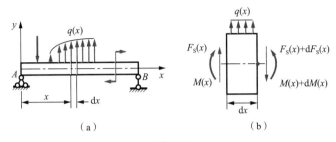

图 4-15

　　由于微段的长度 dx 非常小，因此，在微段上作用的分布荷载 $q(x)$ 可以认为是均布的。微段左侧横截面上的剪力和弯矩分别为 $F_S(x)$ 和 $M(x)$。当坐标 x 有一增量 dx 时，$F_S(x)$ 和 $M(x)$ 相应的增量分别为 $dF_S(x)$ 和 $dM(x)$，故微段右侧横截面上的剪力和弯矩分别为 $F_S(x) + dF_S(x)$ 和 $M(x) + dM(x)$，并假设它们都为正值。由微段的静力平衡方程 $\sum F_y = 0$ 和 $\sum M_C = 0$（C 为右侧横截面的形心），得

$$F_S(x) - \left[F_S(x) + dF_S(x) \right] + q(x)dx = 0 \tag{4-3}$$

$$-M(x) + \left[M(x) + dM(x) \right] - F_S(x)dx - q(x)dx \cdot \frac{dx}{2} = 0 \tag{4-4}$$

省略式（4-4）中的高阶微量 $q(x)dx \cdot \dfrac{dx}{2}$，整理后得出

$$\frac{dF_S(x)}{dx} = q(x) \tag{4-5}$$

$$\frac{dM(x)}{dx} = F_S(x) \tag{4-6}$$

将式（4-6）对 x 取导数，并利用式（4-5），又可得出

$$\frac{dM^2(x)}{dx^2} = \frac{dF_S(x)}{dx} = q(x) \tag{4-7}$$

以上三式表示了直梁的 $q(x)$、$F_S(x)$ 和 $M(x)$ 三者之间的微分关系，上述微分关系的几何意义如下。

　　（1）梁任一横截面上的剪力对 x 的一阶导数等于同一截面上分布荷载的集度，即剪力图上某点处的切线斜率等于梁上相对应点处的荷载集度值。

　　（2）梁任一横截面上的弯矩对 x 的一阶导数等于同一截面上的剪力，即弯矩图上某点处的切线斜率等于梁上相对应截面上的剪力值。

　　（3）梁任一横截面上的弯矩对 x 的二阶导数等于同一截面上分布荷载的集度，即可以通过梁上该点处荷载集度 $q(x)$ 的符号来确定弯矩图的凸凹方向。

　　根据上述微分关系，容易得出下面一些推论。利用这些推论可以简便地绘制或校核剪力图和弯矩图。

　　（1）在无荷载作用的梁段，即 $q(x) = 0$ 时，由 $\dfrac{dF_S(x)}{dx} = q(x) = 0$ 可知，在这一梁段内，各横截面上的剪力 $F_S(x)$ 是常数，故剪力图是平行于 x 轴的直线。再由

$\dfrac{\mathrm{d}M(x)}{\mathrm{d}x} = F_{\mathrm{S}}(x) =$ 常数可知，在这一梁段内，各横截面上的弯矩 $M(x)$ 是 x 的一次函数，该段弯矩图上各点切线的斜率为常数，故弯矩图是一条斜直线，其倾斜方向由剪力符号决定：当 $F_{\mathrm{S}}(x) > 0$ 时，弯矩图为向右下倾斜的直线；当 $F_{\mathrm{S}}(x) < 0$ 时，弯矩图为向右上倾斜的直线；当 $F_{\mathrm{S}}(x) = 0$ 时，弯矩图为水平直线。

（2）在均布荷载作用的梁段，即 $q(x) =$ 常数 $\neq 0$，由 $\dfrac{\mathrm{d}M^2(x)}{\mathrm{d}x^2} = \dfrac{\mathrm{d}F_{\mathrm{S}}(x)}{\mathrm{d}x} = q(x) =$ 常数可知，在这一梁段内，各横截面上的剪力 $F_{\mathrm{S}}(x)$ 是 x 的一次函数，故剪力图是一条斜直线。该梁段各横截面上的弯矩 $M(x)$ 是 x 的二次函数，故弯矩图为一条抛物线。这时可能出现两种情况，若分布荷载 $q(x)$ 向下，因向下的 $q(x)$ 为负，故 $\dfrac{\mathrm{d}F_{\mathrm{S}}(x)}{\mathrm{d}x} = q(x) < 0$，则剪力图为向右下倾斜的直线；$\dfrac{\mathrm{d}M^2(x)}{\mathrm{d}x^2} = q(x) < 0$，弯矩图为向下凸的曲线。反之，若分布荷载 $q(x)$ 向上，则剪力图为向右上倾斜的直线，弯矩图为向上凸的曲线。在梁的某一横截面上，若 $F_{\mathrm{S}}(x) = \dfrac{\mathrm{d}M(x)}{\mathrm{d}x} = 0$，则在这一横截面上弯矩有一极值（极大或极小值），即均布荷载作用下，弯矩的极值发生在梁剪力为零的横截面上。

（3）在集中力作用处梁横截面的左、右两侧剪力有突变，当集中力向下时，向下突变；当集中力向上时，向上突变；突变值为该处集中力的大小。此受力处成为一个转折点，弯矩图的斜率也发生突然变化，在此处，弯矩图出现尖角。弯矩的极值也可能出现在这类截面上。

（4）在集中力偶作用处梁横截面的左、右两侧弯矩发生突变，当集中力偶顺时针转向时，向下突变；当集中力偶逆时针转向时，向上突变；突变值为该处集中力偶矩的大小。该截面也可能出现弯矩的极值，此时剪力图却没有变化，故集中力偶作用处两侧弯矩图的斜率相同。

由式（4-5）可得在 $x = a$ 和 $x = b$ 处两截面间（图4-16）的积分为

$$\int_a^b \mathrm{d}F_{\mathrm{S}}(x) = \int_a^b q(x)\mathrm{d}x$$

也可写成

$$F_{\mathrm{s}}(b) - F_{\mathrm{s}}(a) = \int_a^b q(x)\mathrm{d}x \qquad (4\text{-}8)$$

同理，由式（4-6）可得

$$M(b) - M(a) = \int_a^b F_{\mathrm{s}}(x)\mathrm{d}x \qquad (4\text{-}9)$$

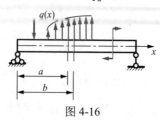

图4-16

以上是弯矩、剪力与分布荷载集度之间的积分关系，式（4-8）和式（4-9）表明：在 $x=a$ 和 $x=b$ 两截面上的剪力之差等于两截面间的分布荷载图的面积；两截面上的弯矩之差等于两截面间剪力图的面积。上述关系也可用于剪力图和弯矩图的绘制与校核。

【例 4-8】 试利用微分关系绘制如图 4-17（a）所示外伸梁的剪力图和弯矩图。

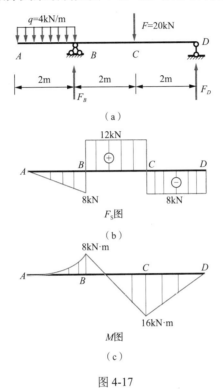

（a）

（b）

（c）

图 4-17

解：（1）求支座约束力。由梁的平衡方程

$$\sum M_D = 0，\quad 4 \times 2 \times 5 + 20 \times 2 - F_B \times 4 = 0$$

$$\sum M_B = 0，\quad 4 \times 2 \times 1 - 20 \times 2 + F_D \times 4 = 0$$

得

$$F_B = 20\text{kN}(\uparrow)，\quad F_D = 8\text{kN}(\uparrow)$$

（2）根据梁上的外力情况将梁分为 AB、BC 和 CD 三段。

（3）计算控制截面剪力，绘制剪力图。

AB 段梁上有均布荷载，该段梁的剪力图为斜直线，其控制截面剪力为

$$F_A = 0，\quad F_{SB左} = -4 \times 2 = -8(\text{kN})$$

BC 段和 CD 段梁均为无荷载区段，剪力图均为水平线，其控制截面剪力为

$$F_{SB右} = -8 + 20 = 12(\text{kN})，\quad F_{SD} = -F_D = -8(\text{kN})$$

绘制剪力图如图 4-17（b）所示。C 处受向下的集中力 F 作用，剪力图向下突变，

突变值为集中力的大小 20kN。

（4）计算控制截面弯矩，绘制弯矩图。

AB 段梁上有均布荷载，该段梁的弯矩图为二次抛物线。因 *q* 向下（ *q* < 0 ），所以曲线向下凸，其控制截面弯矩为

$$M_A = 0, \quad M_B = -4 \times 2 \times 1 = -8(\text{kN} \cdot \text{m})$$

BC 段与 *CD* 段梁均为无荷载区段，弯矩图均为斜直线，其控制截面弯矩为

$$M_C = 8 \times 2 = 16(\text{kN} \cdot \text{m}), \quad M_D = 0$$

绘制出弯矩图如图 4-17（c）所示。

【例 4-9】 如图 4-18（a）所示的外伸梁，承受均布载荷 *q*=10kN/m、集中力偶 *M*_e=1.6kN·m 和集中力 *F*=4kN 作用，试用微分关系绘制剪力图和弯矩图。

例 4-9 视频讲解

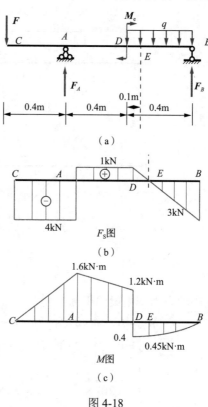

（a）

（b）

（c）

图 4-18

解：（1）计算支座反力。利用静力平衡条件求得梁的支座反力为

$$F_A = 5(\text{kN}), \quad F_B = 3(\text{kN})$$

（2）绘制剪力图。应用微分关系绘制剪力图时，从梁的左端开始，$F_{SC} = -4\text{kN}$。在 *CA* 段上，*q*=0，故剪力图为水平线，$F_{SA左} = -4\text{kN}$。在支座 *A* 处，作用有向上的支座反力 F_A，剪力图向上突变，突变值为 5kN，故 *A* 截面右侧剪力为

$$F_{SA右} = F_{SA左} + F_A = 1(\text{kN})$$

在 AD 段上，$q=0$，剪力图为水平线。由于集中力偶两侧的剪力相等，故 $F_{SD右}=F_{SD左}$。在 DB 段上，q 向下，剪力图为向右下倾斜的直线。$F_{SB}=-F_B=-3\text{kN}$，因而由 $F_{SD右}$ 与 F_{SB} 即可绘制 BD 段的剪力图，如图 4-18（b）所示。由图可知，最大剪力发生在 AC 梁段各横截面上，其值为

$$|F_S|_{max}=4(\text{kN})$$

（3）绘制弯矩图。在 CA 段上，F_S 为负常数，则弯矩图为向右上倾斜的直线，由 $M_C=0$ 及 $M_A=-0.4F=-1.6\text{kN}\cdot\text{m}$ 即得 CA 段的弯矩图。

在 AD 段上，F_S 为正常数，则弯矩图为向右下倾斜的直线，

$$M_{D左}=0.4F_A-0.8F=-1.2(\text{kN}\cdot\text{m}), \quad M_A=1.6(\text{kN}\cdot\text{m})$$

由 M_A 和 $M_{D左}$ 的数值，即得 AD 段的弯矩图。

在 DB 段上，梁受向下的均布荷载作用，弯矩图为下凸的抛物线，

$$M_{D右}=M_{D左}+M_e=-1.2+1.6=0.4(\text{kN}\cdot\text{m}), \quad M_B=0$$

此外，在 $F_S=0$ 的横截面 E 上，弯矩有极值，其数值为

$$M_E=F_B\times0.3-\frac{q}{2}\times(0.3)^2=0.45(\text{kN}\cdot\text{m})$$

由 $M_{D右}$、M_E 和 M_B 的数值即得 DB 段的弯矩图。绘制梁的弯矩图如图 4-18（c）所示。由图可知，最大弯矩发生在 A 支座处的横截面上，其值为

$$|M|_{max}=1.6(\text{kN}\cdot\text{m})$$

由以上各例可知，利用分布荷载集度、剪力和弯矩之间的微分关系及规律，可更简捷地绘制梁的剪力图和弯矩图，总结步骤如下。

（1）确定控制截面，即内力可能发生突变的截面，通常这些截面位于集中力、集中力偶作用处以及分布荷载起始端。

（2）在控制截面处将梁分段，由各段梁的荷载情况判断各段剪力图和弯矩图的大致形状。

（3）利用代数和法计算内力，求出各控制截面上的 F_S 值和 M 值。

（4）利用分布荷载集度、剪力和弯矩之间的微分关系及内力图特征规律，逐段绘出梁的 F_S 图和 M 图。

4.5　叠加原理绘制弯矩图

1. 叠加原理

当材料处在小变形线弹性范围内时，其应力和应变成正比例关系。梁的支座反力以及其截面上的剪力和弯矩均与荷载（q、M、F）保持线性关系。梁在几个荷载共同作用下产生的某一量值（支座反力、内力、应力等）等于各荷载单独作用时该量值的代数和，

这一结论称为叠加原理。叠加原理不仅适用于梁的内力的叠加，对于其他结构中支座反力、内力、应力和变形也适用。

2. 分荷载叠加法

当梁上同时作用几个（或几种）荷载时，可先分别作出各个荷载单独作用下梁的弯矩图，然后将其相应的纵坐标叠加，即将每个截面对应弯矩竖标相叠加，得到梁在所有荷载共同作用下的弯矩图，这种绘制弯矩图的方法称为分荷载叠加法。

【例 4-10】 试用分荷载叠加法绘制图 4-19（a）、（b）所示梁的弯矩图。

解：分别绘制出梁在单种荷载作用下的弯矩图［图 4-19（c）～（f）］，将图 4-19（c）、（e）叠加即得图 4-19（a）所示梁的最后弯矩图，如图 4-19（g）所示；将图 4-19（d）、（f）叠加即得图 4-19（b）所示梁的最后弯矩图，如图 4-19（h）所示。

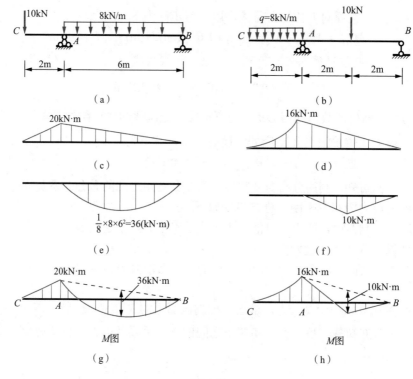

图 4-19

3. 分区段叠加法

当梁上有较多种荷载作用时，用上述方法作弯矩图较为麻烦，通常可先求出某些区段两端截面上的弯矩，将该区段视为简支梁，在两支座处作用有区段端截面上的弯矩，然后利用叠加法，绘制该区段的弯矩图，这种绘制弯矩图的方法称为分区段叠加法。

【例 4-11】 试用分区段叠加法绘制图 4-20（a）所示梁的弯矩图。

解：由分区段叠加法可知，当已知 AB 区段有集中力 F 作用且两端截面上的弯矩分别为 M_A 和 M_B 时，该区段的弯矩图可以看作图 4-20（b）与图 4-20（c）的叠加。因此，可以先将两端截面上的弯矩 $\boldsymbol{M}_A$ 和 $\boldsymbol{M}_B$ 绘出并连直线，如图 4-20（d）中虚线所示，然后以此虚线为基线叠加上简支梁在集中力 $\boldsymbol{F}$ 作用下的弯矩图。必须注意的是，弯矩图的叠加是指对应截面纵坐标叠加，图 4-20（d）中的竖标 $\dfrac{Fab}{l}$ 仍应沿竖向取，而不是垂直于 $\boldsymbol{M}_A$ 和 $\boldsymbol{M}_B$ 连线的方向。这样，最后所得的图线与轴线所包含的图形即叠加后所得的弯矩图。

【例 4-12】 试用分区段叠加法绘制图 4-21（a）所示梁的弯矩图。

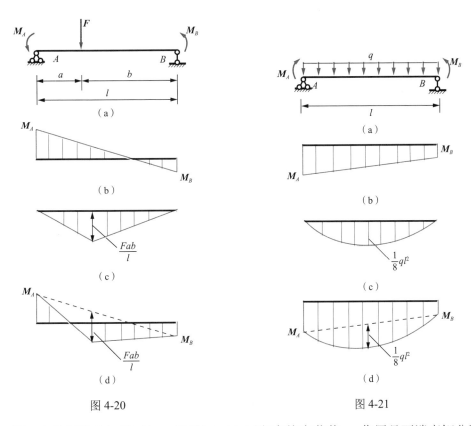

图 4-20   图 4-21

解：由分区段叠加法可知，当已知 AB 区段有均布荷载 q 作用且两端弯矩分别为 $\boldsymbol{M}_A$ 和 $\boldsymbol{M}_B$ 时，AB 区段梁的弯矩图可以看作图 4-21（b）与图 4-21（c）的叠加。因此，可以先将两端弯矩 $\boldsymbol{M}_A$ 和 $\boldsymbol{M}_B$ 绘出并连直线，如图 4-21（d）中虚线所示，然后以此虚线为基线竖直向下叠加上简支梁在均布荷载 q 作用下的弯矩值，即 $\dfrac{ql^2}{8}$。这样，最后所得的图线与轴线所包含的图形即叠加后所得的弯矩图。

【例 4-13】 试用分区段叠加法绘制图 4-22（a）所示梁的弯矩图。

解：（1）计算支座反力。由梁的平衡方程

$$\sum M_B = 0, \quad 6\times10 - F_A\times8 + 2\times4\times6 + 8\times2 - 2\times2\times1 = 0$$

$$\sum M_A = 0, \quad 6 \times 2 - 2 \times 4 \times 2 - 8 \times 6 + F_B \times 8 - 2 \times 2 \times 9 = 0$$

解得

$$F_A = 15(\text{kN})(\uparrow), \quad F_B = 11\text{kN}(\uparrow)$$

例 4-13 视频讲解

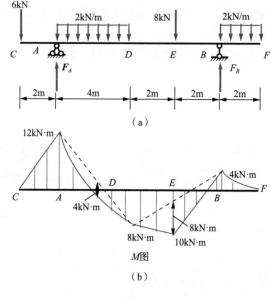

（a）

（b）

M 图

图 4-22

（2）计算各控制截面的弯矩。

$$M_A = -6 \times 2 = -12(\text{kN} \cdot \text{m})$$
$$M_D = -6 \times 6 + 15 \times 4 - 2 \times 4 \times 2 = 8(\text{kN} \cdot \text{m})$$
$$M_E = -2 \times 2 \times 3 + 11 \times 2 = 10(\text{kN} \cdot \text{m})$$
$$M_B = -2 \times 2 \times 1 = -4(\text{kN} \cdot \text{m})$$
$$M_C = 0$$
$$M_F = 0$$

（3）将梁分为 CA、AD、DE、EB、BF 五段。先按一定比例绘出 CF 梁各控制截面的弯矩纵坐标，将无荷载作用梁段（CA、DE、EB 三段）的弯矩纵坐标连成直线；将有荷载作用梁段（AD、DB 段）用区段叠加法绘制相应的弯矩图，梁的弯矩图如图 4-22（b）所示。

====== 本 章 小 结 ======

1. 平面弯曲：当梁上所有外力都作用在纵向对称面内时，梁的轴线将在纵向对称面内由直线变成曲线，这种弯曲称为平面弯曲。

2. 梁的内力的计算。

（1）剪力和弯矩的符号规定：截面上的剪力使脱离体有顺时针转动趋势时为正，反之为负。截面上的弯矩使脱离体的下表面纤维受拉、上表面纤维受压为正，反之为负。

（2）指定截面上剪力和弯矩的计算方法：①截面法；②代数和法。截面法是求内力的基本方法，代数和法是求内力的简便方法。

3. 绘制梁的剪力图和弯矩图。

（1）根据剪力方程和弯矩方程绘图。这是最基本的方法，当荷载不连续时，剪力方程和弯矩方程应分段列出，故也应分段作图。

（2）利用微分关系绘图。这种方法需熟练掌握内力图特征规律。

（3）用叠加法绘弯矩图。当梁上某段有集中力或均布荷载作用时，利用分区段叠加法作弯矩图尤其方便。

思考与练习题

一、填空题

4-1　平面弯曲的受力特点与变形特点分别是_____、_____。

4-2　两根跨度尺寸、荷载、支座均相同的梁，在下列情况下，其内力图是否相同？请填在横线处。

（1）两根梁的材料相同，截面形状及尺寸不同。_____

（2）两根梁的截面形状及尺寸相同，材料不同。_____

4-3　如图所示梁中，AC 段和 CB 段剪力图图线的斜率_____。（填"相同"或"不相同"）

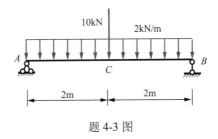

题 4-3 图

二、选择题

4-4　纯弯曲梁段各横截面上的内力是（　　）。

A. M 和 F_S　　　B. 只有 M　　　C. M 和 F_N　　　D. 只有 F_S

4-5　可不先求支座反力，而直接计算内力的梁是（　　）。

A. 简支梁　　　B. 悬臂梁　　　C. 外伸梁　　　D. 静定梁

4-6　关于剪力和弯矩的符号规定，下面说法正确的是（　　）。

A. 截面上的剪力使脱离体作顺时针转动趋势时为负

B. 截面处弯曲变形向上凸时，弯矩为正

C. 截面左侧向上的外力，引起截面上的剪力为负

D. 截面上的弯矩使脱离体下表面纤维受拉时为正

4-7 关于图所示外伸梁，下列论述错误的是（　　　）。

A. AB 段和 BC 段都是纯弯曲梁段

B. BC 段内各截面的剪力为零

C. AB 段内各截面的弯矩不等且为负

D. AB 段内各截面的剪力为$-F$

4-8 在无荷载作用的梁段上，下列论述正确的是（　　　）。

A. $F_\mathrm{S} > 0$ 时，M 图为向右上倾斜的直线

B. $F_\mathrm{S} > 0$ 时，M 图为向下凸的抛物线

C. $F_\mathrm{S} < 0$ 时，M 图为向右上倾斜的直线

D. $F_\mathrm{S} = 0$ 时，M 图为与轴线重合的直线

4-9 悬臂梁的弯矩图如图所示，则梁的 F_S 图形状为（　　　）。

A. 矩形　　　　　B. 三角形　　　　　C. 梯形　　　　　D. 与轴线重合的直线

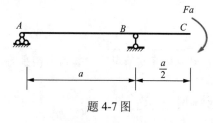

题 4-7 图

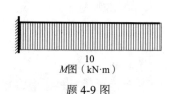

题 4-9 图

4-10 简支梁的剪力图如图所示，下列论述错误的是（　　　）。

A. 梁上有均布荷载 $q = 10$ kN/m，向下作用

B. 在 C 点有集中力 $F = 10$ kN，向下作用

C. $F_A = F_B = 10$kN，向上作用

D. C 处弯矩有极值

4-11 右端固定的悬臂梁的 F_S 图如图所示。若无力偶荷载作用，则梁中的 $M_{\max}$ 为（　　　）。

A. 48kN·m　　　　B. 6.25kN·m　　　　C. 12kN·m　　　　D. 12.25kN·m

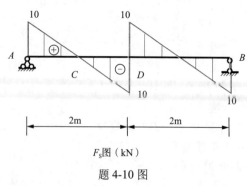

F_S图（kN）

题 4-10 图

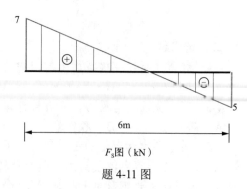

F_S图（kN）

题 4-11 图

三、计算题

4-12 求以下各图中指定截面上的剪力和弯矩。

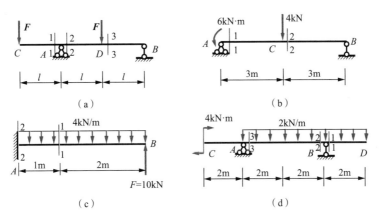

题 4-12 图

4-13 绘制下列各梁的剪力图和弯矩图。

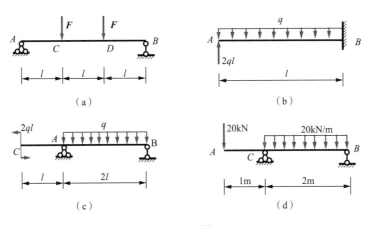

题 4-13 图

4-14 试用叠加法绘制下列各梁的剪力图和弯矩图。

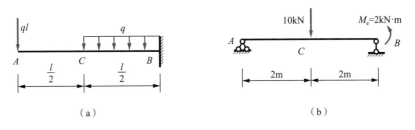

题 4-14 图

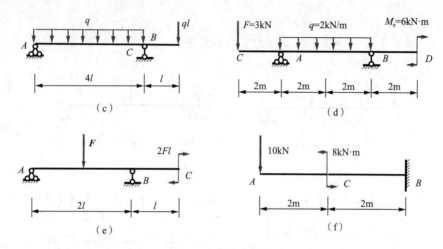

题 4-14 图（续）

4-15　已知梁的弯矩图如图所示，试绘制梁的荷载图和剪力图。

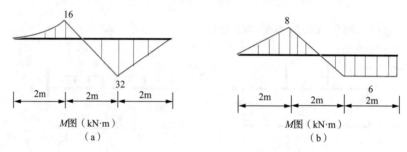

M图（kN·m）

（a）

M图（kN·m）

（b）

题 4-15 图

第5章

梁的弯曲应力

梁 在外力作用下，横截面上一般存在弯矩和剪力两种内力，相应地在梁的横截面上引起正应力和切应力。弯矩是垂直于横截面的分布内力的合力偶矩，而剪力是相切于横截面的分布内力的合力。所以，弯矩只与横截面上的正应力 σ 相关，而剪力只与切应力 τ 相关。本章主要研究正应力 σ 和切应力 τ 的分布规律及计算，再研究平面弯曲梁的强度计算。

弯曲破坏试验

5.1 弯曲正应力

1. 横力弯曲和纯弯曲的概念

梁弯曲时，通常横截面上产生两种内力，即剪力和弯矩。剪力 $\boldsymbol{F}_{\mathrm{S}}$ 与横截面相切，它只与切应力 τ 相关；弯矩 $\boldsymbol{M}$ 作用在与横截面垂直的纵向对称面内，它只与正应力 σ 相关。因此，梁在弯曲时，若横截面上既有正应力又有切应力，这种情况称为横力弯曲，如图 5-1 所示梁的 AC 段和 DB 段。

平面弯曲情况下，若梁横截面上只有弯矩而无剪力，这种情况称为纯弯曲，如图 5-1 所示梁的 CD 段。

2. 梁纯弯曲时横截面上的正应力

以弯曲时横截面上只有弯矩而无剪力的纯弯曲梁为研究对象，先分析梁横截面上的正应力。研究梁横截面上正应力的方法与研究圆轴扭转时横截面上切应力的方法类似，也应综合考虑变形几何关系、应力与应变间的物理关系和静力学平衡关系三个方面。

弯曲变形

1）变形几何关系

通过试验观察纯弯曲梁的变形情况。在变形前的矩形截面等直梁段侧面作横向线段 mm 和 nn，代表横截面的位置，并在两横向线之间靠近上下边缘处分别作与它们垂直的

纵向线段 aa 和 bb。设在梁的纵向对称面内只作用力偶矩为 M 的力偶，使梁处于纯弯曲状态。图 5-2（a）、（b）分别表示弯曲变形前、后的梁段。

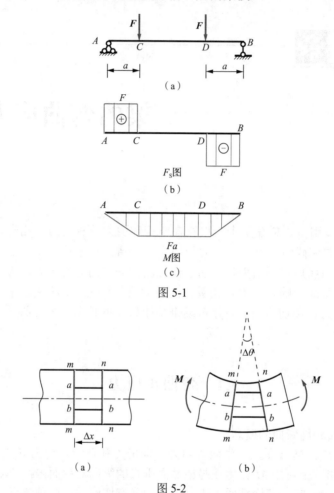

图 5-1

图 5-2

试验中可以观察到，变形后纵向线段 aa 和 bb 弯成弧线，但横向线段 mm 和 nn 仍保持为直线段，它们相对旋转一个角度后，仍垂直于弧线 aa 和 bb。根据这样的试验结果可以假设，变形前原为平面的梁的横截面变形后仍保持为平面，且仍然垂直于变形后的梁轴线，这就是弯曲变形的平面假设。

设想梁由无数根纵向纤维组成，由于横截面的高度没有发生变化，因此可以认为各纵向纤维之间无挤压变形现象。同时，由于纵向线与横向线之间的直角在变形前后没有改变，便没有剪切变形，因此各纵向纤维只发生了单向拉伸或压缩变形。从而得出结论，梁横截面上位于同一高度的纵向纤维变形均相同，这就是弯曲变形的单向受力假设。

根据以上分析与假设，梁发生如图 5-3 所示的弯曲变形后，梁下部的纵向纤维伸长，梁上部的纵向纤维缩短，中间必有一层纵向纤维的长度不变，这一层纤维称为中性层。中性层与横截面的交线称为中性轴。对于具有对称截面的梁，在平面弯曲的情况下，由于荷载及梁的变形都对称于纵向对称面，中性层与纵向对称面垂直，因而中性轴必与纵向对称面垂直。

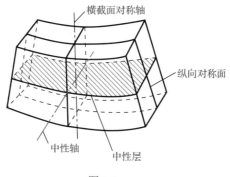

图 5-3

综上所述，纯弯曲时梁的所有横截面保持平面，仍垂直于变形后的梁轴线，并绕中性轴作相对转动，而所有纵向纤维则均处于单向受力状态。

从纯弯曲梁段中截取一微段 $\mathrm{d}x$，取梁横截面的对称轴为 y 轴，且向下为正[图 5-4（a）]。以中性轴为 z 轴，但中性轴的确切位置尚待确定。根据平面假设，变形前相距为 $\mathrm{d}x$ 的两个横截面，变形后各自绕中性轴转动，两横截面的相对转角为 $\mathrm{d}\theta$，并仍保持为平面，中性层的曲率半径为 ρ [图 5-4（b）]。因中性层在梁弯曲后的长度不变，所以坐标为 y 的纵向纤维 bb 变形前的长度为

$$bb = OO = \rho\mathrm{d}\theta = \mathrm{d}x$$

变形后的长度为

$$b'b' = (\rho + y)\mathrm{d}\theta$$

故其纵向线应变为

$$\varepsilon = \frac{(\rho + y)\mathrm{d}\theta - \rho\mathrm{d}\theta}{\rho\mathrm{d}\theta} = \frac{y}{\rho} \tag{5-1}$$

式（5-1）是变形的几何关系式。它表明，梁横截面上任一点处的纵向线应变与该点到中性层的距离 y 成正比。

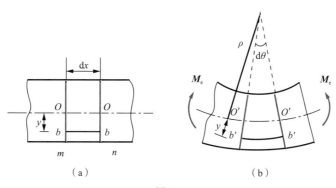

（a）　　　　　　　　　　（b）

图 5-4

2）物理关系

因为纵向纤维之间无正应力，每一纤维都处于单向受力状态，当应力小于比例极限时，由胡克定律知

$$\sigma = E\varepsilon$$

将式（5-1）代入上式，得

$$\sigma = E\frac{y}{\rho} \qquad (5-2)$$

由此可知，横截面上任意点的正应力与该点到中性轴的距离成正比，且到中性轴等距离各点处的正应力相等，即沿横截面高度，正应力按线性规律变化。

3）静力学平衡关系

如图 5-5 所示，在梁的横截面上取微面积 dA，其法向微内力为 σdA，横截面上各点处的法向微内力 σdA 组成一空间平行力系，这一力系只可能简化为三个内力分量：平行于 x 轴的轴力 F_N，使截面分别绕 y 轴和 z 轴转动的力偶 M_y 和 M_z。它们分别为

$$F_N = \int_A \sigma dA$$

$$M_y = \int_A z\sigma dA$$

$$M_z = \int_A y\sigma dA$$

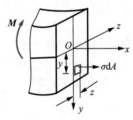

图 5-5

横截面上的这些内力应与截面左侧（或右侧）的外力相平衡，在纯弯曲情况下，截面左侧的外力只有作用在纵向对称面的力偶 M，该力偶与使截面绕 z 轴转动的力偶 M_z 相平衡，故有

$$F_N = \int_A \sigma dA = 0 \qquad (5-3)$$

$$M_y = \int_A z\sigma dA = 0 \qquad (5-4)$$

$$M_z = \int_A y\sigma dA = M \qquad (5-5)$$

将式（5-2）代入式（5-3），得

$$\int_A \sigma dA = \frac{E}{\rho}\int_A y dA = 0 \qquad (5-6)$$

式中 $\frac{E}{\rho}$ = 常量，且不为零，故必有

$$\int_A y\mathrm{d}A = S_z = 0$$

式中，S_z 为横截面对中性轴的静矩。$S_z=0$ 说明横截面的中性轴 z 轴必通过截面的形心。这就完全确定了 z 轴和 x 轴的位置。中性轴通过截面形心又包含在中性层内，所以梁截面的形心连线（即轴线）也在中性层内，变形后其长度不变。

将式（5-2）代入式（5-4），得

$$\int_A z\sigma\mathrm{d}A = \frac{E}{\rho}\int_A yz\mathrm{d}A = 0 \tag{5-7}$$

式中，积分 $\int_A yz\mathrm{d}A$ 是横截面对 y 轴和 z 轴的惯性积 I_{yz}。由于 y 轴是截面的对称轴，必然有 $I_{yz}=0$。

将式（5-2）代入式（5-5），得

$$M = \int_A y\sigma\mathrm{d}A = \frac{E}{\rho}\int_A y^2\mathrm{d}A \tag{5-8}$$

式中，积分 $\int_A y^2\mathrm{d}A$ 是横截面对中性轴 z 轴的惯性矩 I_z。于是，可确定梁变形后轴线的曲率为

$$\frac{1}{\rho} = \frac{M}{EI_z} \tag{5-9}$$

式（5-9）表明，在指定的横截面处，中性层的曲率与该截面上的弯矩 M 成正比，与 EI_z 成反比。在同样的弯矩作用下，EI_z 越大，则曲率越小，说明梁抵抗弯曲变形的能力越强，故 EI_z 称为梁的抗弯刚度。

再将式（5-9）代入式（5-2），于是得到纯弯曲梁横截面上任意点的正应力计算式为

$$\sigma = \frac{M}{I_z}y \tag{5-10}$$

式中，M 为横截面上的弯矩；I_z 为横截面对中性轴 z 轴的惯性矩；y 为横截面上待求正应力点到中性轴的距离。

当弯矩 M 为正时，梁下部纤维伸长而产生拉应力，上部纤维缩短而产生压应力；当弯矩 M 为负时，梁上部纤维伸长而产生拉应力，下部纤维缩短而产生压应力。在利用式（5-10）计算正应力时，可以不考虑式中弯矩 M 和 y 的正负号，均以绝对值代入，正应力是拉应力还是压应力可以由梁的变形来判断，即以中性层为界，梁在凸出的一侧受拉，凹入的一侧受压。

应该指出，以上公式虽然是纯弯曲的情况下，以矩形截面梁为例推导的，但对于具有纵向对称面的其他截面形式的梁，如工字形、T 字形和圆形截面梁等仍然可以使用。同时，在实际工程中的弯曲多为横力弯曲，梁的横截面上同时存在剪力和弯矩，因而不但有正应力还有切应力。由于切应力的存在，横截面不再保持为平面，但对一般细长梁来说，剪力的存在对正应力分布规律的影响很小。因此，用式（5-10）计算横力弯曲时的正应力，一般不会引起很大误差，能够满足工程问题所需要的精度要求。

3. 最大弯曲正应力

梁弯曲时，弯矩随截面位置而变化。一般情况下，等直梁的最大正应力在弯矩最大的横截面上，且在离中性轴最远处（图 5-6）。故在 $y = y_{max}$，即横截面上离中性轴最远的各点处，弯曲正应力最大，其值为

$$\sigma_{max} = \frac{M_{max}}{I_z} y_{max} \tag{5-11}$$

式（5-11）表明，最大正应力不仅与 M_{max} 有关，而且与 $\frac{y_{max}}{I_z}$ 有关。令 $W_z = \frac{I_z}{y_{max}}$，

则式（5-11）改写为

$$\sigma_{max} = \frac{M_{max}}{W_z} \tag{5-12}$$

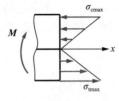

图 5-6

式（5-12）即为梁横截面上最大弯曲正应力的计算式。式中 W_z 与截面的形状、尺寸有关，称为抗弯截面系数，常用单位为 mm^3 或 m^3，是截面的几何性质之一。

若截面是高为 h、宽为 b 的矩形截面，则

$$W_z = \frac{I_z}{y_{max}} = \frac{\frac{bh^3}{12}}{\frac{h}{2}} = \frac{bh^2}{6} \tag{5-13}$$

若截面是直径为 d 的圆形截面，则

$$W_z = \frac{I_z}{\frac{d}{2}} = \frac{\frac{\pi d^4}{64}}{\frac{d}{2}} = \frac{\pi d^3}{32} \tag{5-14}$$

各种型钢截面的抗弯截面系数可从型钢规格表（见附录Ⅱ）中查得。

【例 5-1】 如图 5-7（a）所示悬臂梁，自由端承受集中荷载 F 作用，已知：h=18cm，b=12cm，y=6cm，a=2m，F=1.5kN。试计算梁根部 A 截面上 K 点[图 5-7（b）]的弯曲正应力和最大正应力。

解：（1）计算 A 截面上的弯矩。

$$M_A = -Fa = -1.5 \times 2 = -3(kN \cdot m)$$

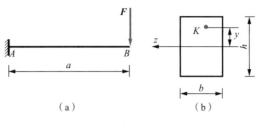

图 5-7

（2）计算矩形截面对中性轴的惯性矩及抗弯截面系数。

$$I_z = \frac{bh^3}{12} = \frac{120 \times 180^3}{12} = 5.832 \times 10^7 (\text{mm}^4)$$

$$W_z = \frac{bh^2}{6} = \frac{120 \times 180^2}{6} = 6.48 \times 10^5 (\text{mm}^4)$$

（3）计算 A 截面上 K 点的弯曲正应力和最大正应力。

$$\sigma_K = \frac{M_A}{I_z} y = \frac{3 \times 10^6}{5.832 \times 10^7} \times 60 = 3.09 (\text{MPa})$$

$$\sigma_{\max} = \frac{M_{\max}}{W_z} = \frac{3 \times 10^6}{6.48 \times 10^5} = 4.63 (\text{MPa})$$

A 截面上的弯矩为负，K 点在中性轴的上侧，所以为拉应力。A 截面上的最大拉应力和最大压应力绝对值均为 4.63MPa。

5.2　弯曲切应力

在横力弯曲的情况下，梁的横截面上既有弯矩也有剪力，因此梁的横截面上既有正应力也有切应力。现在按照梁横截面的形状，分几种情况讨论弯曲切应力的分布规律和计算公式。

1. 矩形截面梁的切应力

如图 5-8（a）所示矩形截面梁，在纵向对称面内受任意横向荷载作用。横截面的高度为 h，宽度为 b。以 m—m 和 n—n 两横截面假想地从梁中截取长为 dx 的微段，一般情况下，截面 m—m 和 n—n 上的弯矩并不相等，设截面 m—m 和 n—n 上的弯矩分别为 M 和 M+dM，两截面上距中性轴为 y_1 处的正应力分别为 σ_1 和 σ_2。用平行于中性层且距中性层为 y 的纵截面 AA_1B_1B 假想地从微段上截取体积元素 mA_1B_1n [图 5-8（b）]。则在端面 mA_1 和 B_1n 上，与正应力对应的法向内力 F_{N1}^* 与 F_{N2}^* 也不相等。于是，为维持体积元素 mA_1B_1n 的平衡，在纵面 AB_1 上必有沿 x 方向上的切向内力 $\mathrm{d}F_S'$，故在纵面上就存在相应的切应力 τ'。

为推导弯曲切应力计算公式，需确定切应力沿截面宽度的分布规律以及切应力的方向。对于狭长矩形截面，由于梁的侧面上无切应力，故横截面上侧边各点处的切应力必与侧边平行，而在对称弯曲情况下，对称轴 y 处切应力必沿 y 方向，且狭长矩形截面上的切应力沿截面宽度的变化不大。于是，做以下假设：横截面上各点处的切应力 τ 的方向都平行于剪力 $\boldsymbol{F}_{S}$，并沿截面宽度均匀分布。

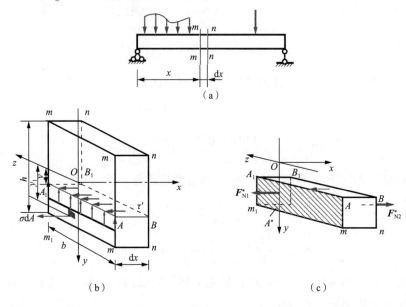

图 5-8

按照这个假设，在距中性轴为 y 的横线 AA_1 上各点的切应力 τ 都相等，且都平行于 $\boldsymbol{F}_{S}$。由切应力互等定理可知，横线 AA_1 上各点的切应力与纵面 AA_1B_1B 上沿 x 方向的 τ' 大小相等，且沿宽度 b，τ' 也是均匀分布的。

确定横截面上切应力的变化规律后，即可由静力学关系求得两端面 mA_1 和 nB_1 上的法向内力 F_{N1}^* 与 F_{N2}^* 分别为

$$F_{N1}^* = \int_{A^*} \sigma_1 \mathrm{d}A = \int_{A^*} \frac{My_1}{I_z} \mathrm{d}A = \frac{M}{I_z} \int_{A^*} y_1 \mathrm{d}A = \frac{M}{I_z} S_z^* \tag{5-15}$$

$$F_{N2}^* = \int_{A^*} \sigma_2 \mathrm{d}A = \int_{A^*} \frac{(M+\mathrm{d}M)}{I_z} y_1 \mathrm{d}A = \frac{(M+\mathrm{d}M)}{I_z} S_z^* \tag{5-16}$$

式中，$S_z^* = \int_{A^*} y_1 \mathrm{d}A$ 为横截面上距中性轴为 y_1 的横线以外部分的面积 A^*（即图中阴影面积）对中性轴 z 的静矩。

纵截面 AB_1 上由 $\tau' \mathrm{d}A$ 所组成的切向内力 $\mathrm{d}F_S'$ ［图 5-8（c）］为

$$\mathrm{d}F_S' = \tau' b \mathrm{d}x \tag{5-17}$$

F_{N1}^*、F_{N2}^* 和 $\mathrm{d}F_S'$ 的方向都平行于 x 轴，应满足平衡方程 $\sum F_x = 0$，于是得

$$F_{N2}^* - F_{N1}^* - \mathrm{d}F_S' = 0$$

将式（5-15）～式（5-17）代入平衡方程，得

$$\frac{(M + \mathrm{d}M)}{I_z}S_z^* - \frac{M}{I_z}S_z^* - \tau' b\mathrm{d}x = 0$$

化简后得

$$\tau' = \frac{\mathrm{d}M}{\mathrm{d}x} \times \frac{S_z^*}{I_z b}$$

将 $\dfrac{\mathrm{d}M}{\mathrm{d}x} = F_S$ 代入上式，得

$$\tau' = \frac{F_S S_z^*}{I_z b}$$

由切应力互等定理可知，

$$\tau = \frac{F_S S_z^*}{I_z b} \tag{5-18}$$

式（5-18）就是矩形截面梁弯曲切应力的计算公式。式中，F_S 为横截面上的剪力；b 为矩形截面的宽度；I_z 为整个横截面对中性轴 z 轴的惯性矩；S_z^* 为横截面上距中性轴为 y 的横线以外部分的面积对中性轴的静矩。

对于矩形截面，可取 $\mathrm{d}A = b\mathrm{d}y$，于是

$$S_z^* = \int_y^{\frac{h}{2}} y_1 b\mathrm{d}y_1 = \frac{b}{2}\left(\frac{h^2}{4} - y^2\right)$$

将上式及 $I_z = bh^3/12$ 代入式（5-18），得

$$\tau = \frac{3F_S}{2bh}\left(1 - \frac{4y^2}{h^2}\right) \tag{5-19}$$

由此可见，矩形截面梁的弯曲切应力沿截面高度按抛物线规律分布（图 5-9）。当 $y = \pm\dfrac{h}{2}$ 时，$\tau = 0$。这表明在截面上、下边缘的各点处，切应力等于零。随着离中性轴的距离 y 的减小，τ 逐渐增大。当 $y = 0$ 时，τ 取得最大值，即最大切应力发生在中性轴上各点处，其值为

$$\tau_{max} = \frac{3}{2}\frac{F_S}{bh} = \frac{3}{2} \times \frac{F_S}{A} \tag{5-20}$$

可见矩形截面梁横截面上的最大切应力值为平均切应力值 $\left|\dfrac{F_S}{bh}\right|$ 的 1.5 倍。

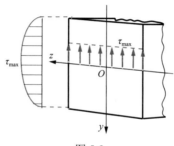

图 5-9

2. 工字形截面梁的弯曲切应力

工字形截面梁由腹板和上、下翼缘组成，其横截面如图 5-10（a）所示。由于腹板和翼缘宽度差异较大，切应力分布也有较大差异。讨论工字形截面梁的切应力时，可忽略上、下翼缘产生的切应力，截面上的切应力主要由腹板产生，且关于矩形截面上的切应力分布的假设仍然适用。用相同的方法，可推导出腹板上的切应力计算公式，即

$$\tau = \frac{F_S S_z^*}{I_z b} \tag{5-21}$$

式中，F_S 为横截面上的剪力；I_z 为整个工字形截面对中性轴 z 轴的惯性矩；S_z^* 为横截面上距中性轴为 y 的横线以外部分面积对中性轴 z 轴的静矩；b 为腹板的厚度。

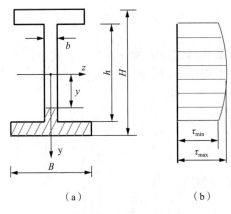

（a）   （b）

图 5-10

由图 5-10（a）可以看出，距中性轴为 y 的横线以下的截面由下翼缘部分与部分腹板组成，该截面对中性轴 z 的静矩为

$$S_z^* = B\left(\frac{H}{2} - \frac{h}{2}\right)\left[\frac{h}{2} + \frac{1}{2}\left(\frac{H}{2} - \frac{h}{2}\right)\right] + b\left(\frac{h}{2} - y\right)\left[y + \frac{1}{2}\left(\frac{h}{2} - y\right)\right]$$

$$= \frac{B}{8}(H^2 - h^2) + \frac{b}{2}\left(\frac{h^2}{4} - y^2\right)$$

因此，腹板上距中性轴为 y 处的弯曲切应力为

$$\tau = \frac{F_S}{I_z b}\left[\frac{B}{8}(H^2 - h^2) + \frac{b}{2}\left(\frac{h^2}{4} - y^2\right)\right] \tag{5-22}$$

由此可见，沿腹板高度，弯曲切应力沿腹板高度方向也是按二次抛物线规律分布，如图 5-10（b）所示。在中性轴处（$y = 0$），切应力最大；在腹板与翼缘的交接处（$y = \pm h/2$），切应力最小。最大切应力值和最小切应力值分别为

$$\tau_{max} = \frac{F_S}{I_z b}\left[\frac{BH^2}{8} - (B - b)\frac{h^2}{8}\right] \tag{5-23}$$

$$\tau_{min} = \frac{F_S}{I_z b}\left(\frac{BH^2}{8} - \frac{Bh^2}{8}\right) \qquad (5\text{-}24)$$

从以上两式可见，当腹板的宽度 b 远小于翼缘的宽度 B 时，τ_{max} 与 τ_{min} 实际上相差不大，所以可以认为在腹板处切应力大致是均匀分布的。若以图 5-10（b）中应力分布图的面积乘以腹板宽度 b，即可以得到腹板上的总剪力 F_{S1}。计算结果表明，F_{S1} 约等于（0.95～0.97）F_S。可见，腹板几乎担了横截面上的全部剪力，且腹板上的切应力接近于均匀分布，这样，就用剪力 F_S 除腹板的截面面积，近似得出腹板上的切应力为

$$\tau = \frac{F_S}{bh} \qquad (5\text{-}25)$$

在翼缘上，切应力分布情况比较复杂，与腹板内的切应力相比，其值很小，可以不予考虑。在工字形截面梁的腹板与翼缘的交接处，切应力分布也比较复杂，而且存在应力集中现象，为了减小应力集中，常将结合处做成圆角。

另外，由于工字梁翼缘的全部面积都在离中性轴最远处，每一点的正应力都比较大，所以翼缘承受了截面上的大部分弯矩。

3. 圆形截面梁的弯曲切应力

对于圆形截面梁，在矩形截面梁中对切应力方向所做的假设不再适用。由切应力互等定理可知，在截面边缘上各点切应力 τ 的方向必与圆周相切，因此，在水平弦 AB 的两个端点上的切应力的作用线相交于 y 轴上的某点 P，如图 5-11（a）所示。由于对称，AB 中点 C 的切应力作用线必定垂直于弦 AB，因而也通过 P 点。由此可以假设，AB 弦上各点切应力的作用线都通过 P 点。如再假设 AB 弦上各点切应力的垂直分量 τ_y 是相等的，于是对 τ_y 来说，就与对矩形截面所做的假设完全相同，所以可用公式来计算，即

$$\tau_y = \frac{F_S S_z^*}{I_z b} \qquad (5\text{-}26)$$

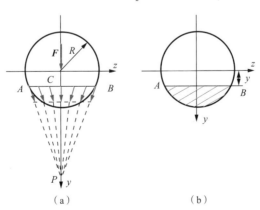

（a）　　　　　　　（b）

图 5-11

式中，b 为 AB 弦的长度；S_z^* 为图 5-11（b）中阴影部分的面积对 z 轴的静矩。

在中性轴上各点处，切应力取得最大值 τ_{max}，且各点处切应力都平行于剪力 F_S，τ_y

就是该点的总切应力。对中性轴上的点有

$$b = 2R, \quad S_z^* = \frac{\pi R^2}{2} \cdot \frac{4R}{3}$$

再将 $I_z = \dfrac{\pi R^4}{4}$ 代入式（5-26）中，得

$$\tau_{\max} = \frac{4}{3} \times \frac{F_S}{\pi R^2} = \frac{4}{3} \times \frac{F_S}{A} \qquad\qquad (5\text{-}27)$$

式中，$\dfrac{F_S}{\pi R^2}$ 是梁横截面上的平均切应力。可见，圆形截面梁横截面上的最大切应力是平均切应力的 $\dfrac{4}{3}$ 倍。

5.3 梁的弯曲强度条件

在一般情况下，梁内同时存在弯曲正应力和切应力，为了保证梁能安全工作，梁最大应力不能超出一定的限度，即梁必须同时满足正应力强度条件和切应力强度条件。

1. 弯曲正应力强度条件

梁发生横力弯曲时，弯矩随截面位置而变化。一般情况下，最大正应力发生在弯矩最大的横截面上，且在距中性轴最远的各点处。而该处的切应力一般为零或很小，因而最大正应力作用点可认为处于单向受力状态。所以，弯曲正应力强度条件为

$$\sigma_{\max} \leqslant [\sigma] \qquad\qquad (5\text{-}28)$$

即要求梁横截面上的最大工作正应力 $\sigma_{\max}$ 不超过材料的许用弯曲正应力 $[\sigma]$。

对于等截面直梁，式（5-28）可改写为

$$\sigma_{\max} = \frac{M_{\max}}{W_z} \leqslant [\sigma] \qquad\qquad (5\text{-}29)$$

式中，$[\sigma]$ 为材料弯曲时的许用正应力，一般以材料的许用拉应力作为其许用弯曲正应力。事实上，由于弯曲与轴向拉伸时杆横截面上的正应力的变化规律不同，材料在弯曲与轴向拉伸时的强度并不相同，因而在某些设计规范中所规定的许用弯曲正应力略高于许用拉应力。关于许用弯曲正应力的数值，在有关的设计规范中均有具体规定。

对抗拉和抗压强度相等的塑性材料（如碳钢）制成的梁，只要绝对值最大的正应力不超过许用应力即可。对抗拉和抗压强度不等的脆性材料（如铸铁）制成的梁，由于梁的最大工作拉应力和最大工作压应力往往并不发生在同一横截面上，且梁横截面的中性轴一般也不是对称轴，因此要求梁的最大工作拉应力和压应力应分别不超过材料的许用拉应力和许用压应力。

利用强度条件，可以对梁进行正应力强度校核、截面选择和确定许用荷载。

2. 弯曲切应力强度条件

等直梁的最大切应力通常发生在最大剪力所在横截面的中性轴上各点处，而该处的弯曲正应力为零，因此，最大弯曲切应力作用点处于纯剪切状态，相应的强度条件为

$$\tau_{\max} = \left(\frac{F_S S_{z\max}^*}{I_z b} \right)_{\max} \leqslant [\tau] \tag{5-30}$$

即要求梁内的最大弯曲切应力 $\tau_{\max}$ 不超过材料在纯剪切时的许用切应力 $[\tau]$。对于等截面直梁，式（5-30）变为

$$\tau_{\max} = \frac{F_{S\max} S_{z\max}^*}{I_z b} \leqslant [\tau] \tag{5-31}$$

在一般细长的非薄壁截面梁中，最大弯曲正应力远大于最大弯曲切应力。因此，对于一般细长的非薄壁截面梁，通常强度的计算由正应力强度条件控制。因此，在选择梁的截面时，一般都按正应力强度条件选择，选好截面后再按切应力强度条件进行校核。但在下述情况下，需要进行梁的弯曲切应力强度校核：①跨度较短的梁或集中荷载作用在支座附近的梁，梁内弯矩较小，而剪力较大；②焊接或铆接的工字梁，如腹板较薄而截面高度很大，以致焊接处切应力较大，易出现剪切破坏；③经焊接、铆接或胶合而成的梁，对焊缝、铆钉或胶合面等，一般要校核剪切强度。

【例 5-2】　如图 5-12（a）所示矩形截面木梁，$b=120\text{m}$，$h=180\text{m}$，$[\sigma]=7\text{MPa}$，$[\tau]=0.9\text{MPa}$，试求最大正应力和最大切应力，并校核梁的强度。

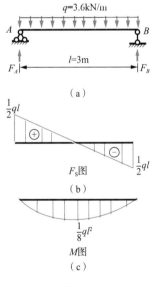

图 5-12

解：（1）绘制梁的剪力图和弯矩图，确定危险截面，如图 5-12（b）、（c）所示。

$$F_{S\max} = \frac{ql}{2} = \frac{3.6 \times 3}{2} = 5.4 \text{(kN)}$$

$$M_{max} = \frac{ql^2}{8} = \frac{3.6 \times 3^2}{8} = 4.05(kN \cdot m)$$

梁的最大正弯矩发生在跨中横截面上，$M_{max} = 4.05(kN \cdot m)$；梁的最大剪力发生在靠近支座 A 和 B 的横截面上，$F_{Smax} = 5.4kN$。

（2）求最大应力并校核。

$$\sigma_{max} = \frac{M_{max}}{W_z} = \frac{6M_{max}}{bh^2} = \frac{6 \times 4.05 \times 10^6}{120 \times 180^2} = 6.25(MPa) < 7(MPa) = [\sigma]$$

$$\tau_{max} = \frac{3}{2} \times \frac{F_{Smax}}{A} = \frac{3 \times 5.4 \times 10^3}{2 \times 120 \times 180} = 0.375(MPa) < 0.9(MPa) = [\tau]$$

故梁满足强度要求。

例 5-3 视频讲解

【例 5-3】 如图 5-13（a）、（b）所示用铸铁制成 T 字形截面外伸梁。已知 $F_1 = 20kN$，$F_2 = 40kN$，$M = 12kN \cdot m$，截面形心坐标 $y_C = 96.4mm$，截面对于 z 轴的惯性矩 $I_z = 1.02 \times 10^8 mm^4$，材料的许用拉应力 $[\sigma_t] = 40MPa$，许用压应力 $[\sigma_c] = 100MPa$。试校该梁的正应力强度。

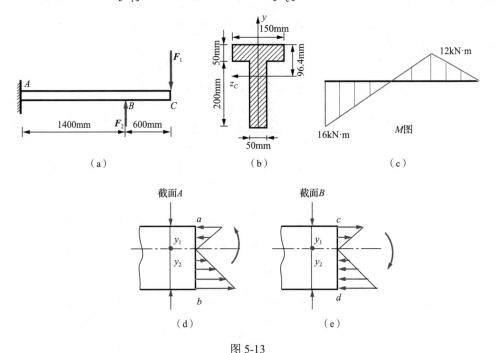

图 5-13

解：（1）绘制弯矩图，判断危险截面。

由于梁的截面不对称于中性轴，且许用拉应力和许用压应力不相等，最大负弯矩的 B 截面上最大压应力作用点到中性轴的距离，比最大正弯矩的 A 截面上最大压应力作用点到中性轴的距离大，所以最大负弯矩的截面上的最大压应力也可能比较大。因此，A 截面和 B 截面都可能是危险截面 [图 5-13（c）]。

（2）根据危险截面上的正应力分布确定可能的危险点。

根据危险截面上弯矩的正负，可以画出 A、B 截面上的正应力分布图[图 5-13（d）、（e）]。从图中可以看出：A 截面上的 b 点和 B 截面上的 c 点都将产生最大拉应力。但是，A 截面上的弯矩值 M_A 大于 B 截面上的弯矩值 M_B，而 b 点到中性轴的距离大于 c 点到中性轴的距离，因此，b 点的拉应力大于 c 点的拉应力。这说明 b 点比 c 点更危险。所以，对于拉应力，只需校核 b 点的强度。

A 截面上的上边缘各点（例如 a 点）和 B 截面上的下边缘各点（例如 d 点）都承受压应力。但 A 截面上的弯矩值 M_A 大于 B 截面上的弯矩值 M_B，而 a 点到中性轴的距离小于 d 点到中性轴的距离。因此，不能判定 a 点和 d 点的压应力的大小。这说明 a 点和 d 点都有可能是危险点。所以对于压应力，a 点和 d 点的强度都需要校核。

（3）计算危险点的正应力，进行强度校核。

A 截面上的下边缘各点（如 b 点）：

$$\sigma_b^+ = \sigma_{max}^+ = \frac{M_A y_2}{I_z} = \frac{16 \times 10^6 \times 153.6}{1.02 \times 10^8} = 24.09(\text{MPa}) < [\sigma_t]$$

A 截面上的上边缘各点（如 a 点）：

$$\sigma_a^- = \frac{M_A y_1}{I_z} = \frac{16 \times 10^6 \times 96.4}{1.02 \times 10^8} = 15.12(\text{MPa}) < [\sigma_c]$$

B 截面上的下边缘各点（如 d 点）：

$$\sigma_d^- = \frac{M_B y_2}{I_z} == \frac{12 \times 10^6 \times 153.6}{1.02 \times 10^8} = 18.07(\text{MPa}) < [\sigma_c]$$

梁上所有危险截面的危险点满足弯曲满足要求，该梁安全。

【例 5-4】 如图 5-14（a）所示为 20a 工字钢制成的简支梁。若 $[\sigma] = 160\text{MPa}$，试确定许用荷载 F。

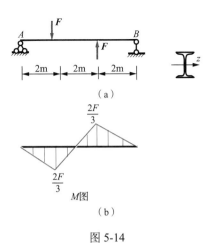

（a）

（b）

图 5-14

解：（1）计算支座反力。由梁的平衡方程求得支座反力为

$$F_A = \frac{F}{3}(\text{kN}) \ , \quad F_B = -\frac{F}{3}(\text{kN})$$

（2）作弯矩图。由弯矩图［图 5-14（b）］可得

$$M_{\max} = \frac{2F}{3}(\text{kN} \cdot \text{m})$$

（3）确定许可荷载 。查附录Ⅱ常用型钢规格表可得

$$W_z = 237 \times 10^{-6}\,\text{m}^3$$

由

$$\sigma_{\max} = \frac{M_{\max}}{W_z} = \frac{2F}{3W_z} \leqslant [\sigma]$$

$$F \leqslant \frac{3}{2}W_z[\sigma] = \frac{3}{2} \times 237 \times 10^{-6} \times 160 \times 10^6 = 56.88(\text{kN})$$

故梁的许用荷载为 56.88kN。

【例 5-5】 如图 5-15 所示简支梁由 3 根木条胶合而成，已知：$[\tau] = 1\text{MPa}$，$[\sigma] = 10\text{MPa}$，$[\tau_{\text{胶}}] = 0.34\text{MPa}$。试确定许用荷载 F。

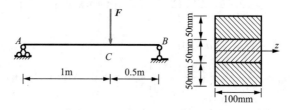

图 5-15

解：（1）计算支座反力。由梁的平衡方程求得支座反力为

$$F_A = \frac{F}{3}(\text{kN}) \ , \quad F_B = -\frac{2F}{3}(\text{kN})$$

（2）由于在集中力作用下的简支梁危险截面在控制截面 C 处，故

$$|F_{\text{S}}|_{\max} = \frac{2F}{3}(\text{kN}) \ , \quad M_{\max} = \frac{F}{3}(\text{kN} \cdot \text{m})$$

（3）确定许用荷载 F。

由弯曲正应力强度条件

$$\sigma_{\max} = \frac{M_{\max}}{W_z} = \frac{F}{3W_z} \leqslant [\sigma]$$

得

$$F \leqslant 3W_z[\sigma] = 3 \times \frac{bh^2}{6} \times [\sigma] = \frac{100 \times 150^2 \times 10}{2 \times 10^3 \times 1000} = 11.25(\text{kN})$$

由弯曲切应力强度条件

$$\tau_{max} = \frac{3}{2}\frac{\left|F_S\right|_{max}}{bh} = \frac{F}{bh} \leqslant [\tau]$$

得

$$F \leqslant [\tau]bh = \frac{1 \times 100 \times 150}{1000} = 15(\text{kN})$$

由胶合面上切应力强度条件

$$\tau_{胶} = \frac{\left|F_S\right|_{max} S_z^*}{I_z b} = \frac{2FS_z^*}{3I_z b} \leqslant [\tau_{胶}]$$

得

$$F \leqslant \frac{3I_z \lfloor \tau_{胶} \rfloor}{2_z^*} = \frac{3 \times \dfrac{100 \times 150^3}{12} \times 100 \times 0.34}{2 \times 100 \times 50 \times 50} = 5.74(\text{kN})$$

故梁的许用荷载为 5.74kN。

5.4　提高梁弯曲强度的措施

前面已指出，在横力弯曲中，控制梁强度的主要因素是梁的最大正应力，所以梁的正应力强度条件

$$\sigma_{max} = \frac{M_{max}}{W} \leqslant [\sigma]$$

是设计梁的主要依据。由上式可见，要提高梁的承载能力，可以从两方面来考虑：一是合理安排梁的受力情况，以降低最大弯矩 M_{max} 的数值；二是采用合理的截面形状，提高弯曲截面系数 W_z 与面积的比值的数值，以达到设计出的梁满足节约材料和安全适用的要求。从以上两方面出发，工程中主要采取以下几个措施。

1. 合理配置梁的荷载和支座

合理安排作用在梁上的荷载，可以降低梁的最大弯矩值。例如，如图 5-16（a）所示，简支梁 AB 在跨中承受集中荷载 F 作用，梁的最大弯矩为 $M_{max} = \dfrac{Fl}{4}$。若在梁的中部设置一长为 $l/2$ 的辅助梁 CD，使集中荷载 F 通过辅助梁再作用到梁上 ［图 5-16（b）］，则梁 AB 内的最大弯矩将减小一半。

同理，合理地设置支座位置，也可以降低梁内的最大弯矩值。例如，简支梁承受均布荷载 q 作用时 ［图 5-17（a）］，如果将梁两端的铰支座各向内移动少许，如移动 0.2l，如图 5-17（b）所示，则后者的最大弯矩仅为前者的 $\dfrac{1}{5}$。

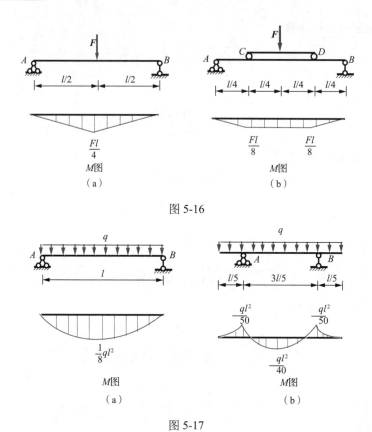

图 5-16

图 5-17

在工程实际中，门式起重机的大梁（图 5-18）、圆柱形容器（图 5-19），其支撑点都略向中间移动，就考虑了降低由荷载和梁自重所产生的最大弯矩。

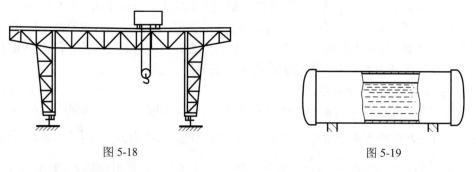

图 5-18

图 5-19

2. 选用合理的截面形状

当弯矩值确定时，横截面上的最大正应力与弯曲截面系数成反比。选择合理的截面，使用较小的截面面积，却能获得较大抗弯截面系数的截面。截面形状和放置位置不同，W_z/A 的值不同，因此，可用比值 W_z/A 来衡量截面的合理性和经济性，比值越大，所采用的截面就越经济合理。由于在常用截面中，W_z 与其高度的平方成正比，因此，尽可能使横截面面积分布在距中性轴较远的地方，即在离中性轴较远的位置配置较多的材料，可提高材料的利用率。因此，在截面面积相同时，环形截面比圆形截面合理，矩形截面比圆形截面合理，矩形截面竖放比横放合理，工字形截面比矩形截面合理。

另外，截面是否合理，还应考虑材料的特性。对抗拉强度和抗压强度相同的材料（如碳钢）制成的梁，宜采用中性轴为其对称轴的截面，如工字形截面、矩形截面、圆形截面和环形截面等，如图 5-20 所示，这样可以使截面上、下边缘处的最大拉应力和最大压应力数值相等，同时接近许用应力。

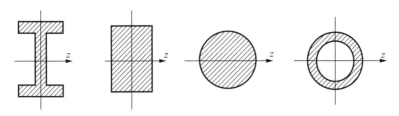

图 5-20

对于抗拉强度低于抗压强度的脆性材料制成的梁（如铸铁），则宜采用不对称于中性轴的截面，且使中性轴偏于受拉一侧，如 T 形截面和槽形截面等，如图 5-21 所示。对这类截面，为使材料得到充分利用，应使最大拉应力和最大压应力同时接近材料的许用拉应力和许用压应力，则 y_1 和 y_2 之比接近于下列关系：

$$\frac{\sigma_{\text{tmax}}}{\sigma_{\text{cmax}}} = \frac{M_{\max}y_1}{I_z} \bigg/ \frac{M_{\max}y_2}{I_z} = \frac{y_1}{y_2} = \frac{[\sigma_\text{t}]}{[\sigma_\text{c}]}$$

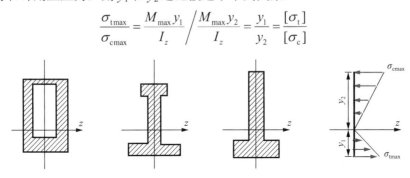

图 5-21

3. 采用变截面梁

在一般情况下，梁的弯矩沿轴线是变化的。因此，在按最大弯矩所设计的等截面梁中，除最大弯矩所在截面外，其余截面的材料强度均未能得到充分利用。因此，在工程实际中，为了减轻梁的自重和节省材料，常根据弯矩沿梁轴线的变化情况，将梁设计成变截面的。在弯矩较大处，采用较大的截面；在弯矩较小处，采用较小的截面。横截面沿梁轴线变化的梁，称为变截面梁。如图 5-22（a）、（c）所示上下加焊盖板的板梁和悬挑梁，就是根据各截面上弯矩的不同而采用的变截面梁。

材料力学

从弯曲强度考虑，理想的变截面梁应该使所有截面上的最大弯曲正应力均相同，且等于许用应力，即

$$\sigma_{\max} = \frac{M(x)}{W(x)} = [\sigma]$$

如果将变截面梁设计为使每个横截面上最大正应力都等于材料的许用应力值，这种梁称为等强度梁。显然，这种梁的材料消耗最少、重量最轻，是最合理的。但实际上，由于其外形复杂，加工难度大，工程中一般采用近似等强度梁的变截面梁。图 5-22（b）、（d）所示的车辆上常用的叠板弹簧、鱼腹梁就是很接近等强度要求的形式。

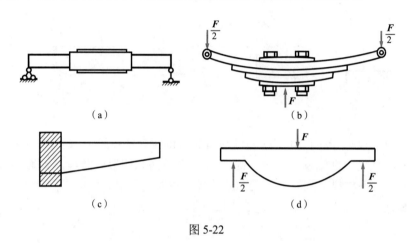

图 5-22

本 章 小 结

1. 梁平面弯曲时，横截面上一般有两种内力——剪力和弯矩，与此相对应的应力也有两种——切应力和正应力。切应力与横截面相切，正应力与横截面垂直。

2. 梁平面弯曲时正应力计算公式为

$$\sigma = \frac{M}{I_z} y$$

正应力在横截面上沿高度呈线性分布。在中性轴处，正应力为零；在截面上、下边缘处，正应力最大。

3. 梁平面弯曲时切应力计算公式为

$$\tau = \frac{F_S S_z^*}{I_z b}$$

这个公式是由矩形截面梁推出的，但也可推广应用于关于梁纵向对称面对称的其他截面形式，如工字形截面梁和 T 形截面梁等。计算不同截面梁的切应力时，应注意代入

相应的 b 和 S_z^*。矩形截面梁的切应力沿截面高度按二次抛物线规律分布，中性轴上各点处的切应力最大。

4. 梁的强度计算中，正应力强度条件和切应力强度条件必须同时满足。它们的计算公式分别为

$$\sigma_{\max} = \frac{M_{\max}}{W_z} \leqslant [\sigma]$$

$$\tau_{\max} = \frac{F_{S\max} S_{z\max}^*}{I_z b} \leqslant [\tau]$$

（矩形截面：$\tau_{\max} = \frac{3}{2} \times \frac{F_{S\max}}{A} \leqslant [\tau]$）

通常情况下，梁的正应力强度条件起控制作用，即满足正应力强度条件时，一般切应力强度条件也能得到满足。因此，在应用强度条件解决强度校核、选取截面和确定许用荷载等问题时，一般都先按正应力强度条件进行计算，然后用切应力强度条件校核。

5. 提高梁弯曲强度的措施主要有：①合理配置梁的荷载和支座；②选用合理的截面形状；③采用变截面梁。

思考与练习题

一、填空题

5-1 平面弯曲中，矩形截面梁正应力的分布规律是＿＿＿。

5-2 应用公式 $\sigma = \dfrac{M}{I_z} y$ 时，必须满足的两个条件是＿＿＿和＿＿＿。

5-3 平面弯曲中，矩形截面梁切应力的分布规律是＿＿＿。

5-4 跨度较短的工字形截面梁，在横力弯曲条件下，危险点可能的位置有＿＿＿。

5-5 提高梁的弯曲强度的措施有＿＿＿。

5-6 边长为 a 的正方形截面梁，按图示两种不同形式放置，在相同弯矩作用下，两者最大正应力之比 $\dfrac{\sigma_{\max}^a}{\sigma_{\max}^b}$ 是＿＿＿。

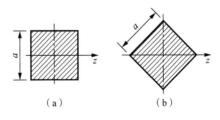

（a）　　　　　（b）

题 5-6 图

二、选择题

5-7 关于公式 $\sigma = \dfrac{M}{I_z}y$，下列表述正确的是（　　）。

A. M 越大，则 σ 越大

B. σ 的大小与梁的截面形状有关

C. σ 的大小与梁的材料有关

D. 矩形截面梁的 σ 沿截面高度按抛物线规律变化

5-8 半径为 r 的圆形截面的弯曲截面系数为（　　）。

A. $\dfrac{\pi r^3}{32}$　　　　B. $\dfrac{\pi r^3}{16}$　　　　C. $\dfrac{\pi r^3}{8}$　　　　D. $\dfrac{\pi r^3}{4}$

5-9 两等直梁横截面上最大正应力相等的条件是（　　）。

A. 最大弯矩和截面面积都相等

B. 最大弯矩和抗弯截面系数都相等

C. 最大弯矩和抗弯截面系数都相等，且材料相同

D. 最大弯矩和截面面积都相等，且材料相同

5-10 梁发生平面弯曲时，其横截面绕（　　）旋转。

A. 梁的轴线　　　　　　　　B. 截面的对称轴

C. 中性轴　　　　　　　　　D. 截面的上、下边缘

5-11 截面弯矩不变，将矩形截面的高减为原来的一半，宽不变，梁的弯曲强度将
（　　）。

A. 提高4倍　　B. 提高2倍　　C. 降低4倍　　D. 降低2倍

5-12 设计钢梁时，宜采用中性轴为（　　）的截面。

A. 对称轴　　　　　　　　　B. 靠近受拉边的非对称轴

C. 靠近受压边的非对称轴　　D. 任意轴

5-13 桥式起重机的主钢梁，设计成两端外伸的外伸梁较简支梁有利，其理由是
（　　）。

A. 减小了梁的最大弯矩值　　B. 减小了梁的最大剪力值

C. 减小了梁的最大挠度值　　D. 增加了梁的抗弯刚度值

5-14 如图所示铸铁制成的简支梁，根据正应力强度，采用（　　）截面形状较合理。

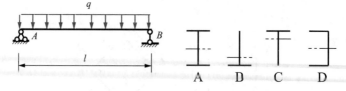

题 5-14 图

三、计算题

5-15 矩形截面简支梁承受均布荷载作用如图所示。已知：矩形截面的宽度

b=200mm，高度 h=300mm，均布荷载集度 q=10kN/m，l=4m。求：梁最大弯矩截面上 1、2 两点处的正应力。

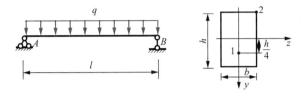

题 5-15 图

5-16　矩形截面简支梁承受均布荷载作用如图所示。已知：l=4m，b=15cm，h=40cm，q=8kN/m，$[\sigma]=10\text{MPa}$，$[\tau]=3\text{MPa}$。试：（1）比较矩形截面木梁横放与竖放时的最大正应力。（2）校核该梁的强度。

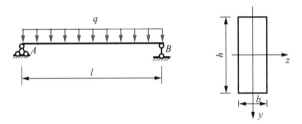

题 5-16 图

5-17　矩形截面悬臂梁如图所示，已知 l=2m，b=120mm，h=180mm，q=2kN/m，$[\sigma]=10\text{MPa}$，$[\tau]=3\text{MPa}$。试校核该梁的强度。

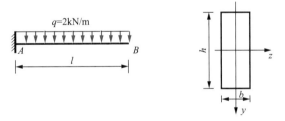

题 5-17 图

5-18　如图所示简支梁承受两个集中力作用，材料的许用应力 $[\sigma]=170\text{MPa}$，试选择工字形钢型号。

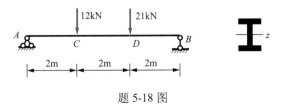

题 5-18 图

5-19 如图所示圆形截面简支梁承受均布荷载作用。已知: $l=4m$, $R=80mm$, $[\sigma]=10MPa$。试确定许用荷载 q。

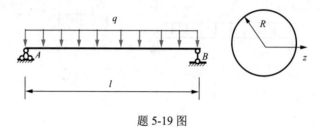

题 5-19 图

5-20 矩形截面悬臂梁如图所示,已知 $l=4m$, $b:h=2:3$, $q=10kN/m$, $[\sigma]=10MPa$。试确定此梁的横截面尺寸。

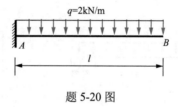

题 5-20 图

5-21 T 形截面简支梁受力与截面尺寸如图所示。已知抗拉许用应力 $[\sigma_t]=100MPa$,抗压许用应力 $[\sigma_c]=180MPa$。试校核该梁是否安全。

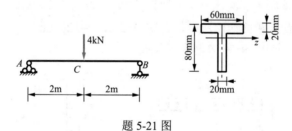

题 5-21 图

第6章

梁弯曲时的位移

在 第4章和第5章中讨论了梁的内力、应力及强度问题，目的是确保梁在荷载的作用下不会被破坏。但是对于某些工程结构中的梁仅仅考虑强度要求是不够的，因为梁在荷载作用下弯曲变形过大，也会影响构件的正常工作。例如，房屋建筑中的梁变形过大，会造成次要结构破坏以及装饰层的开裂、脱落等；吊车梁变形过大，会影响机车运行，出现爬坡现象，还会引起较为严重的振动；铁路桥梁变形过大，会使列车通过时线路不平顺，引起冲击、振动，影响行车。因此梁在满足强度条件的同时，也必须具有足够的刚度，即将梁弯曲时的位移限制在一定的许用值以内。此外，在计算超静定梁和求解梁的动荷载问题时同样需要用到梁的位移计算。

6.1 梁的位移——挠度和转角

本章所讨论的梁的位移是指在梁发生弯曲变形后，其上各横截面的位置改变，包括横截面的移动和转动。如图 6-1 所示，以梁变形之前的轴线为 x 轴，梁 A 端横截面铅垂方向的对称轴为 y 轴，则梁发生弯曲变形后，轴线变成 xy 平面内的曲线 $AC'B$。梁的任意横截面 C 发生两种位移：一种是横截面形心沿 y 轴方向的线位移，称为挠度，记为 y；另一种是横截面相对于其原来位置转过的角度，称为转角，记为 θ。在小变形情况下，横截面形心沿轴向的位移与挠度相比为高阶小量，在材料力学中通常不予考虑。在图 6-1 所示坐标系下，挠度规定以向下为正，向上为负；转角规定以顺时针转向为正，逆时针为负。

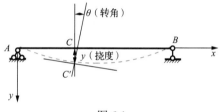

图 6-1

梁发生平面弯曲变形后，它的轴线由原来的直线变为一条平面曲线，称为梁的挠曲线。在线弹性范围内时，挠曲线也称弹性曲线，是一条连续光滑曲线。表示挠曲线的函数关系 $y = f(x)$ 称为挠曲线方程，显然挠曲线方程表达了挠度值随横截面位置变化的规律，即挠曲线方程在某一位置的取值为该位置处横截面的挠度。同理，将横截面的转角与横截面位置之间的函数关系 $\theta = \theta(x)$ 称为转角方程。根据平面假设，梁变形后的横截面仍垂直于挠曲线，因此挠曲线在某位置的切线与梁变形前轴线（x 轴）的夹角即等于相应横截面的转角 θ。转角方程和挠曲线方程并不是相互独立的，在小变形前提下，转角很小时，某横截面的转角就可以用挠曲线在该位置的斜率代替，此时横截面挠度与转角之间存在下列关系：

$$y'(x) = \frac{dy}{dx} = \tan\theta \approx \theta(x) \qquad (6\text{-}1)$$

式（6-1）表明：挠曲线方程对 x 求一阶导数可得到转角方程，因此确定梁位移的关键就在于建立挠曲线方程。

6.2　积分法计算梁的挠度和转角

1. 梁的挠曲线近似微分方程

要计算梁的挠曲线方程，可利用挠曲线的曲率，第 5 章推导梁的正应力公式时，得到了纯弯曲情况下梁轴线的曲率表达式（5-9），即

$$\frac{1}{\rho} = \frac{M}{EI}$$

在横力弯曲时，梁的横截面上除了弯矩还有剪力。细长的横力弯曲梁的剪力对梁位移的影响很小，可以忽略，能够沿用式（5-9）。横力弯曲时曲率 $\frac{1}{\rho}$ 和弯矩 M 都随横截面的位置而变化，都是关于 x 的函数，则式（5-9）可以写为

$$\frac{1}{\rho(x)} = \frac{M(x)}{EI} \qquad (a)$$

从几何方面，平面曲线的曲率与曲线方程导数之间有以下关系：

$$\frac{1}{\rho(x)} = \pm\frac{y''(x)}{\sqrt{[1 + y'^2(x)]^3}} \qquad (b)$$

根据本书中弯矩的正负号规定，当 $M > 0$ 时，梁段发生向下凸的弯曲，由高等数学曲线凹凸性的知识可知此时 $y'' < 0$，如图 6-2（a）所示；反之，当 $M < 0$ 时，$y'' > 0$，如图 6-2（b）所示。即弯矩 $M(x)$ 与 $y''(x)$ 异号。

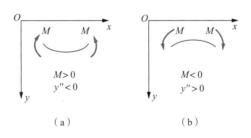

（a）　　　　　　　　　（b）

图 6-2

所以，将式（b）代入式（a）时，式子右边应取负号，得

$$\frac{M(x)}{EI} = -\frac{y''(x)}{\sqrt{[1+y'^2(x)]^3}} \tag{6-2}$$

式（6-2）就是挠曲线方程的微分形式。为了计算方便，将其进行简化，在小变形前提下，挠曲线很平缓，$y'^2(x)$ 远小于 1，可以忽略不计，故式（6-2）变为

$$y''(x) = -\frac{M(x)}{EI} \tag{6-3}$$

式（6-3）称为挠曲线近似微分方程，适用于弹性范围小的挠度弯曲变形计算。这里所说的"近似"包含两个方面的内容：首先在公式推导中略去了剪力 F_S 对变形的影响；其次略去了 $y'^2(x)$ 这一项。对工程中变形比较小的梁，近似微分方程的计算精度是足够的。

2. 积分法

将挠曲线近似微分方程分别积分一次和两次，即可得到梁的转角方程和挠曲线方程。

转角方程
$$\theta(x) = y'(x) = -\int \frac{M(x)}{EI}dx + C \tag{6-4}$$

挠曲线方程
$$y(x) = -\int \left[\int \frac{M(x)}{EI}dx \right]dx + Cx + D \tag{6-5}$$

式中，C 和 D 为积分常数，需要通过梁的边界条件来确定，边界条件分为约束条件和连续条件。

根据梁的支座形式，可以知道支座位置截面的某些挠度和转角值（通常等于零），这些已知位移条件统称为约束条件。例如，图 6-3（a）所示简支梁的两铰支座 A、B 处的挠度 y_A 和 y_B 均应等于零；图 6-3（b）所示悬臂梁的固定端支座 A 处的挠度 y_A 和转角 θ_A 均应等于零。

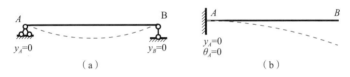

（a）　　　　　　　　　　　（b）

图 6-3

材料力学

在线弹性范围内，梁的挠曲线应是光滑连续曲线，不会有尖角和突变，任一横截面位置只能有唯一确定的挠度和转角数值，即任一横截面左、右两侧的梁段在该截面处应该具有相等的挠度和转角，这就是梁的连续条件。如图 6-4 所示，在集中力 **F** 作用下的 C 截面，左右两侧梁段的弯矩方程虽然不同，但在 C 截面的稍左和稍右处的挠度和转角均相同。

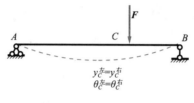

$y_C^{左}=y_C^{右}$
$\theta_C^{左}=\theta_C^{右}$

图 6-4

当梁全段上的弯矩可以用单一的弯矩方程表示时，挠曲线近似微分方程也仅有一个表达式，二次积分的两个积分常数通过约束条件就可以确定；当梁上的荷载不连续时，梁的弯矩方程为分段形式，各个梁段的挠曲线近似微分方程也随之不同，对各梁段的近似微分方程进行积分时，都会出现两个积分常数，确定这些常数除了需要利用支座处的约束条件外，还需利用两相邻梁段在交界截面处的连续条件。

【例 6-1】 图 6-5（a）所示悬臂梁的弯曲刚度 EI 为常量，在自由端 B 处受到集中荷载 **F** 作用，试求梁的挠曲线方程和转角方程，并确定梁的最大挠度 y_{max} 和最大转角 θ_{max}。

例 6-1 视频讲解

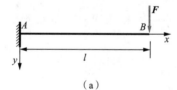

（a）

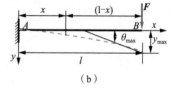

（b）

图 6-5

解：（1）求梁的挠曲线方程和转角方程。在图 6-5 所示坐标系下，梁的弯矩方程为
$$M(x)=-F(l-x) \quad (0<x\leqslant l) \qquad (a)$$
则梁的挠曲线近似微分方程为
$$y''=-\frac{M(x)}{EI}=\frac{F(l-x)}{EI} \qquad (b)$$
对微分方程积分一次，得
$$\theta=y'=\frac{F}{EI}\left(lx-\frac{x^2}{2}\right)+C \qquad (c)$$
对微分方程积分两次，得
$$y=\frac{F}{EI}\left(\frac{lx^2}{2}-\frac{x^3}{6}\right)+Cx+D \qquad (d)$$

120

由梁的边界条件确定积分常数。在 $x=0$ 处，$\theta = 0$，得 $C = 0$。在 $x=0$ 处，$y = 0$，得 $D = 0$。

将 C 和 D 的值代入式（c）和式（d）中，分别得到梁的转角方程和挠曲线方程，转角方程

$$\theta = \frac{Fxl}{EI} - \frac{Fx^2}{2EI} \tag{e}$$

挠曲线方程

$$y = \frac{Fx^2l}{2EI} - \frac{Fx^3}{6EI} \tag{f}$$

（2）求梁的最大挠度 y_{max} 和最大转角 θ_{max}。

由图 6-5（b）可以看出，该梁的 θ_{max} 和 y_{max} 均发生在自由端 B 处，即 $x=l$ 处。由式（e）和式（f）求得

$$\theta_{max} = \theta\,|_{x=l} = \frac{Fl^2}{EI} - \frac{Fl^2}{2EI} = \frac{Fl^2}{2EI}\,(\circlearrowright)$$

$$y_{max} = y\,|_{x=l} = \frac{Fl^3}{2EI} - \frac{Fl^3}{6EI} = \frac{Fl^3}{3EI}(\downarrow)$$

【例 6-2】　图 6-6（a）所示简支梁的弯曲刚度 EI 为常量，受集度为 q 的满跨均布荷载作用，试求其挠曲线方程和转角方程，并确定其最大挠度 y_{max} 和最大转角 θ_{max}。

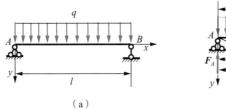
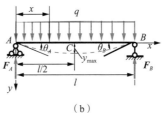

（a）　　　　　　　　　　　（b）

图 6-6

解：（1）求梁的挠曲线方程和转角方程。梁的两支座反力为

$$F_A = F_B = \frac{ql}{2}$$

在图示坐标系下，梁的弯矩方程为

$$M(x) = \frac{ql}{2}x - \frac{1}{2}qx^2 = \frac{q}{2}(lx - x^2) \quad (0 \leqslant x \leqslant l) \tag{a}$$

挠曲线近似微分方程为

$$y'' = -\frac{M(x)}{EI} = -\frac{q}{2EI}(lx - x^2) \tag{b}$$

对微分方程积分一次，得

$$\theta = y' = -\frac{q}{2EI}\left(\frac{lx^2}{2} - \frac{x^3}{3}\right) + C \tag{c}$$

对微分方程积分两次，得

$$y = -\frac{q}{2EI}\left(\frac{lx^3}{6} - \frac{x^4}{12}\right) + Cx + D \tag{d}$$

由梁的边界条件确定积分常数。在 $x=0$ 处，$y=0$，得 $D=0$。在 $x=l$ 处，$y=0$，得 $C = \dfrac{ql^3}{24EI}$。

将 C 和 D 的值代入式（c）和式（d），得到转角方程和挠曲线方程分别为

转角方程

$$\theta = \frac{q}{24EI}(l^3 - 6lx^2 + 4x^3) \tag{e}$$

挠曲线方程

$$y = \frac{qx}{24EI}(l^3 - 2lx^2 + x^3) \tag{f}$$

（2）求梁的最大挠度 y_{max} 和最大转角 θ_{max}。根据梁的对称性可知，两支座处的转角 θ_A 及 θ_B 的绝对值相等，且为最大值，如图 6-6（b）所示。将 $x=0$（或 $x=l$）代入式（e），得

$$\theta_{max} = \theta_A = |\theta_B| = \frac{ql^3}{24EI}$$

θ_A 为正值，横截面 A 顺时针方向转动；θ_B 为负值，横截面 B 逆时针转动。

如图 6-6（b）所示，梁的最大挠度发生在梁跨中点处，将 $x=l/2$ 代入式（f），得

$$y_{max} = y|_{x=l/2} = \frac{\frac{ql}{2}}{24EI}\left[l^3 - 2l \times \left(\frac{l}{2}\right)^2 + \left(\frac{l}{2}\right)^3\right] = \frac{5ql^4}{384EI}(\downarrow)$$

【例 6-3】 图 6-7（a）所示简支梁的弯曲刚度 EI 为常量，D 截面处受集中荷载 F 作用，D 截面到两支座的距离 $a>b$，试求梁的挠曲线方程和转角方程，并确定梁的最大挠度 y_{max} 和最大转角 θ_{max}。

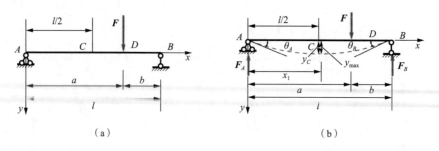

（a）　　　　　　　　　　　　　　（b）

图 6-7

解：（1）求梁的挠曲线方程和转角方程。由平衡条件可得梁的两个支座反力为

$$F_A = F\frac{b}{l} \tag{a}$$

$$F_B = F\frac{a}{l} \tag{a'}$$

在图示坐标系下，梁的弯矩方程为

$$M_1(x) = F_A x = F\frac{b}{l}x \qquad (0 \leqslant x \leqslant a) \tag{b}$$

$$M_2(x) = F_A x - F(x-a) = F\frac{b}{l}x - F(x-a) \qquad (a \leqslant x \leqslant l) \tag{b'}$$

为后面确定积分常数方便，不要把 $M_2(x)$ 中的 $F(x-a)$ 展开。分别对两梁段的挠曲线近似微分方程积分，结果见表 6-1。

表 6-1

左梁段 $(0 \leqslant x \leqslant a)$	右梁段 $(a \leqslant x \leqslant l)$
挠曲线近似微分方程为	挠曲线近似微分方程为
$$y_1'' = -\frac{M_1(x)}{EI} = -\frac{Fb}{lEI}x \tag{c}$$	$$y_2'' = -M_2(x) = -\frac{Fb}{lEI}x + \frac{F}{EI}(x-a) \tag{c'}$$
积分一次：	积分一次：
$$\theta_1 = -\frac{Fbx^2}{2lEI} + C_1 \tag{d}$$	$$\theta_2 = -\frac{Fbx^2}{2lEI} + \frac{F(x-a)^2}{2EI} + C_2 \tag{d'}$$
再积分一次：	再积分一次：
$$y_1 = -\frac{Fbx^3}{6lEI} + C_1 x + D_1 \tag{e}$$	$$y_2 = -\frac{Fbx^3}{6lEI} + \frac{F(x-a)^3}{6EI} + C_2 x + D_2 \tag{e'}$$

由交界截面的连续条件得到积分常数间的关系：

在 $x=a$ 处，$\theta_1 = \theta_2$，得 $C_1 = C_2$。在 $x=a$ 处，$y_1 = y_2$，得 $D_1 = D_2$。

再由支座处的约束条件确定积分常数：在 $x=0$ 处，$y_1 = 0$，得 $D_1 = D_2 = 0$。在 $x=l$ 处，$y_2 = 0$，得 $C_2 = C_1 = \dfrac{Fb}{6lEI}(l^2 - b^2)$。

将 C_1、C_2、D_1、D_2 的值代入式（d）、式（d'）和式（e）、式（e'）得两段梁的转角方程和挠曲线方程如表 6-2 所示。

表 6-2

左梁段 $(0 \leqslant x \leqslant a)$	右梁段 $(a \leqslant x \leqslant l)$
转角方程：	转角方程：
$$\theta_1 = \frac{Fb}{2lEI}\left[\frac{1}{3}(l^2 - b^2) - x^2\right] \tag{f}$$	$$\theta_2 = \frac{Fb}{2lEI}\left[\frac{l}{b}(x-a)^2 - x^2 + \frac{1}{3}(l^2 - b^2)\right] \tag{f'}$$
挠曲线方程：	挠曲线方程：
$$y_1 = \frac{Fbx}{6lEI}\left[l^2 - b^2 - x^2\right] \tag{g}$$	$$y_2 = \frac{Fb}{6lEI}\left[\frac{l}{b}(x-a)^3 - x^3 + (l^2 - b^2)x\right] \tag{g'}$$

（2）求梁的最大挠度 $y_{\max}$ 和最大转角 $\theta_{\max}$。左、右两支座处截面的转角分别为

$$\theta_A = \theta_1 \mid_{x=0} = \frac{Fb(l^2 - b^2)}{6lEI} = \frac{Fab(l+b)}{6lEI} (\circlearrowright) \tag{h}$$

$$\theta_B = \theta_2 \mid_{x=l} = -\frac{Fab(l+a)}{6lEI} (\circlearrowleft) \tag{i}$$

根据图 6-7（b）所示梁的挠曲线大致形状，可知当 $a > b$ 时，最大转角 $\theta_{\max}$ 发生在 B 端截面处，其值为

$$\theta_{\max} = |\theta_B| = \frac{Fab(l+a)}{6lEI}$$

根据图 6-7（b）还可知，最大挠度 $y_{\max}$ 应发生在 AD 段的挠曲线方程导数 $\theta_1 = 0$ 处，令 $\theta_1 = 0$，得

$$x_1 = \sqrt{\frac{l^2 - b^2}{3}} = \sqrt{\frac{a(a+2b)}{3}} \tag{j}$$

将 x_1 的表达式（j）代入左段梁的挠曲线方程（g），得

$$y_{\max} = y_1 \mid_{x=x_1} = \frac{Fb}{9\sqrt{3}lEI}\sqrt{(l^2 - b^2)^3}(\downarrow)$$

讨论：在本例题中，集中荷载 F 越靠近 B 支座，b 值越小，梁发生最大挠度的点离梁跨中点越远，且梁上最大挠度与跨中的挠度差也越大。当集中荷载 F 非常靠近 B 支座时，b 值很小，b^2 和 l^2 相比可略去不计，则有

$$y_{\max} \approx \frac{Fbl^2}{9\sqrt{3}EI} = 0.0642\frac{Fbl^2}{EI}$$

此时梁跨中点 C 处截面挠度 y_C ［图 6-7（b）］为

$$y_C = y_1 \mid_{x=l/2} = \frac{Fb}{48EI}(3l^2 - 4b^2) \approx \frac{Fbl^2}{16EI} = 0.0625\frac{Fbl^2}{EI}$$

由此可见，在集中荷载作用于右支座附近这种极限情况下，跨中挠度与最大挠度也只相差不到 3%。因此，若简支梁的挠曲线上没有拐点，即可以近似地用跨中挠度代替最大挠度，精度可以满足一般工程计算的要求。

一种常见情况：当集中荷载 F 作用于简支梁的跨中时（$a=b=l/2$），最大转角 $\theta_{\max}$ 和最大挠度 $y_{\max}$ 分别为

$$\theta_{\max} = \theta_A = |\theta_B| = \frac{Fl^2}{16EI} (\circlearrowright)$$

$$y_{\max} = y_C = \frac{Fl^3}{48EI}(\downarrow)$$

6.3　叠加法计算梁的挠度和转角

上节介绍的积分法是计算梁的位移的基本方法，优点是可以得到整个梁的挠曲线方程和转角方程。但是在工程实际中往往只需要计算梁的某些特定截面的挠度和转角，而并不需要求出整个梁的挠曲线方程，这种情况下积分法就显得烦琐。尤其是当梁上作用的荷载情况比较复杂时，用积分法求解时要分段进行，计算量很大。为此，本节介绍计算梁的位移的另一种方法——叠加法。

梁的变形处于线弹性范围内，且为小变形时，其挠曲线近似微分方程式（6-3）表明梁的挠度和转角均与荷载呈线性关系。因此当梁上同时作用有多个荷载时，任意截面的位移将等于每个荷载单独作用所引起的该截面位移的代数和。通过这一原理计算梁的位移的方法称为叠加法。

将常见单跨静定梁在单一荷载作用下的挠度和转角算出，作为公式列入表 6-3 中，以供用叠加法计算梁的位移时运用。

【例 6-4】　如图 6-8 所示简支梁，已知 EI 为常量。试用叠加法求跨中截面 C 的挠度 y_C 和 B 端截面的转角 θ_B。

解：将题中荷载视为图 6-9 三种荷载情况的叠加。

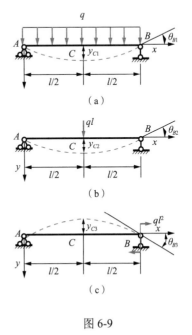

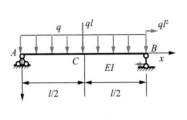

图 6-8　　　　　　　　　　　图 6-9

表 6-3

序号	梁的计算简图	挠曲线方程	端截面转角	挠度
1		$y = \dfrac{Mx^2}{2EI}$	$\theta_B = \dfrac{Ml}{EI}$	$y_B = \dfrac{Ml^2}{2EI}$
2		$y = \dfrac{Mx^2}{2EI}\ (0 \leq x \leq a)$ $y = \dfrac{Ma}{EI}\left(x - \dfrac{a}{2}\right)\ (a \leq x \leq l)$	$\theta_B = \dfrac{Ma}{EI}$	$y_B = \dfrac{Ma}{EI}\left(l - \dfrac{a}{2}\right)$
3		$y = \dfrac{Fx^2}{6EI}(3l - x)$	$\theta_B = \dfrac{Fl^2}{2EI}$	$y_B = \dfrac{Fl^3}{3EI}$
4		$y = \dfrac{Fx^2}{6EI}(3a - x)\ (0 \leq x \leq a)$ $y = \dfrac{Fa^2}{6EI}(3x - a)\ (a \leq x \leq l)$	$\theta_B = \dfrac{Fa^2}{2EI}$	$y_B = \dfrac{Fa^2}{6EI}(3l - a)$
5		$y = \dfrac{qx^2}{24EI}(x^2 - 4lx + 6l^2)$	$\theta_B = \dfrac{ql^3}{6EI}$	$y_B = \dfrac{ql^4}{8EI}$
6		$y = \dfrac{Mx}{6EIl}(l - x)(2l - x)$	$\theta_A = \dfrac{Ml}{3EI}$ $\theta_B = -\dfrac{Ml}{6EI}$	$x = \left(1 - \dfrac{1}{\sqrt{3}}\right)l$ $y_{max} = \dfrac{Ml^2}{9\sqrt{3}EI}$ $y_{l/2} = \dfrac{Ml^2}{16EI}$

续表

序号	梁的计算简图	挠曲线方程	端截面转角	挠度
7		$y = \dfrac{Mx}{6EIl}(l^2 - x^2)$	$\theta_A = \dfrac{Ml}{6EI}$ $\theta_B = -\dfrac{Ml}{3EI}$	$x = \dfrac{l}{\sqrt{3}}$ $y_{\max} = \dfrac{Ml^2}{9\sqrt{3}EI}$ $y_{l/2} = \dfrac{Ml^2}{16EI}$
8		$y = -\dfrac{Mx}{6EIl}(l^2 - 3b^2 - x^2)$ $(0 \le x \le a)$ $y = \dfrac{M(l-x)}{6EIl}\left[l^2 - 3a^2 - (l-x)^2\right]$ $(a \le x \le l)$	$\theta_A = -\dfrac{M}{6EIl}(l^2 - 3b^2)$ $\theta_B = -\dfrac{M}{6EIl}(l^2 - 3a^2)$	$y_{\max 1} = -\dfrac{M\left(l^2 - 3b^2\right)^{\frac{3}{2}}}{9\sqrt{3}EIl}$ $\left(在 x = \dfrac{1}{\sqrt{3}}\sqrt{l^2 - 3b^2}\, 处\right)$ $y_{\max 2} = \dfrac{M\left(l^2 - 3a^2\right)^{3/2}}{9\sqrt{3}EIl}$ $\left(在 x = \dfrac{1}{\sqrt{3}}\sqrt{l^2 - 3a^2}\, 处\right)$
9		$y = \dfrac{Fx}{48EI}(3l^2 - 4x^2)$ $(0 \le x \le l/2)$ $y = \dfrac{F(l-x)}{48EI}(-l^2 + 8lx - 4x^2)$ $\left(\dfrac{l}{2} \le x \le l\right)$	$\theta_A = \dfrac{Fl^2}{16EI}$ $\theta_B = -\dfrac{Fl^2}{16EI}$	$y_{\max} = \dfrac{Fl^3}{48EI}$
10		$y = \dfrac{Fbx}{6EIl}(l^2 - b^2 - x^2)$ $(0 \le x \le a)$ $y = \dfrac{Fb}{6EIl}\left[\dfrac{l}{b}(x-a)^3 + (l^2 - b^2)x - x^3\right]$ $(a \le x \le l)$	$\theta_A = \dfrac{Fab(l+b)}{6EIl}$ $\theta_B = -\dfrac{Fab(l+a)}{6EIl}$	当 $a > b$ 时,在 $x = \sqrt{\dfrac{l^2 - b^2}{3}}$ 处, $y_{\max} = \dfrac{Fb}{9\sqrt{3}EIl}\left(l^2 - b^2\right)^{3/2}$ $y_{l/2} = \dfrac{Fb}{48EI}\left(3l^2 - 4b^2\right)$
11		$y = \dfrac{qx}{24EI}(l^3 - 2lx^2 + x^3)$	$\theta_A = \dfrac{ql^3}{24EI}$ $\theta_B = -\dfrac{ql^3}{24EI}$	$y_{\max} = \dfrac{5ql^4}{384EI}$

续表

序号	梁的计算简图	挠曲线方程	端截面转角	挠度
12		$y = -\dfrac{Fax}{6EIl}(l^2 - x^2)$ $(0 \le x \le l)$ $y = \dfrac{F(x-l)}{6EI}\big[a(3x-l)-(x-l)^2\big]$ $(l \le x \le l+a)$	$\theta_A = -\dfrac{Fal}{6EI}$ $\theta_B = \dfrac{Fal}{3EI}$ $\theta_C = \dfrac{Fa}{6EI}(2l+3a)$	在 $x = \dfrac{l}{\sqrt{3}}$ 处, $y_{1max} = \dfrac{Fal^2}{9\sqrt{3}EI}$ $y_{2max} = y_C = \dfrac{Fa^2(l+a)}{3EI}$
13		$y = -\dfrac{Mx}{6EIl}(l^2 - x^2)$ $(0 \le x \le l)$ $y = \dfrac{M}{6EI}(3x^2 - 4lx + l^2)$ $(l \le x \le l+a)$	$\theta_A = -\dfrac{Ml}{6EI}$ $\theta_B = \dfrac{Ml}{3EI}$ $\theta_C = \dfrac{M}{3EI}(l+3a)$	在 $x = \dfrac{l}{\sqrt{3}}$ 处, $y_{1max} = \dfrac{Ml^2}{9\sqrt{3}EI}$ $y_{2max} = y_C = \dfrac{Ma(2l+3a)}{6EI}$
14		$y = -\dfrac{qa^2x}{12EIl}(l^2 - x^2)$ $(0 \le x \le l)$ $y = \dfrac{q}{24EI}\big[2a^2(3x^2 - 4xl + l^2) - (x-l)^3(4a+l-x)\big]$ $(l \le x \le l+a)$	$\theta_A = -\dfrac{qa^2l}{12EI}$ $\theta_B = \dfrac{qa^2l}{6EI}$ $\theta_C = \dfrac{qa^2}{6EI}(l+a)$	在 $x = \dfrac{l}{\sqrt{3}}$ 处, $y_{1max} = \dfrac{qa^2l^2}{18\sqrt{3}EI}$ $y_{2max} = y_C = \dfrac{qa^3}{24EI}(3a+4l)$

查表 6-3 得三种情形下 C 截面的挠度和 B 截面的转角。

$$y_{C1} = \frac{5ql^4}{384EI} , \quad \theta_{B1} = -\frac{ql^3}{24EI}$$

$$y_{C2} = \frac{ql^4}{48EI} , \quad \theta_{B2} = -\frac{ql^3}{16EI}$$

$$y_{C3} = -\frac{ql^4}{16EI} , \quad \theta_{B3} = \frac{ql^3}{3EI}$$

应用叠加法，将上述结果求和得

$$y_C = y_{C1} + y_{C2} + y_{C3} = \frac{5ql^4}{384EI} + \frac{ql^4}{48EI} - \frac{ql^4}{16EI} = -\frac{11ql^4}{384EI}$$

$$\theta_B = \theta_{B1} + \theta_{B2} + \theta_{B3} = -\frac{ql^3}{24EI} - \frac{ql^3}{16EI} + \frac{ql^3}{3EI} = \frac{11ql^3}{48EI}$$

【例 6-5】　如图 6-10 所示简支梁，已知 EI 为常量。试用叠加法求跨中截面 C 的挠度 y_C 和两端截面的转角 θ_A 及 θ_B。

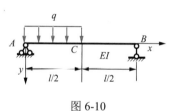

图 6-10

解：为了能利用表 6-3 中简单荷载作用下梁的挠度和转角的计算公式，将题中荷载视为图 6-11 两种荷载的叠加。

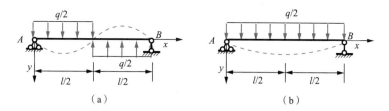

（a）　　　　　　　　　　　　　（b）

图 6-11

在集度为 $q/2$ 的正对称均布荷载作用下 [图 6-11（b）]，查表 6-3 中有关梁的挠度和转角的公式，得

$$y_{C1} = \frac{5\left(\dfrac{q}{2}\right)l^4}{384EI} = \frac{5ql^4}{768EI}$$

$$\theta_{A1} = \frac{\left(\dfrac{q}{2}\right)l^3}{24EI} = \frac{ql^3}{48EI}$$

$$\theta_{B1} = -\frac{\left(\dfrac{q}{2}\right)l^3}{24EI} = -\frac{ql^3}{48EI}$$

在集度为 $q/2$ 的反对称均布荷载作用下［图 6-11（a）］，挠曲线也是反对称的。注意到跨中截面不仅挠度为零，而且该截面上的弯矩也为零，但转角不等于零，因此可将左半跨梁 AC 和右半跨梁 CB 分别视为受集度为 $q/2$ 的均布荷载作用而跨长为 $l/2$ 的简支梁。查表 6-3 中有关梁的挠度和转角的公式，得

$$\theta_{A2} = \theta_{B2} = \frac{\left(\dfrac{q}{2}\right)\left(\dfrac{l}{2}\right)^3}{24EI} = \frac{ql^3}{384EI}$$

叠加得

$$y_C = y_{C1} + y_{C2} = \frac{5ql^4}{768EI} + 0 = \frac{5ql^4}{768EI}$$

$$\theta_A = \theta_{A1} + \theta_{A2} = \frac{ql^3}{48EI} + \frac{ql^3}{384EI} = \frac{3ql^3}{128EI}$$

$$\theta_B = \theta_{B1} + \theta_{B2} = -\frac{ql^3}{48EI} + \frac{ql^3}{384EI} = -\frac{7ql^3}{384EI}$$

6.4 梁的刚度条件及提高梁刚度的措施

1. 梁的刚度计算

工程中的梁，除了必须满足强度条件以外，往往还需要满足刚度条件，即将变形限制在允许范围内，以保证满足工作要求。对于梁的挠度，通常用梁的挠度与跨长之比作为指标来进行限制；而对于梁的转角，通常规定一个许可值。梁的刚度条件为

$$\frac{y_{max}}{l} \leqslant \left[\frac{y}{l}\right] \tag{6-6}$$

$$\theta_{max} \leqslant [\theta] \tag{6-7}$$

式中，$\left[\dfrac{y}{l}\right]$ 为许可的挠度与跨长之比（简称许可挠跨比）；$[\theta]$ 为许可转角。

【例 6-6】 如图 6-12 所示工字钢悬臂梁，跨度 $l=4\text{m}$，工字钢型号为 I 25a，均布荷载 $q=5\text{kN/m}$。已知钢材的许用应力 $[\sigma]=170\text{MPa}$，许可挠跨比 $\left[\dfrac{y}{l}\right]=\dfrac{1}{250}$，材料的弹性模量 $E=210\text{GPa}$，试校核梁的强度与刚度。

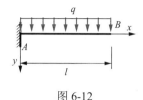

图 6-12

例 6-6 视频讲解

解：从型钢规格表中查得，$W_z = 402\text{cm}^3$，$I_z = 5020\text{cm}^4$。

（1）强度校核。固定端截面 A 上有最大弯矩，得

$$M_{\max} = \frac{ql^2}{2} = \frac{1}{2} \times 5 \times 4^2 = 40(\text{kN} \cdot \text{m})$$

$$\sigma_{\max} = \frac{M_{\max}}{W_z} = \frac{40 \times 10^6}{402 \times 10^3} = 99.5(\text{MPa}) < [\sigma]$$

故梁满足强度要求。

（2）刚度校核。由 $\left[\dfrac{y}{l}\right] = \dfrac{1}{250}$，得

$$[y] = \frac{l}{250} = \frac{4 \times 10^3}{250} = 16(\text{mm})$$

该梁最大挠度发生在自由端 B 截面处，查表 6-3 得

$$y = \frac{ql^4}{8EI} = \frac{5 \times 4000^4}{8 \times 210 \times 10^3 \times 5020 \times 10^4} = 15.2(\text{mm}) < [y]$$

故梁满足刚度要求。

所以，该梁既满足强度条件又满足刚度条件。

2. 提高梁刚度的措施

由前两节的内容可知，梁的挠度和转角与梁的支承情况、荷载情况、梁的弯曲刚度 EI、跨长 l 等有关。因此可以采取以下措施来减小梁的位移。

1）选择合理截面形状，增大梁的弯曲刚度 EI

从形式上看，要增大梁的弯曲刚度 EI，可以从增大弹性模量或截面的惯性矩来实现。但需要指出，很多工程材料在强度等级不同时弹性模量 E 却大致相当。例如，不同牌号钢材的弹性模量 E 大致相同，故采用高强钢材对提高梁的刚度并无明显作用。因此，工程中通常采用改变截面形状以增大惯性矩来达到增大弯曲刚度 EI 的目的。在横截面面积不变的前提下，应采用面积分布尽可能离中性轴较远的截面形状，例如采用工字形截面和箱形截面。

2）调整跨长或改变结构体系，减小弯矩

设法缩短跨长，将显著减小梁的位移值。例如，与简支梁相比，通常采用外伸梁来减小跨长。图 6-13 所示跨长为 l 的简支梁受集度为 q 的满跨均布荷载作用，最大挠度出现在跨中，其值为

$$y_{\max} = \frac{5ql^4}{384EI} = 0.0130\frac{ql^4}{EI}$$

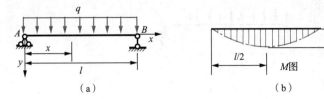

图 6-13

如果将两个铰支座分别向内移一定距离 $a=0.207l$，成为图 6-14 所示的外伸梁，则跨中挠度减小为

$$y_{max} = y_C = \frac{5q(l-2a)^4}{384EI} - 2 \times \frac{\left(\frac{qa^2}{2}\right)(l-2a)^2}{16EI} = 0.000616\frac{ql^4}{EI}$$

而此时外伸端 D 和 E 的挠度也仅为

$$y_D = y_E = \frac{qa^4}{8EI} - \frac{q(l-2a)^3}{24EI} \times a + \frac{\left(\frac{qa^2}{2}\right)(l-2a)}{2EI} \times a = -0.000207\frac{ql^4}{EI}$$

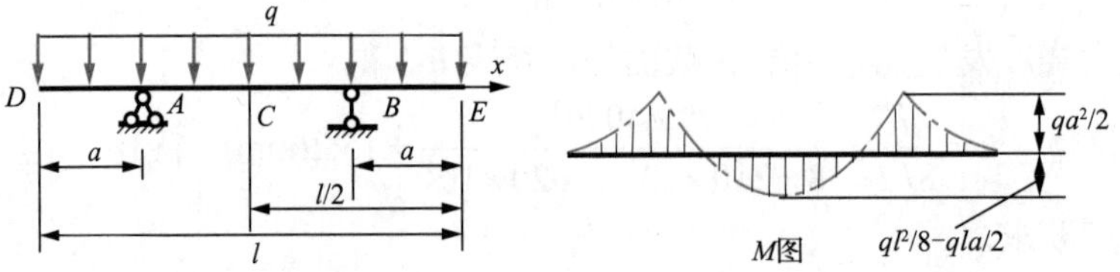

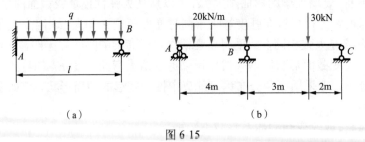

图 6-14

改变结构体系来提高梁的刚度，主要是指增加梁的支座约束。例如，在悬臂梁的自由端处增加一个铰支座 [图 6-15（a）]，又如在简支梁中增加一个铰支座 [图 6-15（b）]。但采取这种措施后，会使静定梁成为超静定梁。关于超静定梁的解法将在结构力学中介绍。

图 6 15

本 章 小 结

1. 梁的挠度和转角。梁的横截面发生两种位移：一种是横截面形心垂直于轴线的线位移，称为挠度，记为 y；另一种是横截面相对于原来的位置转过的角度，称为转角，记为 θ。挠度规定以向下为正，向上为负；转角规定以顺时针转向为正，逆时针为负。

2. 积分法计算梁的挠度和转角。将挠曲线近似微分方程 $y''(x) = -\dfrac{M(x)}{EI}$ 分别积分一次和两次，通过梁的边界条件来确定积分常数，即可得到梁的转角方程和挠曲线方程。

3. 叠加法计算梁的挠度和转角。当梁上同时作用有多个荷载时，任意截面的位移等于每个荷载单独作用所引起的该截面位移的代数和。

4. 梁的刚度条件：$\dfrac{y_{\max}}{l} \leqslant \left[\dfrac{y}{l}\right]$；$\theta_{\max} \leqslant [\theta]$。

5. 提高梁刚度的措施：选择合理截面形状，增大梁的弯曲刚度 EI；调整跨长和改变结构体系，减小弯矩。

思考与练习题

一、填空题

6-1 梁的横截面发生两种位移：一种是＿＿＿＿，另一种是＿＿＿＿。

6-2 提高梁刚度的措施有＿＿＿＿和＿＿＿＿。

二、计算题

6-3 外伸梁受力如图所示，试用积分法求 C 处和 D 处的挠度。设 EI 为常数。

6-4 桥式起重机大梁的自重简化为均布荷载，集度为 q。作用于跨中点的吊重视为集中力 F。试用叠加法求大梁跨中点的挠度。

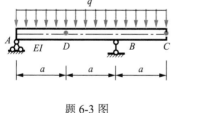

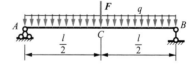

题 6-3 图　　　　　　　　　　　　　题 6-4 图

6-5 承受均布荷载的简支梁如图所示。已知 $l=6\text{m}$，$q=4\text{kN/m}$，$\left[\dfrac{y}{l}\right] = \dfrac{1}{400}$，梁采用 22a 工字钢，其弹性模量 $E = 2 \times 10^5 \text{MPa}$。试校核梁的刚度。

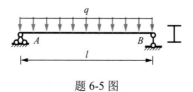

题 6-5 图

第7章

应力状态和强度理论简介

由前几章讨论过的几种基本变形横截面上的应力分布规律可知，同一截面上的不同位置处通常具有不同的应力值，而过同一位置的不同方位上的应力也不同。前述章节计算基本变形杆件的应力和建立强度条件时，均是取杆件横截面来进行研究，但实际工程中很多构件处于多种变形的组合下，其最大应力不一定在横截面上，而且对于不同种类的材料其破坏准则也是不同的。本章将学习如何分析构件内部各点处的应力状态，以及可用于各种应力状态的常用强度理论。

7.1 应力状态概述

1. 应力状态的概念

不同材料的构件，在不同的受力情况下，并不都沿着横截面发生破坏。例如，铸铁在轴向拉伸时沿着横截面发生破坏，轴向压缩时却是沿着斜截面破坏。又如，低碳钢圆轴在扭转时沿着横截面发生破坏，铸铁圆轴扭转破坏却发生在约 45° 的螺旋面上。这些现象说明，构件不同方位截面上的应力各不相同。因此，构件内的应力是随点的位置和所研究方向而变化的。把构件内某点处不同方位上的应力情况的集合，称为该点的应力状态。应力状态分析为各种变形时的强度问题的计算提供理论基础。

为了表达构件内某点的应力状态，通常围绕该点取出一个无限小的正六面体，这个六面体称为单元体。在单元体各面上标上相应的应力，称为应力单元体。由于单元体的三个方向的尺寸都是无穷小量，可以认为单元体各面上的应力均匀分布，因此在应力单元体的每个面上可以各用一个法向和切向的箭头来分别表达该面上的正应力 σ 和切应力 τ，并在箭头旁标出符号名称或数值，如图 7-1 所示。其中，正应力 σ 的下标为所在平面的法向；切应力 τ 采用双下标，第一个下标为所在平面的法向，第二个下标为该切应力的方向。应力数值的正负规定：正应力以拉应力为正，压应力为负；切应力以使单元体产生顺时针方向转动趋势时为正，逆时针方向转动趋势时为负。由变形固体的基本假设可知，同种材料组成的构件内部的应力是连续分布的，又因为单元体的尺寸是无穷小量，可以推知应力单元体相平行的一对平面上的应力值是相等的（在应力单元体上表现为大小相等，方向相反）。

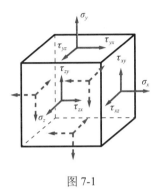

图 7-1

2. 主平面和主应力的概念

若过一点的某平面方向上的切应力为零，则此平面称为该位置的主平面。主平面上的正应力称为主应力。过一点处总能找到三个相互垂直的主平面，完全由过一点处的主平面组成的单元体称为该点的主应力单元体。三个主应力用 σ_1、σ_2、σ_3 表示，并按代数值由大到小排列。例如，某点的三个主应力数值分别为 5MPa、–90MPa、10MPa，则三个主应力的排列为 $\sigma_1 = 10\text{MPa}$，$\sigma_2 = 5\text{MPa}$，$\sigma_3 = -90\text{MPa}$。

3. 应力状态的分类

根据一点的三个主应力是否等于零，将应力状态分为三类：如有一个方向的主应力不为零，称为单向应力状态 [图 7-2（a）]；如有两个方向的主应力不为零，称为二向应力状态 [图 7-2（b）]；如三个方向的主应力均不为零，则称为三向应力状态 [图 7-2（c）]。其中，单向应力状态又称简单应力状态，二向应力状态和三向应力状态统称为复杂应力状态。

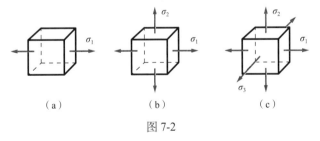

图 7-2

若某点的应力单元体有一个方向的平面上的正应力和切应力均为零，则该点至少有一个主应力为零，此时属单向或二向应力状态，所有不等于零的应力分量都可以表示在与该方向垂直的同一个坐标平面内，因此单向应力状态和二向应力状态可统称为平面应力状态。此时的应力单元体可以不必画成立方体，而简单用正方形的平面形式来表达，在其四边上分别标上相应的应力。此时，切应力符号 τ 的双下标中的第二个下标可以省略不写。例如,如图 7-3(a)所示应力单元体,由于 z 方向平面上无应力,属平面应力状态,可将单元体画成图 7-3(b)所示的平面形式。

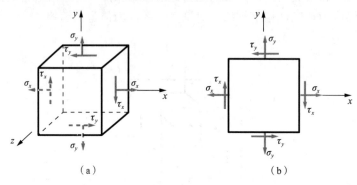

图 7-3

【例 7-1】 承受集中力作用的矩形截面简支梁如图 7-4(a)所示。取梁的 1—1 截面处的 1、2、3、4、5 各点,其中,点 1 和点 5 分别位于上、下边缘,点 3 位于中性轴处。试分别画出五个点处以梁的横向和纵向取出的应力单元体,并标明各应力的方向。

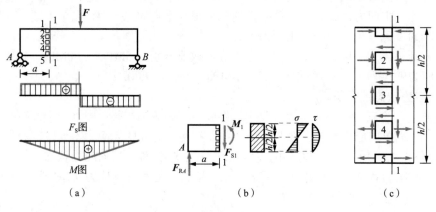

图 7-4

解:1—1 截面上存在剪力和弯矩,所以截面上存在着正应力和切应力。正应力沿着截面高度呈直线分布,中性轴处等于零 [图 7-4(b)]。从弯矩图中看出,1—1 截面上的弯矩为正值 [图 7-4(a)],所以中性轴以上为压应力,中性轴以下为拉应力。所以,1、2 点的应力单元体的左右两侧的正应力为压应力,4、5 点的应力单元体的左右两侧的正应力为拉应力,3 点位于中性轴处,其应力单元体的左右两侧正应力为零。

切应力沿截面高度按抛物线规律分布,上、下边缘处为零 [图 7-4(b)],所以,1、5 点处只有正应力而无切应力。切应力的方向平行于剪力的方向。1—1 截面上的剪力为正值 [图 7-4(a)],故 2、3、4 点的应力单元体的右侧的切应力方向是向下的,左侧的切应力方向是向上的。上下面的切应力可以进一步根据切应力互等定理确定。

各单元体上的应力情况如图 7-4(c)所示。

7.2　解析法分析平面应力状态

1. 斜截面上的应力

图 7-5（a）为一平面应力状态的单元体，该单元体在 x、y 面上分别存在正应力 σ_x、σ_y 和切应力 τ_x、τ_y，且根据切应力互等性质有 $\tau_x = -\tau_y$。可以根据单元体上的应力 σ_x、σ_y、τ_x、τ_y 来确定任一斜截面上的应力，进而找出在该点处的最大应力及其方位。

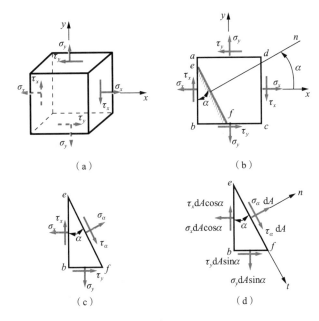

（a） （b）

（c） （d）

图 7-5

记斜截面的外法线 n 与 x 轴的夹角为 α，并以从 x 轴开始逆时针转向为正［图 7-5（b）］，反之为负。取出 α 截面以下部分 ebf 为研究对象进行受力分析，α 截面上的正应力和切应力分别用 σ_α、τ_α 表示，σ_α 和 τ_α 按正向假设，并设斜截面面积为 $\mathrm{d}A$［图 7-5（c）、（d）］。分别对斜截面的法向 n 和切线 t 取平衡方程：

$$\sum F_n = 0$$

$$\sigma_\alpha \mathrm{d}A - (\sigma_x \mathrm{d}A\cos\alpha)\cos\alpha - (\sigma_y \mathrm{d}A\sin\alpha)\sin\alpha + (\tau_x \mathrm{d}A\cos\alpha)\sin\alpha + (\tau_y \mathrm{d}A\sin\alpha)\cos\alpha = 0$$

$$\sum F_t = 0$$

$$\tau_\alpha \mathrm{d}A - (\sigma_x \mathrm{d}A\cos\alpha)\sin\alpha + (\sigma_y \mathrm{d}A\sin\alpha)\cos\alpha - (\tau_x \mathrm{d}A\cos\alpha)\cos\alpha + (\tau_y \mathrm{d}A\sin\alpha)\sin\alpha = 0$$

由上两式，得

$$\sigma_\alpha = \frac{\sigma_x + \sigma_y}{2} + \frac{\sigma_x - \sigma_y}{2}\cos 2\alpha - \tau_x \sin 2\alpha \tag{7-1}$$

$$\tau_\alpha = \frac{\sigma_x - \sigma_y}{2}\sin 2\alpha + \tau_x \cos 2\alpha \qquad (7\text{-}2)$$

式（7-1）和式（7-2）即为平面应力状态下任一 α 斜截面上正应力 σ_α 和切应力 τ_α 的计算公式。

若另取一个与 α 斜截面相互垂直的 β 斜截面，由式（7-1）可得 β 斜截面的正应力

$$\sigma_\beta = \frac{\sigma_x + \sigma_y}{2} - \frac{\sigma_x - \sigma_y}{2}\cos 2\alpha + \tau_x \sin 2\alpha$$

注意到 $\sigma_\alpha + \sigma_\beta = \sigma_x + \sigma_y$。由此可知，过一点处的任意两相互垂直平面方向上的正应力之和都相等。

2. 主应力与主平面的确定

由式（7-1）可知 σ_α 随 α 角变化而变化，其极值所在的方位可由 $\dfrac{\mathrm{d}\sigma_\alpha}{\mathrm{d}\alpha} = 0$ 确定，将满足该式的 α 记为 α_0，则有

$$-(\sigma_x - \sigma_y)\sin 2\alpha_0 - 2\tau_x \cos 2\alpha_0 = 0 \qquad (a)$$

比较式（a）和式（7-2）可知，$\tau_{\alpha_0} = 0$，也就是说极值正应力所在的平面没有切应力，即为主平面，极值正应力即为主应力。由式（a）得到

$$\tan 2\alpha_0 = -\frac{2\tau_x}{\sigma_x - \sigma_y} \qquad (7\text{-}3)$$

式（7-3）可以解出相差 90° 的两个 α_0 角度，分别确定了两个主平面方位。由 $\tan 2\alpha_0$ 算出 $\sin 2\alpha_0$ 和 $\cos 2\alpha_0$，代入式（7-1）中，可求得两个主应力为

$$\begin{matrix}\sigma_{\max} \\ \sigma_{\min}\end{matrix} = \frac{\sigma_x + \sigma_y}{2} \pm \sqrt{\left(\frac{\sigma_x - \sigma_y}{2}\right)^2 + \tau_x^2} \qquad (7\text{-}4)$$

式（7-4）为平面应力状态主应力计算公式。利用式（7-3）和式（7-4）确定主平面方位和主应力时，可通过比较 σ_x 和 σ_y 的代数值来判定两个主平面方向和两个主应力的对应关系。当 $\sigma_x \geqslant \sigma_y$ 时，绝对值比较小的一个 α_0 角度确定 $\sigma_{\max}$ 所在平面；当 $\sigma_x < \sigma_y$ 时，绝对值比较大的一个 α_0 角度确定 $\sigma_{\max}$ 所在平面。

3. 极值切应力及其方位的确定

任意截面上的 τ_α 也是随 α 变化的，为了求出极值切应力，将式（7-2）对 α 求一阶导数，得

$$\frac{\mathrm{d}\tau_\alpha}{\mathrm{d}\alpha} = (\sigma_x - \sigma_y)\cos 2\alpha - 2\tau_x \sin 2\alpha$$

将使 $\dfrac{\mathrm{d}\tau_\alpha}{\mathrm{d}\alpha} = 0$ 成立的 α 记为 α_1，代入上式有

$$(\sigma_x - \sigma_y)\cos 2\alpha_1 - 2\tau_x \sin 2\alpha_1 = 0$$

则有

$$\tan 2\alpha_1 = \frac{\sigma_x - \sigma_y}{2\tau_x} \tag{7-5}$$

由式（7-5）可以求解出相差 90°的两个 α_1 角度，分别确定两个极值切应力所在的平面。比较式（7-3）和式（7-5）可见

$$\tan 2\alpha_0 = -\frac{1}{\tan 2\alpha_1}$$

所以 $2\alpha_1 = 2\alpha_0 + 90°$，即 $\alpha_1 = \alpha_0 + 45°$。这说明极值切应力所在平面与主平面呈 45°夹角。由 $\tan 2\alpha_1$ 换算出 $\sin 2\alpha_1$ 和 $\cos 2\alpha_1$，代入式（7-2）中，可求得切应力的最大值和最小值为

$$\begin{matrix} \tau_{max} \\ \tau_{min} \end{matrix} = \pm\sqrt{\left(\frac{\sigma_x - \sigma_y}{2}\right)^2 + \tau_x^2} \tag{7-6}$$

【例 7-2】 已知应力单元体如图 7-6（a）所示，用解析法计算主应力、主平面方向、极值切应力及极值切应力所在方向，并绘出表示结果的单元体图。

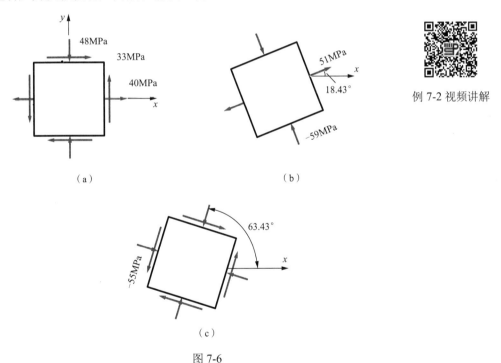

例 7-2 视频讲解

（a）　　　　　　　　　（b）

（c）

图 7-6

解：由图 7-6（a）应力单元体可知，$\sigma_x = 40\text{MPa}$，$\sigma_y = -48\text{MPa}$，$\tau_x = -33\text{MPa}$。代入式（7-4），有

$$\begin{aligned} \sigma_{\max} \\ \sigma_{\min} \end{aligned} = \frac{\sigma_x + \sigma_y}{2} \pm \sqrt{\left(\frac{\sigma_x - \sigma_y}{2}\right)^2 + \tau_x^2}$$

$$= \frac{40 - 48}{2} \pm \sqrt{\left(\frac{40 + 48}{2}\right)^2 + (-33)^2}$$

$$= \begin{aligned} 51 \\ -59 \end{aligned} (\text{MPa})$$

于是三个主应力为

$$\sigma_1 = 51\text{MPa}, \quad \sigma_2 = 0\text{MPa}, \quad \sigma_3 = -59\text{MPa}$$

由式（7-3）得

$$\tan 2\alpha_0 = -\frac{2\tau_x}{\sigma_x - \sigma_y} = -\frac{2 \times (-33)}{40 - (-48)} = 0.75$$

故

$$\alpha_0 = 18.43°, \quad 108.43°$$

因 $\sigma_x > \sigma_y$，所以位置为 $18.43°$ 的主平面对应 σ_1。位置为 $108.43°$ 的主平面对应 σ_3。主应力、主平面方向如图 7-6（b）所示。

由式（7-6）得

$$\begin{aligned} \tau_{\max} \\ \tau_{\min} \end{aligned} = \pm\sqrt{\left(\frac{\sigma_x - \sigma_y}{2}\right)^2 + \tau_x^2}$$

$$= \pm\sqrt{\left(\frac{40 + 48}{2}\right)^2 + (-33)^2}$$

$$= \pm 55(\text{MPa})$$

极值切应力所在平面与主平面方向呈 $45°$ 角，则极值切应力所在平面法向与 x 轴的夹角 α_1 为

$$\alpha_1 = \alpha_0 + 45° = 63.43°, \quad 153.43°$$

极值切应力及其所在的方向如图 7-6（c）所示。

7.3 图解法分析平面应力状态

1. 应力圆方程

在上节用解析法分析平面应力状态中，可根据公式出应力单元体 x、y 面上应力 σ_x、σ_y、τ_x 来确定任一斜截面上的应力。但需要记忆的公式较为烦琐，并且代入一个 α 值只能得到一个面的应力。本节介绍分析平面应力状态的另外一种方法——图解法。

将上节的式（7-1）改写为

$$\sigma_\alpha - \frac{\sigma_x + \sigma_y}{2} = \frac{\sigma_x - \sigma_y}{2}\cos 2\alpha - \tau_x \sin 2\alpha \tag{a}$$

将式（a）和式（7-2）等号两边分别平方再相加，消去 α，得

$$\left(\sigma_\alpha - \frac{\sigma_x + \sigma_y}{2}\right)^2 + \tau_\alpha^2 = \left(\frac{\sigma_x - \sigma_y}{2}\right)^2 + \tau_x^2 \tag{7-7}$$

如果以 σ 为横坐标，τ 为纵坐标，式（7-7）表示的是一个圆心在 $\left(\dfrac{\sigma_x + \sigma_y}{2}, 0\right)$ 处、

半径为 $\sqrt{\left(\dfrac{\sigma_x - \sigma_y}{2}\right)^2 + \tau_x^2}$ 的圆，这个圆称为应力圆或莫尔圆。式（7-7）则称为应力圆方

程，由该式可以看出，应力圆上某一点的横坐标和纵坐标将分别对应单元体中相应平面
方向上的正应力和切应力。因此，只要画出应力圆，就能在圆上读出任意斜截面上的正
应力和切应力。

2. 应力圆的画法及其与应力单元体的对应关系

下面根据图 7-7（a）单元体上应力 σ_x、σ_y、τ_x、τ_y 作出相应的应力圆［图 7-7（b）］。
在 $O\sigma\tau$ 直角坐标系内，选取适当比例，在 σ 轴上量取 $OB_1 = \sigma_x$，并作垂直线段 $B_1 D_x = \tau_x$，
得 D_x 点；在 σ 轴上量取 $OB_2 = \sigma_y$，并作垂直线段 $B_2 D_y = \tau_y$，得 D_y 点。连接 D_x 和 D_y 两
点，线段 $D_x D_y$ 与 σ 轴相交于点 C。以 C 为圆心，CD_x 为半径作圆，即得到某点的应力
状态所对应的应力圆。

因为点 D_x 的坐标即代表单元体 x 平面上的应力，若要计算单元体上某 α 截面上的
应力 σ_α 和 τ_α，只要将应力圆的半径 CD_x 按角 α 的转向转动 2α 角，得到半径 CE，点 E
的横坐标和纵坐标的值即为所求。应力圆上各点的坐标与单元体各面上应力的对应关系
可概括为点面对应，转向相同，转角两倍。

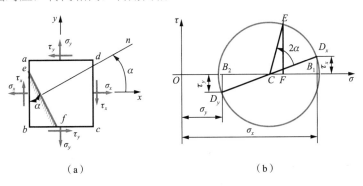

(a)　　　　　　　　　　　　　(b)

图 7-7

3. 应力圆确定主应力及主平面方位

利用应力圆可以确定主应力的数值和方位，如图 7-8 所示，应力圆上的点 A_1、A_2 分
别是应力圆与 σ 轴的交点，这两点的横坐标即分别对应两个主应力值，两主平面的方位

α_0 分别由应力圆上的点 D_x 转到点 A_1、A_2 所对应的圆心角的一半来确定。在单元体上从 x 面的法线同向转过 α_0 即为主平面的法向。

4. 应力圆确定极值切应力及其方位

在图解法中，极值切应力为应力圆的最高点 D_0 和最低点 D_0' 的纵坐标（即圆的半径），即为两个极值切应力的数值，如图 7-9 所示。两极值切应力所在平面方位 α_1 分别由应力圆上的点 D_x 转到点 D_0、D_0' 所对应的圆心角的一半来确定。在单元体上从 x 面的法线同向转过 α_1 即为极值切应力所在平面的法向。由应力圆也可以看出，极值切应力所在平面与主平面呈 45° 夹角。

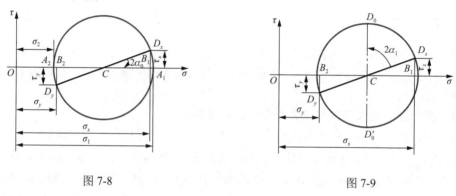

图 7-8　　　　　　　　　　　　　图 7-9

【例 7-3】 某点处单元体的平面应力状态如图 7-10（a）所示。试用图解法计算主应力和主平面，并在单元体上表示出来；计算极值切应力及其所在方位。

例 7-3 视频讲解

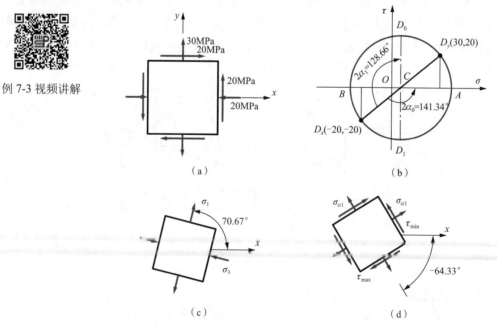

（a）　　　　　　　　　　　（b）

（c）　　　　　　　　　　　（d）

图 7-10

解：（1）画应力图。按选定的比例，在 $O\sigma\tau$ 直角坐标系中，根据 x 平面上的应力 $\sigma_x = -20\text{MPa}$，$\tau_x = -20\text{MPa}$ 确定 D_x（-20，-20）。根据 y 平面上的应力 $\sigma_y = 30\text{MPa}$，$\tau_y = 20\text{MPa}$ 确定 D_y（30，20）然后连接 D_x 和 D_y 两点，线段 $D_x D_y$ 与 σ 轴相交于 C 点。以 C 点为圆心，以 CD_x 或 CD_y 为半径作圆，即为所求的应力圆，如图 7-10（b）所示。

（2）求主应力及其单元体应力圆和 σ 轴相交于 A、B 两点，如图 7-10（b）所示。A、B 两点的横坐标值即为主应力值。即得

$$\sigma_{\max} = 37(\text{MPa}), \quad \sigma_{\min} = -27(\text{MPa})$$

于是，三个主应力为

$$\sigma_1 = 37(\text{MPa}), \quad \sigma_2 = 0, \quad \sigma_3 = -27(\text{MPa})$$

要确定主平面方位，可量取 CD_x 与 CA 的夹角 $2\alpha_0$。即得到 σ_1 方向与 x 轴的夹角 α_0，即

$$2\alpha_0 = 141.34°, \quad \alpha_0 = 70.67°$$

σ_3 方向与 σ_1 方向相互垂直。

主应力单元体表示于图 7-10（c）中。

（3）求极值切应力及其作用面。应力圆上点 D_0 和点 D_1 的纵坐标，即为切应力值，如图 7-10（b）所示，由图可知

$$\tau_{\min}^{\max} = \pm 32(\text{MPa})$$

要确定极值切应力所在平面的方位，可量 CD_x 到 CD_0 的夹角 $2\alpha_1$，即得到 $\tau_{\max}$ 所在平面法向与 x 轴的平角 α_1，有

$$2\alpha_1 = -128.66°, \quad \alpha_1 = -64.33°$$

$\tau_{\min}$ 所在平面与 $\tau_{\max}$ 所在平面相互垂直。

极值切应力的平面方位表示于图 7-10（d）中。

【例 7-4】　如图 7-11（a）所示，已知过一点的 oa 面上正应力、切应力分别为 40MPa、40MPa。ob 面上正应力、切应力分别为 20MPa、20MPa，求 oa 面与 ob 面的夹角 α 和该点的主应力单元体。

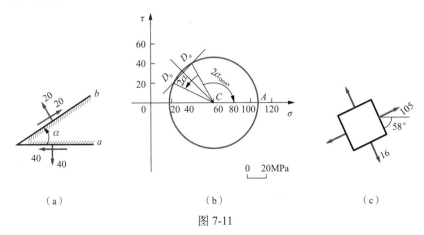

（a）　　　　　（b）　　　　　（c）

图 7-11

解：（1）根据 oa、ob 面上的应力作应力圆。如图 7-11（b）所示，建立应力坐标系，选定比例尺，标出 D_a（40，40），D_b（20，20）点，连接 D_a、D_b 两点，作连线的中垂线交 σ 轴于 C 点，C 点即圆心。以 CD_a（或 CD_b）为半径作应力圆。

（2）从应力圆上量取各所求值。

从应力圆上量得 $\angle D_a C D_b = 36°$，即 $2\alpha = 36°$，则 oa 面与 ob 面的夹角 $\alpha = 18°$；从应力圆上量得 $\sigma_1 = \sigma_{max} = 105\text{MPa}$，$\sigma_2 = \sigma_{min} = 16\text{MPa}$；量得 $\angle D_a CA = 116°$，顺时针转，所以 oa 面顺时针转 58° 即为 σ_1 作用面，主应力单元体见图 7-11（c）。

7.4　三向应力状态和广义胡克定律

1. 三向应力状态和一点的最大应力

当一点处的三个主应力都不为零时，即为三向应力状态。图 7-12（a）所示为一个三向应力状态的主应力单元体，下面利用应力圆来确定该点处的最大正应力和最大切应力。先研究一个与主应力 σ_3 平行的斜截面上的应力情况［图 7-12（a）］。因为 σ_3 与该截面平行，所以该斜截面上的应力由主应力 σ_1、σ_2 来确定，可由 σ_1 和 σ_2 所对应的应力圆上点的坐标来表示。同理，在平行于 σ_1 和 σ_2 的斜截面上的正应力和切应力，也可以分别由 σ_2、σ_3 和 σ_1、σ_3 所对应的应力圆上点的坐标来表示。三个应力圆画在同一个坐标平面上就是三向应力圆［图 7-12（b）］。与三个主应力都不平行的任意斜截面［图 7-12（c）］上的正应力和切应力必为处在三个应力圆所围成的阴影范围之内的某点的坐标［图 7-12（b）］，确定较为复杂且不常用，这里不多介绍。

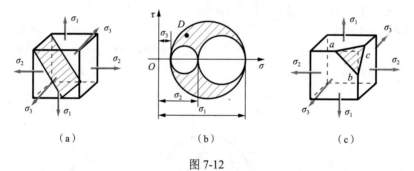

|（a）|（b）|（c）|

图 7-12

在三向应力圆［图 7-12（b）］中，σ_1 和 σ_3 所对应的应力圆是三个应力圆中的最大应力圆，σ_1 是该点的最大正应力，σ_3 是该点的最小正应力。任意斜截面上的正应力一定在 σ_1 和 σ_3 之间。而最大切应力数值则等于最大应力圆的半径，即

$$\tau_{max} = \frac{\sigma_1 - \sigma_3}{2} \tag{7-8}$$

且 τ_{max} 所在平面与 σ_2 的方向平行，与 σ_1 和 σ_3 的主平面呈 45° 角。

2. 广义胡克定律

在讨论轴向拉伸与压缩时，已经知道在线弹性范围内，轴向线应变与正应力呈线性

关系 $\varepsilon = \dfrac{\sigma}{E}$。这一关系是适用于单向应力状态的胡克定律。另外，根据材料的泊松比 ν 可

得出横向线应变 $\varepsilon' = -\nu\varepsilon = -\nu\dfrac{\sigma}{E}$。

本节讨论在三向应力状态下，应力与应变之间的关系。当受力构件内一点处的三个
主应力 σ_1、σ_2、σ_3 均在比例极限以内且处于小变形时，可以根据叠加原理认为三向应
力状态的主应力单元体是由三个不同方向的单向应力状态单元体叠加而成的（图 7-13）。

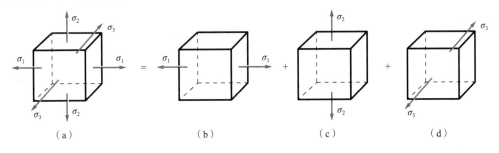

（a）　　　　　　（b）　　　　　　（c）　　　　　　（d）

图 7-13

在正应力 σ_1、σ_2、σ_3 分别单独作用时，单元体在 σ_1 方向的线应变分别为

$$\varepsilon_{11} = \frac{\sigma_1}{E}, \quad \varepsilon_{12} = -\nu\frac{\sigma_2}{E}, \quad \varepsilon_{13} = -\nu\frac{\sigma_3}{E}$$

单元体在 σ_2 方向的线应变分别为

$$\varepsilon_{21} = -\nu\frac{\sigma_1}{E}, \quad \varepsilon_{22} = \frac{\sigma_2}{E}, \quad \varepsilon_{23} = -\nu\frac{\sigma_3}{E}$$

单元体在 σ_3 方向的线应变分别为

$$\varepsilon_{31} = -\nu\frac{\sigma_1}{E}, \quad \varepsilon_{32} = -\nu\frac{\sigma_2}{E}, \quad \varepsilon_{33} = \frac{\sigma_3}{E}$$

根据叠加原理，在 σ_1、σ_2、σ_3 共同作用时，单元体在 σ_1、σ_2、σ_3 方向的线应变
分别为

$$\begin{cases} \varepsilon_1 = \varepsilon_{11} + \varepsilon_{12} + \varepsilon_{13} = \dfrac{1}{E}\left[\sigma_1 - \nu\left(\sigma_2 + \sigma_3\right)\right] \\[2mm] \varepsilon_2 = \varepsilon_{21} + \varepsilon_{22} + \varepsilon_{23} = \dfrac{1}{E}\left[\sigma_2 - \nu\left(\sigma_1 + \sigma_3\right)\right] \\[2mm] \varepsilon_3 = \varepsilon_{31} + \varepsilon_{32} + \varepsilon_{33} = \dfrac{1}{E}\left[\sigma_3 - \nu\left(\sigma_1 + \sigma_2\right)\right] \end{cases} \quad (7\text{-}9)$$

式（7-9）就是三向应力状态时的广义胡克定律，线应变 ε_1、ε_2、ε_3 分别与主应力 σ_1、
σ_2、σ_3 的方向一致，ε_1、ε_2、ε_3 称为该点处的主应变。

在一般情况下，在受力构件内某点处取出的应力单元体并非主应力单元体，各面上
既有正应力也有切应力。由弹性理论可以证明：对于各向同性材料，在线弹性范围内，

且处于小变形时，一点处的线应变 ε_x、ε_y、ε_z 只与该点的正应力 σ_x、σ_y、σ_z 有关，而与该点的切应力无关。因此，在计算线应变 ε_x、ε_y、ε_z 时，可不考虑切应力的影响。于是可仿照式（7-9）得到单元体沿 x、y、z 方向的线应变分别为

$$\begin{cases} \varepsilon_x = \dfrac{1}{E}[\sigma_x - \nu(\sigma_y + \sigma_z)] \\[2mm] \varepsilon_y = \dfrac{1}{E}[\sigma_y - \nu(\sigma_x + \sigma_z)] \\[2mm] \varepsilon_z = \dfrac{1}{E}[\sigma_z - \nu(\sigma_x + \sigma_y)] \end{cases} \qquad (7\text{-}10)$$

若 $\sigma_z = 0$，即单元体处于平面应力状态时，式（7-10）成为

$$\begin{cases} \varepsilon_x = \dfrac{1}{E}(\sigma_x - \nu\sigma_y) \\[2mm] \varepsilon_y = \dfrac{1}{E}(\sigma_y - \nu\sigma_x) \\[2mm] \varepsilon_z = -\dfrac{\nu}{E}(\sigma_x + \sigma_y) \end{cases} \qquad (7\text{-}11)$$

【例7-5】 图7-14所示钢梁，在梁的 A 点处测得线应变 $\varepsilon_x = 4\times10^{-4}$，$\varepsilon_y = -1.2\times10^{-4}$，已知弹性模量 $E = 200\text{GPa}$，泊松比 $\nu = 0.3$。试求：A 点处沿 x、y 方向的正应力和 z 方向的线应变。

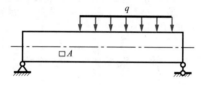

图 7-14

解：将 ε_x、ε_y、E、ν 代入下式：

$$\begin{cases} \varepsilon_x = \dfrac{1}{E}(6_x - \nu 6_y) \\[2mm] \varepsilon_y = \dfrac{1}{E}(6_y - \nu 6_x) \end{cases}$$

$$4\times10^{-4} = \frac{1}{200\times10^3}(\sigma_x - 0.3\sigma_y)$$

$$-1.2\times10^{-4} = \frac{1}{200\times10^3}(\upsilon_y - 0.3\sigma_x)$$

解得

$$\sigma_x = 80(\text{MPa}), \quad \sigma_y = 0(\text{MPa})$$

则

$$\varepsilon_z = -\frac{v}{E}(\sigma_x + \sigma_y) = \frac{0.3}{-200 \times 10^3} \times (80+0) = -1.2 \times 10^{-4}$$

【例 7-6】　如图 7-15 所示，铝质立方体尺寸为 10mm×10mm×10mm，嵌入宽为 10mm 的刚性槽中，承受合力为 F=6kN 的均布压力。铝的泊松比 $v = 0.3$，弹性模量 $E = 7 \times 10^4 \text{MPa}$。求铝块的三个主应力、主应变（不考虑铝块与槽壁之间的摩擦作用）。

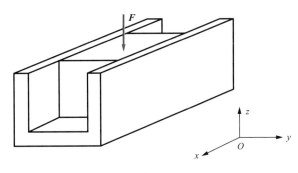

图 7-15

解：x 面上无外力作用，所以是主平面，主应力 $\sigma_x = 0$。z 面上受力 $\boldsymbol{F}$ 的作用，无切应力作用，所以 z 面也是主平面，主应力 σ_z 为

$$\sigma_z = \frac{F}{A} = \frac{6 \times 10^3}{10 \times 10} = 60 (\text{MPa}) \quad （压应力）$$

y 轴方向受刚性槽约束不可伸长，所以 $\varepsilon_y = 0$。已经知道了 σ_x、σ_z 和 ε_y，利用广义胡克定律可计算出 σ_y、ε_x 和 ε_z。由

$$\varepsilon_y = \frac{1}{E}[\sigma_y - v(\sigma_x + \sigma_z)] = \frac{1}{E}(\sigma_y - v\sigma_z) = 0$$

得

$$\sigma_y = v\sigma_z = 0.3 \times (-60) = -18 (\text{MPa})$$

于是，铝块的三个主应力为

$$\sigma_1 = \sigma_x = 0, \quad \sigma_2 = \sigma_y = -18 (\text{MPa}), \quad \sigma_3 = \sigma_z = -60 (\text{MPa})$$

铝块的三个主应变为

$$\varepsilon_1 = \varepsilon_x = \frac{1}{7 \times 10^4} \times [0 - 0.3 \times (-18 - 60)] = 3.34 \times 10^{-4}$$

$$\varepsilon_2 = \varepsilon_y = 0$$

$$\varepsilon_3 = \varepsilon_z = \frac{1}{7 \times 10^4} \times [-60 - 0.3 \times (-18)] = -7.8 \times 10^{-4}$$

7.5 强度理论简介

1. 强度理论的概念

前面各章研究杆件的基本变形时，一般基于试验和平面假设建立强度条件，通过比较杆件横截面上的最大工作应力与材料的许用应力来判定构件是否破坏。而其中的许用应力都是通过力学性能试验测得材料失效时的极限应力再除以安全系数获得。工程实践中很多受力构件处于复杂应力状态，其最大应力不一定在横截面上，并且三个主应力之间可能有各种比例，而用试验方法来测出各种主应力比例下材料的极限应力是比较困难的。所以，解决复杂应力状态下的强度问题时，往往根据简单应力状态下的结果和大量的对破坏现象的分析，来判断、推测、概括材料破坏的主要原因，提出各种关于破坏原因的假设，进而建立相应的强度条件，并经过实践检验不断进行完善。这些关于材料破坏现象主要原因的假设称为强度理论。

2. 四个常用的强度理论

综合分析材料的破坏现象，构件的破坏形式可大致概括为两种。①脆性断裂：材料无明显的塑性变形即发生断裂，如铸铁受拉、受扭破坏等；②塑性屈服：材料破坏前发生明显的塑性变形，如低碳钢受拉、受扭破坏等。

构件受力变形到破坏的过程中，任意一点都会产生应力和应变，积蓄应变能等。常用的强度理论认为材料的脆性断裂和屈服破坏都是其中的某一特定因素引起的，不论是在何种应力状态下，都是由同一因素引起破坏，所以可以将简单应力状态下材料的力学性能试验结果与复杂应力状态下构件的破坏联系起来建立强度条件。下面介绍常用的四个强度理论。

第一强度理论：最大拉应力理论

这一理论认为，最大拉应力是引起材料脆性断裂的主要原因。不论处在简单的或复杂的应力状态，只要第一主应力 σ_1 达到单向拉伸时的强度极限 σ_b，材料即发生断裂。根据这一理论，材料的破坏条件为

$$\sigma_1 = \sigma_b$$

考虑安全系数得到许用应力 $[\sigma]$，按这个理论建立的强度条件为

$$\sigma_1 \leqslant [\sigma] \tag{7-12}$$

实践证明，该强度理论能较好地解释石料、铸铁等脆性材料沿最大拉应力所在截面发生断裂的现象。但它没有考虑其他两个主应力对材料破坏的影响，而且对于单向受压或多向受压等没有拉应力的情况则更不适合。

第二强度理论：最大伸长线应变理论

这一理论认为，最大伸长线应变是引起材料脆性断裂的主要原因。不论处在复杂的或简单的应力状态，只要最大伸长应变 ε_1 达到单向拉伸时的极限值 ε_b，材料即发生断裂。根据这一理论，材料的破坏条件为

$$\varepsilon_1 = \varepsilon_b$$

因为

$$\varepsilon_1 = \frac{1}{E}[\sigma_1 - \nu(\sigma_2 + \sigma_3)], \quad \varepsilon_b = \frac{\sigma_b}{E}$$

所以破坏条件改写为

$$\sigma_1 - \nu(\sigma_2 + \sigma_3) = \sigma_b$$

考虑安全系数得到许用应力，按这个理论建立的强度条件为

$$\sigma_1 - \nu(\sigma_2 + \sigma_3) \leqslant [\sigma] \tag{7-13}$$

该强度理论考虑了三个主应力 σ_1、σ_2、σ_3 的综合影响，能够解释石料、混凝土等脆性材料轴向受压时沿纵向发生张裂的破坏现象。但是，该理论不能解释三向均匀受压时材料不易破坏的现象。

第三强度理论：最大切应力理论

这一理论认为，最大切应力是引起材料塑性破坏的主要原因。不论材料处在复杂的或简单的应力状态，只要最大切应力 $\tau_{\max}$ 达到材料在单向应力状态下发生破坏时的切应力极限值 τ_s，材料即发生屈服破坏。屈服破坏条件为

$$\tau_{\max} = \tau_s$$

因为

$$\tau_{\max} = \frac{1}{2}(\sigma_1 - \sigma_3), \quad \tau_s = \frac{\sigma_s}{2}$$

所以破坏条件改写为

$$\sigma_1 - \sigma_3 = \sigma_s$$

考虑安全系数得到许用应力，按这个理论建立的强度条件为

$$\sigma_1 - \sigma_3 \leqslant [\sigma] \tag{7-14}$$

实践证明，这一理论可以较好地解释塑性材料出现塑性变形的现象，在工程中被广泛应用。但该理论没有考虑 σ_2 的影响，一般偏于安全。

第四强度理论：形状改变能密度理论

这一理论认为，材料发生屈服的主要原因是形状改变能密度 v_d 达到了某个极限值。形状改变能密度 v_d 可由下式计算：

$$v_d = \frac{1+\nu}{6E}\left[(\sigma_1 - \sigma_2)^2 + (\sigma_2 - \sigma_3)^2 + (\sigma_3 - \sigma_1)^2\right]$$

同时，将 $\sigma_1 = \sigma_s$，$\sigma_2 = \sigma_3 = 0$ 代入上式，可以得到材料的形状改变能密度极限值 v_{du} 为

$$v_{du} = \frac{1+\nu}{6E} \times 2\sigma_s^2$$

由此可建立以下破坏条件

$$\frac{1+\nu}{6E}\left[(\sigma_1 - \sigma_2)^2 + (\sigma_2 - \sigma_3)^2 + (\sigma_3 - \sigma_1)^2\right] = \frac{1+\nu}{6E} \times 2\sigma_s^2$$

整理为

$$\sqrt{\frac{1}{2}\left[(\sigma_1-\sigma_2)^2+(\sigma_2-\sigma_3)^2+(\sigma_3-\sigma_1)^2\right]}=\sigma_s$$

考虑安全系数得到许用应力，则按这一理论建立的强度条件为

$$\sqrt{\frac{1}{2}\left[(\sigma_1-\sigma_2)^2+(\sigma_2-\sigma_3)^2+(\sigma_3-\sigma_1)^2\right]}\leqslant[\sigma] \tag{7-15}$$

几种材料的试验资料表明，形状改变能密度理论比第三强度理论更符合试验结果。

3. 相当应力

为把按四种强度理论建立的强度条件写成统一形式，定义相当应力 σ_r，将强度条件统一写成 $\sigma_r\leqslant[\sigma]$。其中，四种强度理论的相当应力 σ_r 的表达式分别为

$$\begin{cases}\sigma_{r1}=\sigma_1\\\sigma_{r2}=\sigma_1-\nu(\sigma_2+\sigma_3)\\\sigma_{r3}=\sigma_1-\sigma_3\\\sigma_{r4}=\sqrt{\frac{1}{2}\left[(\sigma_1-\sigma_2)^2+(\sigma_2-\sigma_3)^2+(\sigma_3-\sigma_1)^2\right]}\end{cases} \tag{7-16}$$

【例 7-7】 如图 7-16 所示单元体，试按第三、第四强度理论求相当应力。

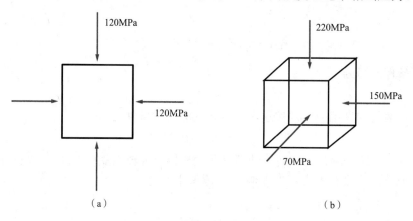

图 7-16

解：图 7-16（a）所示为二向应力状态单元体，由图可知，$\sigma_1=0$，$\sigma_2=-120\text{MPa}$，$\sigma_3=-120\text{MPa}$，则

$$\sigma_{r3}=\sigma_1-\sigma_3=0-(-120)=120(\text{MPa})$$

$$\sigma_{r4}=\sqrt{\frac{1}{2}\left[(\sigma_1-\sigma_2)^2+(\sigma_2-\sigma_3)^2+(\sigma_3-\sigma_1)^2\right]}$$

$$=\sqrt{\frac{1}{2}\left[(0+120)^2+(-120+120)^2+(-120-0)^2\right]}=120(\text{MPa})$$

图 7-16（b）所示为三向应力状态单元体，由图可知，$\sigma_1=-70\text{MPa}$，$\sigma_2=-150\text{MPa}$，

$\sigma_3 = -220\text{MPa}$ ，则

$$\sigma_{r3} = \sigma_1 - \sigma_3 = -70 - (-220) = 150(\text{MPa})$$

$$\sigma_{r4} = \sqrt{\frac{1}{2}\left[(\sigma_1 - \sigma_2)^2 + (\sigma_2 - \sigma_3)^2 + (\sigma_3 - \sigma_1)^2\right]}$$

$$= \sqrt{\frac{1}{2}\left[(-70+150)^2 + (-150+220)^2 + (-220+70)^2\right]} = 130(\text{MPa})$$

【例 7-8】　受内压力作用的钢质容器，其圆筒部分任意一点 A 处的应力状态如图 7-17 所示。当容器承受最大的内压力时，用应变计测得 $\varepsilon_x = 1.88 \times 10^{-4}$ ，$\varepsilon_y = 7.37 \times 10^{-4}$ 。已知钢材的弹性模量 $E = 210\text{GPa}$ ，泊松比 $\nu = 0.3$ ，许用应力 $[\sigma] = 170\text{MPa}$ 。试按第三强度理论校核 A 点的强度。

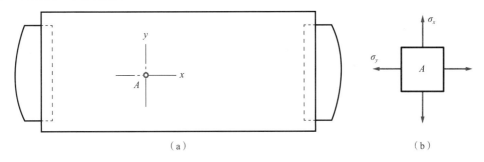

（a）　　　　　　　　　　　　　　　（b）

图 7-17

解：由题意知，$\sigma_z = 0$ ，所以，A 点处于平面应力状态。已知 ε_x 、ε_y ，可利用广义胡克定律推导出 σ_x 、σ_y 的计算式，从而求得 σ_x 、σ_y 分别为

$$\sigma_x = \frac{E}{1-\nu^2}(\varepsilon_x + \nu\varepsilon_y) = \frac{210 \times 10^3}{1-0.3^2} \times (1.88 \times 10^{-4} + 0.3 \times 7.37 \times 10^{-4}) = 94.4(\text{MPa})$$

$$\sigma_y = \frac{E}{1-\nu^2}(\varepsilon_y + \nu\varepsilon_x) = \frac{210 \times 10^3}{1-0.3^2} \times (7.37 \times 10^{-4} + 0.3 \times 1.88 \times 10^{-4}) = 183.1(\text{MPa})$$

于是，三个主应力为

$$\sigma_1 = \sigma_y = 183.1(\text{MPa}) , \quad \sigma_2 = \sigma_x = 94.4(\text{MPa}) , \quad \sigma_3 = 0(\text{MPa})$$

根据第三强度理论校核 A 点的强度，则

$$\sigma_{r3} = \sigma_1 - \sigma_3 = 183.1(\text{MPa}) > [\sigma]$$

所以 A 点处不满足强度要求。

本 章 小 结

1. 应力状态的概念和应力的正负号规定：物体内某点处不同方位上的应力情况的集合，称为该点的应力状态。应力数值的正负号规定为正应力 σ 以拉应力为正，压应力为负；切应力以使单元体产生顺时针方向转动趋势时为正，逆时针方向转动趋势时为负。

2. 主平面和主应力的概念：过一点的某平面方向上的切应力为零，则此平面称为主平面，主平面上的正应力称为主应力。过一点处总能找到三个相互垂直的主平面，三个主应力分别用 σ_1、σ_2、σ_3 表示，并按代数值由大到小排列。

3. 应力状态分为三类：单向应力状态、二向应力状态、三向应力状态。单向应力状态和二向应力状态可统称为平面应力状态。

4. 解析法分析平面应力状态。

（1）斜截面上的应力：

$$\sigma_\alpha = \frac{\sigma_x + \sigma_y}{2} + \frac{\sigma_x - \sigma_y}{2}\cos 2\alpha - \tau_x \sin 2\alpha$$

$$\tau_\alpha = \frac{\sigma_x - \sigma_y}{2}\sin 2\alpha + \tau_x \cos 2\alpha$$

（2）主应力与主平面的确定：

$$\tan 2\alpha_0 = -\frac{2\tau_x}{\sigma_x - \sigma_y}$$

$$\begin{aligned}\sigma_{\max} \\ \sigma_{\min}\end{aligned} = \frac{\sigma_x + \sigma_y}{2} \pm \sqrt{\left(\frac{\sigma_x - \sigma_y}{2}\right)^2 + \tau_x^2}$$

（3）极值切应力及其方位的确定：

$$\tan 2\alpha_1 = \frac{\sigma_x - \sigma_y}{2\tau_x}$$

极值切应力所在平面与主平面呈 45° 夹角。

$$\begin{aligned}\tau_{\max} \\ \tau_{\min}\end{aligned} = \pm\sqrt{\left(\frac{\sigma_x - \sigma_y}{2}\right)^2 + \tau_x^2}$$

5. 图解法分析平面应力状态。

（1）应力圆方程：

$$\left(\sigma_\alpha - \frac{\sigma_x + \sigma_y}{2}\right)^2 + \tau_\alpha^2 = \left(\frac{\sigma_x - \sigma_y}{2}\right)^2 + \tau_x^2$$

（2）应力圆的画法。

（3）应力圆上各点的坐标与单元体上各面上的应力的对应关系可概括为点面对应，转角两倍，转向相同。

（4）应力圆确定主应力及主平面方位。

（5）应力圆确定极值切应力及其方位。

6. 三向应力状态和广义胡克定律。

（1）一点处的最大切应力：

$$\tau_{\max} = \frac{\sigma_1 - \sigma_3}{2}$$

（2）广义胡克定律:

单元体在 σ_1、σ_2、σ_3 方向的线应变分别为

$$\varepsilon_1 = \frac{1}{E}[\sigma_1 - \nu(\sigma_2 + \sigma_3)]$$

$$\varepsilon_2 = \frac{1}{E}[\sigma_2 - \nu(\sigma_1 + \sigma_3)]$$

$$\varepsilon_3 = \frac{1}{E}[\sigma_3 - \nu(\sigma_1 + \sigma_2)]$$

单元体沿 x、y、z 方向的线应变分别为

$$\varepsilon_x = \frac{1}{E}[\sigma_x - \nu(\sigma_y + \sigma_z)]$$

$$\varepsilon_y = \frac{1}{E}[\sigma_y - \nu(\sigma_x + \sigma_z)]$$

$$\varepsilon_z = \frac{1}{E}[\sigma_z - \nu(\sigma_x + \sigma_y)]$$

7. 四个常用的强度理论。

第一强度理论: 最大拉应力理论, 认为最大拉应力是引起材料脆性断裂的主要原因。

第二强度理论: 最大伸长线应变理论, 认为最大伸长线应变是引起材料脆性断裂的主要原因。

第三强度理论: 最大切应力理论, 认为最大切应力是引起材料塑性破坏的主要原因。

第四强度理论: 形状改变能密度理论, 认为材料发生屈服的主要原因是形状改变能密度 v_d 达到了某个极限值。

8. 相当应力。四种强度理论的相当应力 σ_r 的表达式分别为

$$\sigma_{r1} = \sigma_1$$
$$\sigma_{r2} = \sigma_1 - \nu(\sigma_2 + \sigma_3)$$
$$\sigma_{r3} = \sigma_1 - \sigma_3$$
$$\sigma_{r4} = \sqrt{\frac{1}{2}\left[(\sigma_1 - \sigma_2)^2 + (\sigma_2 - \sigma_3)^2 + (\sigma_3 - \sigma_1)^2\right]}$$

 思考与练习题

一、填空题

7-1　物体内某点处不同方位上的应力情况的集合, 称为该点的_____。

7-2　过一点的某平面方向上的切应力为零, 则此平面称为_____。

7-3　第三强度理论和第四强度理论的相当应力的表达式分别为 $\sigma_{r3} =$ _____,

$\sigma_{r4} =$ _____。

二、计算题

7-4 已知某点处单元体的平面应力状态如图所示。试用解析法求：（1）ab 面上的应力；（2）单元体的主应力，并绘制主应力单元体；（3）单元体的最大切应力及其所在平面。

7-5 某单元体上的应力情况如图所示，已知 $\sigma_x = 30\text{MPa}$， $\sigma_y = -10\text{MPa}$， $\tau_x = 14\text{MPa}$， $\alpha = -30°$。（1）画出应力圆；（2）求 bc 截面上的正应力和切应力；（3）求主应力。

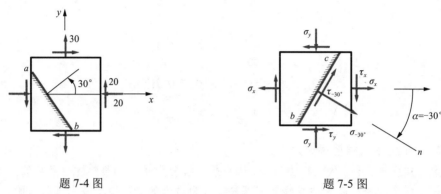

题 7-4 图	题 7-5 图

7-6 如图所示，已知过一点的 oa 面上正应力、切应力分别为 50MPa，30MPa，ob 面上正应力为 20MPa，$\angle aOb = 30°$，求该点的主应力、主平面方向及 Ob 面上的切应力 τ。

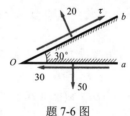

题 7-6 图

7-7 已知某点处于平面应力状态，现在该点处测得 $\varepsilon_x = 5 \times 10^{-4}$， $\varepsilon_y = -4.65 \times 10^{-4}$。若材料的弹性模量 $E=210\text{GPa}$，泊松比 $\nu = 0.33$。试求该点处的正应力 σ_x 和 σ_y。

7-8 用试验手段测得直径 $D=500\text{mm}$，壁厚 $\delta = 20\text{mm}$ 的圆柱薄壁容器表面纵向线应变 $\varepsilon_x = 1.5 \times 10^{-4}$，若容器材料泊松比 $\nu = 0.27$，弹性模量 $E = 2.0 \times 10^5 \text{MPa}$，许用应力 $[\sigma] = 160\text{MPa}$，校核容器强度，确定内压 q。

第 8 章

组 合 变 形

组合变形是指杆件同时发生两种及其以上基本变形。本章主要介绍组合变形的概念及分析方法，斜弯曲梁的应力和强度计算，拉伸（压缩）弯曲组合变形，偏心压缩的计算，截面核心的概念。

8.1 组合变形概述

前述各章分别讨论了杆件处于轴向拉伸（压缩）、剪切、扭转和平面弯曲中的一种基本变形的强度计算。但在工程实际中，有许多杆件所受的力比较复杂，并不满足单一基本变形的受力特点，这类杆件产生的并不是单一的某种基本变形。如果将这类杆件所受的力分解，可以分解为产生两种或两种以上基本变形的受力情况，它们将产生两种或两种以上的同数量级的基本变形的组合。这种由两种或两种以上基本变形组合而成的变形称为组合变形。例如，图 8-1（a）所示屋架上檩条的变形，是由檩条在 y、z 两个垂直方向的平面弯曲变形所组合的斜弯曲；图 8-1（b）所示的烟囱，除在自重作用下产生轴向压缩变形外，由于受到水平风力的作用还将产生弯曲变形；图 8-1（c）所示机械中的齿轮传动轴在外力作用下，将同时发生扭转变形及在水平平面和垂直平面内的弯曲变形；图 8-1（d）中所示的厂房中吊车立柱，在轴向力 F_1 和偏心力 F_2 共同作用下，将会发生压缩和弯曲的组合变形。

试验表明，对于大刚度、小变形并服从胡克定律的组合变形杆件，每一种基本变形都各自独立，互不影响，因此可以用叠加法来求解组合变形问题。即首先将组合变形分解为几个基本变形，其次分别考虑杆件在每一种基本变形情况下的应力和变形，最后利用叠加原理，综合考虑各基本变形的组合情况，以确定构件的危险截面、危险点的位置，并据此进行强度计算。而对于小刚度、大变形的构件，必须要考虑各基本变形之间的相互影响。例如，大挠度的压弯杆就不适用叠加原理。

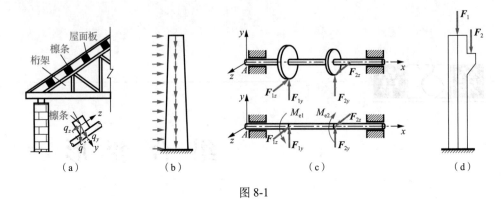

图 8-1

本章介绍工程中常见的斜弯曲、拉伸（压缩）与弯曲以及偏心压缩（拉伸）的组合变形。

8.2　斜弯曲梁的应力和强度计算

矩形截面悬臂梁的自由端处作用一个垂直于梁轴线并通过截面形心的集中荷载 F，力 F 与对称轴 y 呈 φ 角，如图 8-2（a）所示。现以该梁为例，分析斜弯曲时的应力和强度计算问题。

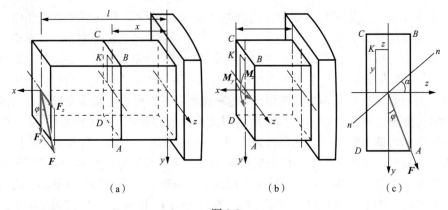

图 8-2

1.　荷载分解

将荷载 $\boldsymbol{F}$ 沿截面的两个对称轴 y、z 分解为两个分量，即

$$F_y = F\cos\varphi , \quad F_z = F\sin\varphi$$

由图 8-2（a）可知，$\boldsymbol{F}_y$ 将使梁在 Oxy 纵向对称面内发生平面弯曲，z 轴为中性轴；$\boldsymbol{F}_z$ 将使梁在 Oxz 纵向对称面内发生平面弯曲，y 轴为中性轴。由此可见，斜弯曲是两个平面弯曲的组合。

2. 内力分析

与平面弯曲问题一样，梁的横截面上虽然存在着剪力和弯矩两种内力，但由剪力所产生的切应力影响很小，其强度也是由弯矩所引起的正应力来控制的。所以，在此忽略剪力只计算弯矩。

如图 8-2（b）所示，F_y 和 F_z 在距固定端为 x 处任意横截面上引起的弯矩分别为

$$M_z = F_y(1-x) = F(1-x)\cos\varphi = M\cos\varphi$$

$$M_y = F_z(1-x) = F(1-x)\sin\varphi = M\sin\varphi$$

式中，$M=F(l-x)$ 为力 F 引起的截面上的总弯矩。弯矩 M_z、M_y 分别作用在梁的纵向对称面 Oxy、Oxz 内。

3. 应力分析

利用弯曲正应力公式，求得由 M_z 和 M_y 引起的 $K(y, z)$ 点处的正应力分别为

$$\sigma_{M_z} = \frac{M_z \cdot y}{I_z}, \quad \sigma_{M_y} = \frac{M_y \cdot z}{I_y}$$

由叠加原理，得任意点 K 的总正应力为

$$\sigma_K = \sigma_{Mz} + \sigma_{My} = \frac{M_z \cdot y}{I_z} + \frac{M_y \cdot z}{I_y} \tag{8-1a}$$

代入总弯矩 $M=F(l-x)$，可得

$$\sigma_K = M\left(\frac{\cos\varphi}{I_z}y + \frac{\sin\varphi}{I_y}z\right) \tag{8-1b}$$

式中，I_z 和 I_y 分别为横截面对形心主轴 z 和 y 的惯性矩；y 和 z 分别为 K 点的横坐标和纵坐标。具体计算时，M、y、z 均以绝对值代入，而 σ_K 的正负号，可通过 K 点所在位置直观判断，如图 8-2 所示。

4. 最大正应力

梁在斜弯曲情况下的强度仍由最大正应力来控制。因此，为了进行强度计算，必须求出梁内的最大正应力。横截面上的最大正应力发生在离中性轴最远处，故要求得最大正应力，必须先确定中性轴的位置。由于在中性轴上各点的正应力都等于零，为此令 (y_0, z_0) 代表中性轴上的任一点，将它的坐标值代入式（8-1b），即可得中性轴方程

$$\frac{y_0}{I_z}\cos\varphi + \frac{z_0}{I_y}\sin\varphi = 0 \tag{8-2}$$

由式（8-2）可知，中性轴是一条通过截面形心的直线，设中性轴与 z 轴间的夹角为 α［图 8-2（c）］，则

$$\tan\alpha = \left|\frac{y_0}{z_0}\right| = \frac{I_z}{I_y}\tan\varphi \tag{8-3}$$

在一般情况下，$I_y \neq I_z$，故 $\alpha \neq \varphi$，即中性轴不垂直于荷载作用平面。只有当 $\varphi = 0°$，$\varphi = 90°$ 或 $I_y = I_z$ 时，才有 $\alpha = \varphi$，中性轴才垂直于荷载作用平面。显而易见，$\varphi = 0°$ 或 $\varphi = 90°$ 的情况就是平面弯曲情况，相应中性轴就是 z 轴或 y 轴。对于正方形截面、圆

形截面等截面以及某些特殊组合截面，其中 $I_y = I_z$，就是所有形心轴都是主惯性轴，故 $\alpha = \varphi$，因而，正应力可用合成弯矩 M 进行计算。

梁横截面上的最大正应力发生在截面上离中性轴最远的点处。例如图 8-2（c）中的 A、C 两点处，点 C 处的正应力为最大拉应力，点 A 处的正应力为最大压应力。将点 C、点 A 的坐标（y_C，z_C），（y_A，z_A）分别代入式（8-1a），并因 $|y_A| = |y_C| = y_{max}$，$|z_A| = |z_C| = z_{max}$，$\sigma_{max} = |\sigma_{min}|$，可以得到

$$\sigma_{t\,max} = \sigma_{c\,max} = \frac{M_y}{I_y}z_{max} + \frac{M_z}{I_z}y_{max} = \frac{M_y}{W_y} + \frac{M_z}{W_z} = M\left(\frac{\sin\varphi}{W_y} + \frac{\cos\varphi}{W_z}\right) \quad (8\text{-}4)$$

式（8-4）对于具有凸角而又有两条对称轴的截面（如矩形、工字形截面等）均适用。

5. 强度计算

梁内的最大正应力发生在弯矩最大（M_{max}）的截面（危险截面）上，如果 M_{max} 的两个分量为 $M_{z\,max}$ 和 $M_{y\,max}$，代入式（8-4）即可得整个梁的最大正应力 σ_{max}。若梁的材料抗拉压能力相同，则斜弯曲梁的强度条件为

$$\sigma_{max} = \frac{M_{y\,max}}{W_y} + \frac{M_{z\,max}}{W_z} \leqslant [\sigma] \quad (8\text{-}5)$$

若材料的抗拉、抗压强度不同，则须分别对拉、压强度进行计算。

【例 8-1】 图 8-3（a）所示为一房屋的桁架结构。已知：屋面坡度为 1∶2，两榀桁架之间的距离为 4m，木檩条的间距为 1.5m，屋面重（包括檩条）为 1.6kN/m²。若木檩条采用 120mm×180mm 的矩形截面，所用松木的许用应力为 [σ]=10MPa。试校核木檩条的强度。

解：（1）确定计算简图。屋面的重量通过檩条传给桁架。檩条简支在桁架上，其计算跨度等于两榀桁架间的距离，l=4m，檩条上承受的均布荷载 q=1.6×1.5=2.4kN/m。檩条的计算简图如图 8-3（b）和（c）所示。

例 8-1 视频讲解

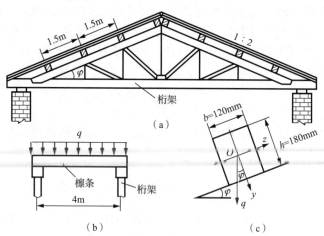

图 8-3

（2）内力及有关数据的计算。在均布荷载作用下，檩条的最大弯矩发生在跨中横截面上，其值为

$$M_{max} = \frac{ql^2}{8} = \frac{2.4 \times 4^2}{8} = 4.8 (\text{kN} \cdot \text{m})$$

屋面坡度为 1：2，即 $\tan\varphi = \frac{1}{2}$ 或 $\varphi = 26°34'$。故

$$\sin\varphi = 0.4472, \quad \cos\varphi = 0.8944$$

另外算出

$$W_z = \frac{bh^2}{6} = \frac{120 \times 180^2}{6} = 6.48 \times 10^5 (\text{mm}^3)$$

$$W_y = \frac{hb^2}{6} = \frac{180 \times 120^2}{6} = 4.32 \times 10^5 (\text{mm}^3)$$

（3）强度校核。由强度条件式（8-5），可得

$$\sigma_{max} = \frac{M_{y\,max}}{W_y} + \frac{M_{z\,max}}{W_z} = \frac{M_{max}\sin\varphi}{W_y} + \frac{M_{max}\cos\varphi}{W_z}$$

$$= M_{max}\left(\frac{\sin\varphi}{W_y} + \frac{\cos\varphi}{W_z}\right) = 4.8 \times 10^6 \times \left(\frac{0.4472}{4.32 \times 10^5} + \frac{0.8944}{6.48 \times 10^5}\right) = 11.59 (\text{MPa})$$

$\sigma_{max} > [\sigma] = 10\text{MPa}$，且超过的数值大于 $[\sigma]$ 的 5%，故木檩条不能满足强度要求。

8.3　拉伸（压缩）与弯曲的组合变形

如果杆件同时受到沿轴线的外力和与轴线垂直的外力的共同作用，杆件将发生拉伸（压缩）与弯曲组合变形。对于弯曲刚度 EI 较大的杆件，由于横向力（与轴线垂直的力）引起的挠度与横截面的尺寸相比很小，因此，由轴向力在相应挠度上引起的弯矩可以忽略不计。于是，可分别计算轴向力和横向力在横截面上产生的正应力，按叠加原理求其代数和，即得到拉伸（压缩）和弯曲组合变形杆件横截面上的正应力。

下面以图 8-4（a）、（b）所示受横向均布荷载 q 和轴向力 F 作用的矩形截面简支梁为例，说明如何计算杆件在拉伸（压缩）与弯曲组合变形情况下的应力。

梁在横向力作用下发生弯曲变形，弯曲正应力 σ_M 为

$$\sigma_M = \pm\frac{My}{I_z}$$

式中，M、y 均以绝对值代入。正应力 σ_M 的符号以拉应力为正，压应力为负，可通过观察变形判断。

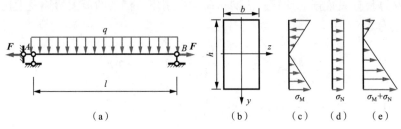

图 8-4

其分布规律如图 8-4（c）所示，最大正应力为

$$\sigma_{M\,max} = \frac{M_{max}}{W_z}$$

梁在轴向力 F 作用下发生轴向拉伸变形，轴力 F_N 引起的正应力在横截面上均匀分布，如图 8-4（d）所示，其值为

$$\sigma_N = \frac{F_N}{A}$$

式中，A 为横截面面积。F_N、σ_N 均以拉为正，压为负。

横截面上离中性轴为 y 处的总的正应力为两项正应力的叠加，即

$$\sigma = \sigma_M + \sigma_N = \pm \frac{M}{I_z} y + \frac{F_N}{A}$$

其分布规律如图 8-4（e）所示（设 $\sigma_{M\,max} > \sigma_N$），最大正应力为

$$\sigma_{max} = \frac{F_N}{A} + \frac{M_{max}}{W_z} \tag{8-6}$$

拉伸（压缩）与弯曲组合变形杆件的强度条件为

$$\sigma_{max} = \frac{F_N}{A} + \frac{M_{max}}{W_z} \leqslant [\sigma] \tag{8-7}$$

例 8-2 视频讲解

【例 8-2】 图 8-5（a）所示的简易起重机，其最大起吊重量 $F=15.5\text{kN}$，横梁 AB 为工字钢，许用应力 $[\sigma]=170\text{MPa}$，若不计横梁的自重，试选择工字钢的型号。

解：（1）确定横梁 AB 危险截面上的内力分量。将横梁简化为简支梁，当起吊重物的电机移动到横梁 AB 的中点时，中点截面上的弯矩为最大。画出横梁的受力图，并将拉杆 BC 的拉力 F_B 分解为 F_{Bx} 和 F_{By} [图 8-5（b）]，由平衡方程解得

$$F_{By} = F_{Ay} = \frac{F}{2} = 7.75\text{(kN)}$$

$$F_{Bx} = F_{Ax} = F_{By}\cot\alpha = 7.75 \times 10^3 \times \frac{3.4}{1.5} = 17.6 \times 10^3 \text{(N)} = 17.6\text{(kN)}$$

外力 F_{Ay}、F 与 F_{By} 沿梁 AB 横向作用，使梁发生弯曲变形；而外力 F_{Ax} 与 F_{Bx} 沿梁 AB 轴向作用，使梁发生轴向压缩变形。显然，梁 AB 产生压缩与弯曲的组合变形。绘出横梁 AB 的轴力图 [图 8-5（c）] 和弯矩图 [图 8-5（d）]，从图中可以看出，横梁 AB 的

中点横截面为危险截面，其上轴力和弯矩分别为

$$F_N = F_{Ax} = 17.6(\text{kN})$$

$$M_{max} = \frac{Fl}{4} = \frac{15.5 \times 10^3 \times 3.4}{4} = 13.2 \times 10^3 (\text{N} \cdot \text{m}) = 13.2(\text{kN} \cdot \text{m})$$

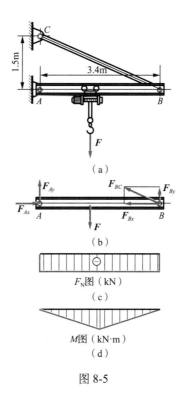

图 8-5

（2）初选工字钢型号。由梁弯曲时的正应力弯曲强度条件，得弯曲截面系数为

$$W_z \geq \frac{M_{max}}{[\sigma]} = \frac{13.2 \times 10^3}{170 \times 10^6} = 77.6 \times 10^{-6}(\text{m}^3) = 77.6(\text{cm}^3)$$

查型钢规格表，初选 14 号工字钢，其弯曲截面系数 $W_z=102\text{cm}^3$，截面面积 $A=21.5\text{cm}^2$。

（3）校核横梁组合变形时的正应力强度。最大压应力发生在横梁 AB 的危险截面的上边缘各点处。由式（8-7）得

$$\sigma_{max} = \frac{F_N}{A} + \frac{M}{W_z} = \frac{17.6 \times 10^3}{21.5 \times 10^{-4}} + \frac{13.2 \times 10^3}{102 \times 10^{-6}}$$

$$= 137.6 \times 10^6 (\text{Pa}) = 13.76(\text{MPa}) < [\sigma] = 170(\text{MPa})$$

计算表明，初选的 14 号工字钢能保证横梁具有足够的强度。若计算结果不符合强度要求，则可在此基础上将工字钢型号放大一号再进行校核，直到满足强度条件为止。

8.4 偏心压缩（拉伸）

当外荷载作用线与杆轴线平行但不重合时，杆件将产生压缩（拉伸）和弯曲两种基本变形，这类问题称为偏心压缩（拉伸）。图 8-1（d）中所示的厂房支柱就是偏心受压杆。偏心受压杆的受力情况一般可抽象为图 8-6（a）和（b）所示的两种偏心受压情况（当 F 向上时为偏心受拉）。如图 8-6（a）所示，当偏心压力 F（或方向向上的拉力）作用在杆件横截面对称轴上时，产生轴向压缩（拉伸）和单向平面弯曲的组合变形，称为单向偏心压缩（拉伸）。如图 8-6（b）所示，当偏心压力 F（拉力）作用在横截面的任意点上时，产生轴向压缩（拉伸）和双向平面弯曲的组合变形，称为双向偏心压缩（拉伸）。

下面以偏心压缩为例讨论应力和强度的计算问题。对于偏心拉伸情况，可按相同的方法计算。

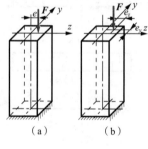

图 8-6

1．单向偏心压缩

1）荷载简化与内力分析

图 8-7（a）所示矩形截面柱单向偏心受压。首先将偏心压力 F 向截面的形心简化，得到一个通过轴线的压力 F 和一个力偶矩 M［图 8-7（b）］。由截面法可求得任意横截面上的内力为轴力 $F_N=-F$，弯矩 $M_y=M=Fe$。显然，各横截面上的内力相同。

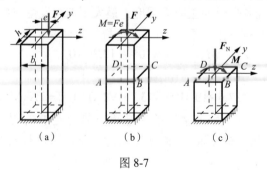

图 8-7

2）应力分析

由于柱各个横截面上的轴力 F_N 和弯矩 M_y 都是相同的，它又是等直杆，所以各个横截面上的应力也相同。因此，可取任一个横截面作为危险截面进行强度计算，如取 $ABCD$ 截面，如图 8-7（c）所示。

任意横截面上任一点的正应力，可看成由轴力 F_N 引起的正应力 $\sigma_N = \dfrac{F_N}{A}$ 和由弯矩 M_y 引起的正应力 $\sigma_M = \dfrac{M_y \cdot z}{I_y}$ 的叠加，即

$$\sigma = \sigma_N + \sigma_M = \frac{F_N}{A} + \frac{M_y \cdot z}{I_y}$$

$$\sigma = -\frac{F}{A} + \frac{F \cdot e}{I_y} \cdot z \tag{8-8}$$

式中，M_y、z、e 均以绝对值代入；弯曲正应力的正负号一般通过观察弯矩 M_z 的转向来确定。

显然，最大正应力发生在横截面的 AD 边上各点处，其值为

$$\sigma_{max} = -\frac{F}{A} + \frac{M_y}{W_y} \tag{8-9a}$$

最小正应力发生在横截面的 BC 边上各点处，其值为

$$\sigma_{min} = \sigma_{max}^c = -\frac{F}{A} - \frac{M_y}{W_y} \tag{8-9b}$$

3）强度计算

如果杆件材料的抗拉、抗压强度不相等，且横截面上拉、压应力同时出现时，则应分别计算拉、压强度，其强度条件为

$$\sigma_{max}^t = -\frac{F}{A} + \frac{M_z}{W_z} \leqslant [\sigma_t] \tag{8-10a}$$

$$\sigma_{max}^c = \left| -\frac{F}{A} - \frac{M_y}{W_y} \right| \leqslant [\sigma_c] \tag{8-10b}$$

如果横截面上不出现拉应力，或杆件材料抗拉、抗压强度相等，按式（8-10b）进行强度计算即可。

【例 8-3】 截面为正方形的短柱承受荷载 F 作用，若在短柱中开一切槽，其最小截面积为原面积的一半，如图 8-8 所示。试问切槽后，柱内最大压应力是原来的几倍？

解：原来的压应力为全截面均匀分布，其值为

$$\sigma_N = \left| \frac{F_N}{A} \right| = \frac{F}{2a \times 2a} = \frac{F}{4a^2}$$

切槽后为偏心压缩，即弯、压组合变形。最大压应力在切中截面右边缘，其值为

$$\sigma_{max}^c = \left| -\frac{F}{A} - \frac{M_y}{W_y} \right| = \frac{F}{2a^2} + \frac{\left(F \times \dfrac{a}{2}\right) \times 6}{2a \times a^2} = 2\frac{F}{a^2}$$

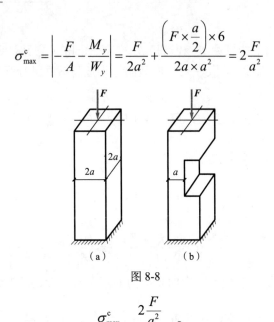

图 8-8

所以

$$\frac{\sigma_{max}^c}{\sigma_N} = \frac{2\dfrac{F}{a^2}}{\dfrac{F}{4a^2}} = 8$$

即切槽处的最大压应力为原来的 8 倍。

【例 8-4】 如图 8-9 所示矩形截面柱，柱顶有屋架传来的压力 F_1=100kN，牛腿上承受吊车梁传来的压力 F_2=45kN，F_2 与柱轴线的偏心距 e=0.2m。已知柱宽 b=200mm，求：

（1）若 h=300mm，则柱截面中的最大拉压力和最大压应力各为多少？

（2）要使柱截面不产生拉应力，截面高度 h 应为多少？在所选的 h 尺寸下，柱截面中的最大压应力为多少？

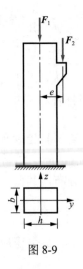

图 8-9

解：（1）求 σ_{max}^t 和 σ_{max}^c。将荷载力向截面形心平移，得柱的轴心压力为

$$F=F_1+F_2=145(\text{kN})$$

截面的弯矩为

$$M_z = F_2 \cdot e = 45 \times 0.2 = 9(\text{kN} \cdot \text{m})$$

所以

$$\sigma_{max} = -\frac{F}{A}+\frac{M_z}{W_z} = -\frac{145\times10^3}{200\times300}+\frac{9\times10^6}{\dfrac{200\times300^2}{6}} = -2.42+3 = 0.58(\text{MPa})$$

此值为最大拉应力 σ_{max}^t。

最小应力即为最大压应力，其值为

$$\sigma_{min} = \sigma_{max}^c = -\frac{F}{A}-\frac{M_z}{W_z} = -2.42-3 = -5.42(\text{MPa})$$

（2）求 h 及 σ_{max}^c。要使截面不产生拉应力，应满足

$$\sigma_{max} = -\frac{F}{A}+\frac{M_z}{W_z} \leqslant 0$$

即

$$-\frac{145\times10^3}{200h}+\frac{9\times10^6}{\dfrac{200h^2}{6}} \leqslant 0$$

解得 $h\geqslant372\text{mm}$，取 $h=380\text{mm}$。

当 $h=380\text{mm}$ 时，截面的最大压应力为

$$\sigma_{max}^c = -\frac{F}{A}-\frac{M_z}{W_z} = -\frac{145\times10^3}{200\times380}-\frac{9\times10^6}{\dfrac{200\times380^2}{6}} = -1.908-1.87 = -3.78(\text{MPa})$$

【例 8-5】 最大起吊重量 $F_1=80\text{kN}$ 的起重机，安装在混凝土基础上（图 8-10），起重机支架的轴线通过基础的中心，平衡锤重 $F_2=50\text{kN}$。起重机自重 $F_3=180\text{kN}$（不包含 F_1 和 F_2），其作用线通过基础底面的轴 y，且偏心距 $e=0.6\text{m}$。已知混凝土的容重为 22kN/m^3，混凝土基础的高为 2.4m，基础截面的尺寸 $b=3\text{m}$。求：

例 8-5 视频讲解

（1）基础截面的尺寸 h 应为多少才能使基础底部截面上不产生拉应力？

（2）若地基的许用压应力 $[\sigma_c]=0.2\text{MPa}$，在所选的 h 值下，试校核地基的强度。

解：（1）求尺寸 h。将各力向基础底部截面中心简化，得到轴向压力 F 及对 z 轴的力矩 M_z。设基础自重为 F_4，则基础底部截面上的轴力和弯矩分别为

$$\begin{aligned} F_N &= -F = -(F_1+F_2+F_3+F_4) \\ &= -(80+50+180+2.4\times h\times22) \\ &= -(310+158.4h)\text{kN} \end{aligned}$$

$$M_z = -50\times4+180\times0.6+80\times8 = 548(\text{kN}\cdot\text{m})$$

根据式（8-10a），要使基础底部截面上不产生拉应力，必须满足 $\sigma_{max}^t = -\dfrac{F}{A} + \dfrac{M_z}{W_z} \leqslant 0$，

将 $A=3h$、$W_z = \dfrac{3h^2}{6}$ 及有关数据代入，可得

$$\sigma_{max}^t = -\frac{310+158.4h}{3h} + \frac{548}{\dfrac{3h^2}{6}} \leqslant 0$$

由此解得 $h \geqslant 3.68\text{m}$，取 $h=3.7\text{m}$。

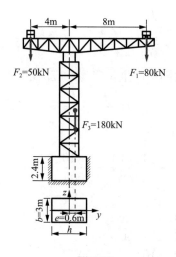

图 8-10

（2）校核地基的强度。当取 $h=3.7\text{m}$ 时，根据式（8-10b）得与地基接触的基础底部截面上的最大压应力为

$$\sigma_{max}^c = \left| -\frac{F}{A} - \frac{M_z}{W_z} \right|$$

$$= \left| -\frac{(310+158.4 \times 3.7) \times 10^3}{3 \times 3.7} - \frac{548 \times 10^3}{\dfrac{3 \times 3.7^2}{6}} \right|$$

$$-161 \times 10^3 (\text{Pa}) = 0.161(\text{MPa}) < [\sigma_c] = 0.2(\text{MPa})$$

可见地基的强度是足够的。

2. 双向偏心压缩

1）荷载简化

如图 8-11（a）所示，已知 F 至 z 轴的偏心距为 e_y，至 y 轴的偏心距为 e_z。

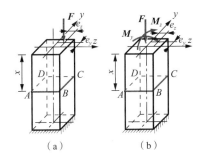

图 8-11

首先将 F 平移至 z 轴，附加力偶矩为 $M_z=Fe_y$；再将压力 F 从 z 轴上平移至与杆件轴线重合，附加力偶矩为 $M_y=Fe_z$；如图 8-11（b）所示，力 F 经过两次平移后，得到轴向压力 F 和两个力偶矩 M_z、M_y，所以双向偏心压缩实际上就是轴向压缩和两个垂直的平面弯曲的组合。

2）内力分析

由于柱各横截面上的内力相同，它又是等直杆，所以由截面法截取任一横截面 $ABCD$，其内力为

$$F_N=-F,\quad M_z=Fe_y,\quad M_y=Fe_z$$

3）应力分析

横截面 $ABCD$ 上任意一点 $K(z,y)$ 处的应力由三部分组成。由轴力 F 引起 K 点的压应力为

$$\sigma_N = -\frac{F}{A}$$

由弯矩 M_z 引起 K 点的应力为

$$\sigma_{M_z} = \pm\frac{M_z \cdot y}{I_z}$$

由弯矩 M_y 引起 K 点的应力为

$$\sigma_{M_y} = \pm\frac{M_y \cdot z}{Z_y}$$

所以，K 点处的正应力为

$$\sigma = \sigma_N + \sigma_{M_z} + \sigma_{M_y}$$

$$\sigma = -\frac{F}{A} \pm \frac{M_z \cdot y}{I_z} \pm \frac{M_y \cdot z}{I_y} \tag{8-11}$$

计算时，式（8-11）中 F、M_z、M_y、y、z 都可用绝对值代入，式中第二项和第三项前的正负号由观察弯曲变形的情况来确定。

4）最大正应力

对于具有外棱角的横截面如矩形截面，处于双向偏心压缩时的最大正应力和最小正

应力产生的位置可以直观判断。由图 8-11（b）可见，横截面 *ABCD* 上的最大正应力（可能为拉、压或零）$\sigma_{\max}$ 发生在 *A* 点，而最小正应力（为最大压应力）$\sigma_{\min}$ 发生在 *C* 点，它们的值为

$$\begin{cases} \sigma_{\max} = -\dfrac{F}{A} + \dfrac{M_z}{W_z} + \dfrac{M_y}{W_y} \\[2mm] \sigma_{\min} = -\dfrac{F}{A} - \dfrac{M_z}{W_z} - \dfrac{M_y}{W_y} \end{cases} \tag{8-12}$$

如果横截面没有外棱角，如图 8-12 所示的截面，y、z 轴为形心主轴。对于这类截面，显然无法通过观察确定最大正应力和最小正应力发生的位置。但由于最大正应力和最小正应力必定发生在距中性轴最远的点处，因此可以先确定出中性轴的位置，然后确定出最大应力和最小应力发生的位置。下面来讨论如何确定中性轴位置。

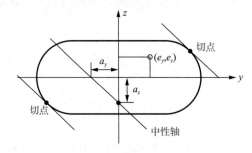

图 8-12

根据式（8-11），横截面上任意点处的应力可表示为

$$\sigma = -\frac{F}{A} - \frac{M_z \cdot y}{I_z} - \frac{M_y \cdot z}{I_y}$$

设 y_0、z_0 为中性轴上任一点的坐标，根据中性轴上各点的正应力等于零，则有

$$\sigma = -\frac{F}{A} - \frac{M_z \cdot y_0}{I_z} - \frac{M_y \cdot z_0}{I_y} = 0$$

即

$$1 + \frac{e_y}{i_z^2}y_0 + \frac{e_z}{i_y^2}z_0 = 0 \tag{8-13}$$

式中，$i_z^2 = \dfrac{I_z}{A}$，$i_y^2 = \dfrac{I_y}{A}$ 分别称为截面对 z、y 轴的惯性半径，也是截面的几何量之一。式（8-13）称为中性轴方程，可见中性轴是一条不通过横截面形心的直线。

将 $z_0 = 0$ 和 $y_0 = 0$ 分别代入式（8-13），得中性轴在 y、z 轴上的截距分别为

$$a_y = y_0\big|_{z_0=0} = -\frac{i_z^2}{e_y}, \quad a_z = z_0\big|_{y_0=0} = -\frac{i_y^2}{e_z} \tag{8-14}$$

由此可以确定中性轴位置。由于中性轴截距 a_y、a_z 和偏心距 e_y、e_z 符号相反，所以中性轴与偏心力的作用点位于截面形心的相对两侧，如图 8-12 所示。中性轴把截面分为两部分，一部分为拉应力区，另一部分为压应力区。显然与偏心压力作用点位于中性轴同侧的区域为受压区，而与偏心压力作用点处于中性轴异侧的区域为受拉区。

中性轴的位置确定后，作与中性轴平行并与截面周边相切的直线，受拉区切线的切点就是产生最大拉应力的位置，受压区切线的切点是产生最大压应力的位置，如图 8-12 所示。将两个切点的坐标分别代入式（8-11），即可求得最大拉应力和最大压应力。

5）强度条件

根据上述的分析可知，双向偏心压缩（拉伸）杆件横截面上的所有点都只有正应力，处于单向应力状态，所以可类似于单向偏心压缩的情况建立相应的强度条件。

当杆件材料抗拉、抗压强度不相等且横截面同时出现拉、压应力时，其强度条件为

$$\sigma^t_{max} \leqslant [\sigma_t], \quad \sigma^c_{max} \leqslant [\sigma_c]$$

对于图 8-12 所示的矩形截面柱，其强度条件则为

$$\begin{cases} \sigma^t_{max} = -\dfrac{F}{A} + \dfrac{M_z}{W_z} + \dfrac{M_y}{W_y} \leqslant [\sigma_t] \\ \sigma^c_{max} = \left| -\dfrac{F}{A} - \dfrac{M_z}{W_z} - \dfrac{M_y}{W_y} \right| \leqslant [\sigma_c] \end{cases} \tag{8-15}$$

如果横截面不出现拉应力或材料抗拉、抗压强度相等，则只需按强度条件的第二个式子进行强度计算即可。

【例 8-6】 试求图 8-13（a）所示偏心受压杆的最大拉应力和最大压应力。

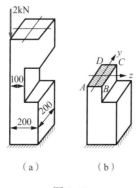

（a）　　　　　　（b）

图 8-13

解：此杆切槽处的截面［图 8-13（b）］是危险截面，将力 $\boldsymbol{F}$ 向切槽截面的形心处简化，得

$$F_N = -2(kN)$$
$$M_z = 2 \times 100 \times 10^{-3} = 0.2(kN \cdot m)$$
$$M_y = 2 \times 50 \times 10^{-3} = 0.1(kN \cdot m)$$

显然截面上的 C 点处产生最大拉应力，A 点处产生最大压应力，由式（8-12）可得

$$\sigma_{max}^{t} = \sigma_C = -\frac{F}{A} + \frac{M_z}{W_z} + \frac{M_y}{W_y}$$

$$= \frac{-2\times10^3}{200\times100} + \frac{0.2\times10^6}{\dfrac{100\times200^2}{6}} + \frac{0.1\times10^6}{\dfrac{200\times100^2}{6}} = 0.5(\text{MPa})$$

$$\sigma_{max}^{c} = \sigma_A = -\frac{F}{A} - \frac{M_z}{W_z} - \frac{M_y}{W_y}$$

$$= \frac{-2\times10^3}{200\times100} - \frac{0.2\times10^6}{\dfrac{100\times200^2}{6}} - \frac{0.1\times10^6}{\dfrac{200\times100^2}{6}} = -0.7(\text{MPa})$$

3. 受压杆的截面核心

工程中，有不少材料抗拉性能差，但抗压性能好且价格比较便宜，如砖、石、混凝土、铸铁等。对于这类材料制成的构件，往往认为其拉伸强度为零。这就要求构件在偏心压力作用下，其横截面上不出现拉应力。

由式（8-14）可知，中性轴在 y、z 轴上的截距与偏心力的偏心距成反比，由此说明，对于给定的截面，e_y、e_z 值越小，a_y、a_z 值就越大，即外力作用点离形心越近，中性轴距形心就越远。因此，当外力作用点位于截面形心附近的一个区域内时，就可保证中性轴不与横截面相交，这个区域称为截面核心。当外力作用在截面核心的边界上时，与此相对应的中性轴就正好与截面的周边相切，如图 8-14 所示。利用这一关系就可确定截面核心的边界。

为确定任意形状截面（图 8-14）的截面核心边界，可将与截面周边相切的任一直线①看作是中性轴，其在 y、z 两个形心主惯性轴上的截距分别为 a_{y1} 和 a_{z1}。由式（8-14）则可确定与该中性轴对应的外力作用点 1，即截面核心边界上一个点的坐标（e_{y1}，e_{z1}）为

$$e_{y1} = -\frac{i_z^2}{a_{y1}}，\quad e_{z1} = -\frac{i_y^2}{a_{z1}}$$

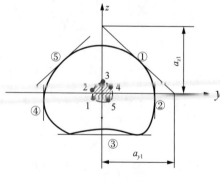

图 8-14

同样，分别将与截面周边相切的直线②、③等看作中性轴，并按上述方法求得与其对应的截面核心边界上点 2、3 等的坐标。连接这些点得到一条封闭曲线，这条封闭曲线即为所求截面核心的边界，而该边界曲线所包围的带阴影线的区域，即为截面核心（图 8-14）。下面举例说明确定截面核心的具体做法。

【例 8-7】　一矩形截面如图 8-15 所示，已知两边长度分别为 b 和 h，求作截面核心。

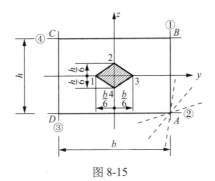

图 8-15

解：先作与矩形四边重合的中性轴①、②、③和④，利用式（8-14）得

$$e_y = -\frac{i_z^2}{a_y}, \quad e_z = -\frac{i_y^2}{a_z}$$

式中，$i_y^2 = \dfrac{I_y}{A} = \dfrac{\frac{bh^3}{12}}{bh} = \dfrac{h^2}{12}$，$i_z^2 = \dfrac{I_z}{A} = \dfrac{\frac{hb^3}{12}}{bh} = \dfrac{b^2}{12}$，$a_y$ 和 a_z 为中性轴的截距，e_y 和 e_z 为相应的外力作用点的坐标。

对中性轴①，有 $a_y = \dfrac{b}{2}$，$a_z = \infty$，代入上式，得

$$e_{y1} = -\frac{i_z^2}{a_y} = -\frac{\frac{b^2}{12}}{\frac{b}{2}} = -\frac{b}{6}, \quad e_{z1} = -\frac{i_y^2}{a_z} = -\frac{\frac{h^2}{12}}{\infty} = 0$$

即相应的外力作用点为图 8-15 上的点 1。

对中性轴②，有 $a_y = \infty$，$a_z = -\dfrac{h}{2}$，代入上式，得

$$e_{y2} = -\frac{i_z^2}{a_y} = -\frac{\frac{b^2}{12}}{\infty} = 0, \quad e_{z2} = -\frac{i_y^2}{a_z} = -\frac{\frac{h^2}{12}}{-\frac{h}{2}} = \frac{h}{6}$$

即相应的外力作用点为图 8-15 上的点 2。

同理，可得相应于中性轴③和④的外力作用点的位置，如图 8-15 所示的点 3 和点 4。

至于由点 1 到点 2，外力作用点的移动规律如何，我们可以从中性轴①开始，绕截面点 A 作一系列中性轴（图中虚线），一直转到中性轴②，求出这些中性轴所对应的外

力作用点的位置，就可得到外力作用点从点 1 到点 2 的移动轨迹。根据中性轴方程式（8-13），设 e_y 和 e_z 为常数，y_0 和 z_0 为流动坐标，中性轴的轨迹是一条直线。反之，若设 y_0 和 z_0 为常数，e_y 和 e_z 为流动坐标，则力作用点的轨迹也是一条直线。现在，过角点 A 的所有中性轴有一个公共点，其坐标 $\left(\dfrac{b}{2}, -\dfrac{h}{2}\right)$ 为常数，相当于中性轴方程式（8-13）中的 y_0 和 z_0，而需求的外力作用点的轨迹，则相当于流动坐标 e_y 和 e_z。于是可知，截面上从点1到点2的轨迹是一条直线。同理可知，当中性轴由②绕角点 D 转到③，由③绕角点 C 转到④时，外力作用点由点 2 到点 3，由点 3 到点 4 的轨迹，都是直线。最后得到一个菱形（图 8-15 中的阴影区）。即矩形截面的截面核心为一菱形，其两对角线的长度分别为矩形截面两条相交边长的三分之一。

对于具有棱角的截面，均可按上述方法确定截面核心。对于周边有凹进部分的截面（如槽形或工字形截面等），在确定截面核心的边界时，应该注意不能取与凹进部分的周边相切的直线作为中性轴，因为这种直线显然与横截面相交。

【例 8-8】 一圆形截面如图 8-16 所示，直径为 d，试作其截面核心。

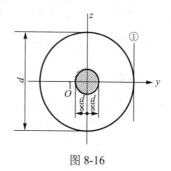

图 8-16

解：由于圆形截面对于圆心 O 是极对称的，因而，截面核心的边界对于圆心 O 也是极对称的，即为一圆心为 O 的圆。在截面周边上任取一点 A，过该点作切线①作为中性轴，该中性轴在 y、z 两轴上的截距分别为

$$a_{y1} = \frac{d}{2}, \quad a_{z1} = \infty$$

圆形截面中，$i_y^2 = i_z^2 = \dfrac{d^2}{16}$，将以上各值代入式（8-14），即可得

$$e_{y1} = -\frac{i_z^2}{a_{y1}} = -\frac{\dfrac{d^2}{16}}{\dfrac{d}{2}} = -\frac{d}{8}, \quad e_{z1} = -\frac{i_y^2}{a_{z1}} = 0$$

从而可知，截面核心边界是一个以 O 为圆心、以 $\dfrac{d}{8}$ 为半径的圆，截面核心即图中阴影区域。

本 章 小 结

---

1. 由两种或两种以上基本变形组合而成的变形称为组合变形。

2. 斜弯曲是两个平面弯曲的组合。

3. 如果杆件同时受到沿轴线的外力和与轴线垂直的外力的共同作用,杆将发生拉伸(压缩)与弯曲组合变形。

4. 当外荷载作用线与杆轴线平行但不重合时,杆件将产生压缩(拉伸)和弯曲两种基本变形,这类问题称为偏心压缩(拉伸)。

思考与练习题

一、填空题

8-1 计算组合变形的基本假设是_____;计算方法是_____。

8-2 受通过截面图形形心的斜荷载作用,产生弯曲,挠曲线仍在荷载作用平面内的截面有_____。

二、计算题

8-3 矩形截面杆受力如图所示。已知 $F_1 = 0.8\text{kN}$, $F_2 = 1.65\text{kN}$, $b = 90\text{mm}$, $h = 180\text{mm}$,材料的许用应力 $[\sigma] = 10\text{MPa}$,试校核此梁的强度。

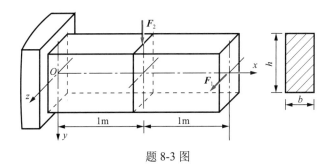

题 8-3 图

8-4 受集度为 q 的均布荷载作用的矩形截面简支梁,其荷载作用面与梁的纵向对称面间的夹角为 $\alpha = 30°$,如图所示。已知该梁材料的弹性模量 $E = 10\text{GPa}$;梁的尺寸为 $l = 4\text{m}$, $h = 160\text{mm}$, $b = 120\text{mm}$;许用应力 $[\sigma] = 12\text{MPa}$ 。试校核梁的强度。

8-5 简支于屋架上的檩条承受均布荷载 $q = 14\text{kN/m}$ 作用, $\varphi = 30°$,如图所示。檩条跨长 $l = 4\text{m}$,采用工字钢制造,其许用应力 $[\sigma] = 160\text{MPa}$,试选择工字钢型号。

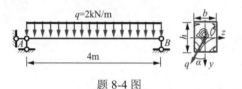

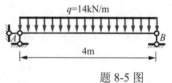

题 8-4 图   题 8-5 图

8-6 图示构架的立柱 AB 用 25a 号工字钢制成，已知 $F = 20\text{kN}$，$[\sigma] = 160\text{MPa}$，试校核立柱的强度。

8-7 如图所示一混凝土挡水墙，浇筑于牢固的基础上。墙高为 2m，墙厚为 0.5m，试求：（1）当水位达到墙顶时，墙底处的最大拉应力和最大压应力（混凝土重力密度 $\gamma = 24\text{kN/m}^3$）；（2）如果要求混凝土中不出现拉应力，最大允许水深 h 为多少。

8-8 如图所示一楼梯木斜梁的长度为 $l = 4\text{m}$，截面为 $0.2\text{m} \times 0.1\text{m}$ 的矩形，受均布荷载作用，$q = 2\text{kN/m}$。试作梁的轴力图和弯矩图，并求横截面上的最大拉应力和最大压应力。

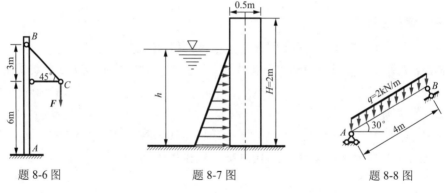

题 8-6 图   题 8-7 图   题 8-8 图

8-9 如图所示一悬臂滑车架，杆 AB 为 18 号工字钢，其长度为 $l = 2.6\text{m}$。试求当荷载 $F = 25\text{kN}$ 作用在 AB 的中点 D 处时，杆内的最大正应力。设工字钢的自重可略去不计。

8-10 如图所示边长为 a 的正方形截面短柱，受到轴向压力 F 作用，若在中间开一切槽，其面积为原面积的一半，试问最大压应力是不开槽的几倍？

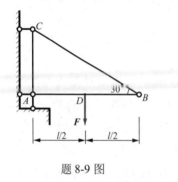

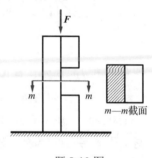

题 8-9 图   题 8-10 图

8-11 短柱受荷载作用如图所示，试求固定端截面上角点 A、B、C、D 的正应力，并确定其中性轴的位置。

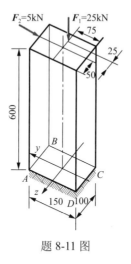

题 8-11 图

第 9 章

压杆稳定

本 章主要介绍压杆稳定性的概念，临界压力的计算，临界应力总图及压杆的稳定性校核。

9.1 压杆稳定性的概念

由前面各章学习可知，杆件能正常安全地工作，必须满足强度、刚度和稳定性三方面要求。对于轴向拉伸或压缩杆件，在第 2 章已进行过详细讨论。其内容指出，在拉力或压力作用下的杆件，其工作应力达到屈服极限或强度极限时，将发生塑性变形或断裂，这种破坏是强度不足引起的。对于长度很小的受压短柱也有同样的现象发生，例如，低碳钢短柱被压扁，铸铁短柱被压裂。这些破坏现象统属于强度问题。

但是工程结构中经常会遇到受压的细长杆件，如各种桁架结构中的受压杆、建筑物中的柱、内燃机配气机构中的挺杆（图 9-1）、千斤顶的螺杆（图 9-2）、托架的支柱（图 9-3）等。

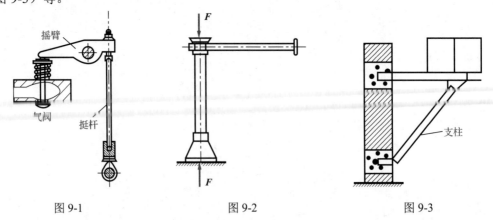

图 9-1   图 9-2   图 9-3

这些杆件受压时，将会表现出怎样的性质呢？与强度失效的性质相同？或是与强度失效的性质不同？以一个简单的实验来说明，取一枚铁钉与一根直径相同的长铁丝，铁钉能承受手的压力，但长铁丝稍压即弯，无法承受手的压力。再定量地来分析一个例子：一根宽 30mm、厚 2mm、长 400mm 的条形钢板，其材料的许用应力$[\sigma]$=120MPa。按照轴向压缩强度条件，其承载能力为 $F \leqslant A[\sigma] = 30 \times 2 \times 120\text{N} = 7.2 \times 10^3\text{N} = 7.2\text{kN}$。但实验发现，当压力值 F 达到 70N 时，钢板已经开始弯曲。若压力继续增大，则变形程度急剧增加直至折断，此时的压力值 F 远小于 7.2kN，也就是说其承载能力远小于按强度条件计算得到的许用荷载。这是因为，受压的细长杆件所承受的工作应力在还没有达到材料强度的许用应力之前，杆件就被压弯，其不能保持原来的直线平衡状态而失去了工作能力。

由以上两个例子可知，细长杆件受压时，表现出与强度失效全然不同的性质，这就是稳定性问题。这类压杆的破坏并非强度不足引起的，而是由于压杆丧失初始平衡构形，即压杆丧失稳定（简称失稳）引起的。压杆失稳带有突发性，往往是造成结构物破坏坍塌的重要原因，具有极强的危害性。工程结构中受压杆件由于失稳导致重大事故的不乏其例，如：1907 年加拿大长达 584m 的魁北克大桥，在施工时由于两根压杆稳定性失效而引起坍塌（图 9-4），造成数十人死亡；2000 年 10 月 25 日上午 10 时南京电视台演播中心由于脚手架失稳造成屋顶模板倒塌（图 9-5），导致 6 人死亡，34 人受伤。因此在设计压杆时，必须进行稳定性分析。细长压杆只有具备足够的稳定性，才能安全可靠地工作。

图 9-4 　　　　　　　　　　图 9-5

除压杆外，其他构件也存在稳定性问题。例如，狭长的板条梁或工字梁在最大刚度平面内弯曲时，会因荷载达到临界值发生侧弯失稳。薄壳在轴向压力或扭转力偶作用下会出现局部折皱。这些都是稳定性问题。本章只讨论压杆稳定问题。

在研究压杆稳定时，通常假定杆件的材料是均匀的，轴线是直线，无任何初曲率，轴向压力的作用线与轴线重合（无偏心）。这种抽象的力学模型称为理想中心受压直杆。现以图 9-6 所示的两端铰支细长压杆为例来说明失稳的过程。如图 9-6（a）所示，在细长直杆两端施加较小的轴向压力 F，压杆处于直线平衡状态。此时，若施加一微小的侧向干扰力，压杆将发生轻微弯曲。将干扰力解除，可以看到压杆左右摆动，且摆动幅度越来越小，最后仍将恢复到原来的直线平衡状态［图 9-6（b）］，此时称压杆原有的直线平衡状态是稳定的平衡状态。如果将轴向压力值 F 逐渐增大，增大到某一界限值时，如再用微小的侧向干扰力使其发生轻微弯曲，干扰力解除后，它将处于微弯平衡状态，不能恢复原有的直线平衡状态，如图 9-6（c）所示。此时称压杆受干扰前的直线平衡状态为介于稳定与不稳定之间的临界平衡状态。压杆丧失其原有直线形状的平衡而过渡为曲线平衡，称为压杆的失稳，也称为屈曲。压杆在临界平衡状态时所受到的轴向压力（上述界限值）称为压杆的临界压力或临界力，用 F_{cr} 表示。压杆失稳后，压力的微小增加将引起弯曲变形的急剧增大，直至折断。

桁架失稳

临界压力

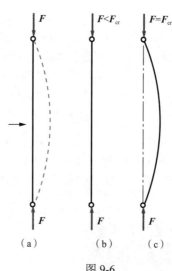

图 9-6

由此可见，对于细长压杆，其直线平衡状态是否稳定，与轴向压力 F 的大小有关。当 $0 \leqslant F < F_{cr}$ 时，压杆处于稳定的直线平衡状态；当 $F > F_{cr}$ 时，压杆就会失稳。临界力越大，压杆的稳定性越强，越不易失稳；反之，临界力越小，压杆的稳定性越弱，越容易失稳。临界力的大小反映了压杆稳定性的强弱。故研究压杆稳定性的关键是确定临界力的大小。

9.2　细长压杆的临界压力

实验表明，压杆的临界力与压杆两端的约束情况有关。

1. 两端铰支细长压杆的临界压力

两端球形铰支细长压杆 AB，长度为 l，不计杆的自重。为研究其临界压力，可假设杆件 AB 在 F_{cr} 的作用下处于微弯的曲线平衡状态，如图 9-7（a）所示，应用杆件弯曲理论来推导临界压力的计算公式。当杆内压力不超过材料的比例极限时，压杆的挠曲线

方程为 $w = w(x)$ 。由图 9-7（b）可知，距坐标原点为 x 的任意截面的弯矩为 $M(x) = F_{cr}w$ 。压杆挠曲线近似微分方程为

$$EIw'' = -M(x) = -F_{cr}w \qquad (9\text{-}1)$$

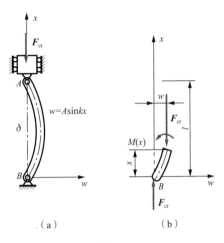

（a）　　　　　（b）

图 9-7

令 $k^2 = \dfrac{F_{cr}}{EI}$ ，则式（9-1）转化为

$$w'' + k^2 w = 0 \qquad (9\text{-}2)$$

这是一个二阶常系数线性齐次微分方程，其通解为

$$w = A\sin kx + B\cos kx \qquad (9\text{-}3)$$

式中，A 和 B 是两个待定的积分常数，由杆端边界条件确定。

两端铰支压杆的边界条件：

（1）当 $x = 0$ 时，$w = 0$ ，代入式（9-3），可得 $B = 0$ ，式（9-3）化为

$$w = A\sin kx \qquad (9\text{-}4)$$

（2）当 $x = l$ 时，$w = 0$ ，代入式（9-4），可得 $A = 0$ 或 $\sin kl = 0$ 。若 $A = 0$ ，则通解 $w = 0$ ，表示压杆各截面的挠度均为零，这显然与压杆处于微弯曲线平衡状态的前提不符。因此只能是 $\sin kl = 0$ 。满足该条件的 kl 值为

$$kl = n\pi \quad (n = 1,2,3,\cdots)$$

由此可得 $k = \dfrac{n\pi}{l} = \sqrt{\dfrac{F_{cr}}{EI}}$ ，或写成

$$F_{cr} = \frac{n^2\pi^2 EI}{l^2} \quad (n = 1,2,3,\cdots)$$

上式表明，使压杆处于微弯曲线平衡状态的压力，在理论上是有多个值的，即对应压杆的多次失稳。工程上取轴向最小压力值作为临界压力。因此在上式中取 $n = 1$ 。这样，两端铰支细长压杆的临界压力 F_{cr} 的表达式为

$$F_{cr} = \frac{\pi^2 EI}{l^2} \qquad\qquad (9\text{-}5)$$

这一公式是由著名数学家欧拉（L. Euler）最先导出的，故通常称为两端铰支细长压杆的欧拉公式。两端铰支压杆是实际工程中最常见的情况。挺杆、活塞杆和桁架结构中的受压杆件等，一般可简化为两端铰支杆。

必须注意：

（1）由式（9-5）可以看出，细长压杆的临界压力与杆件的抗弯刚度成正比，与杆件长度成反比。所以，当两个方向的约束情况一样时，压杆总是在抗弯能力最弱的纵向平面内失稳。即欧拉公式中的惯性矩 I 应取横截面的最小形心主惯性矩 I_{min}。

（2）两端铰支细长压杆在式（9-5）临界压力的作用下，其挠曲线的形状是怎样的？我们来进行研究。当 $F_{cr} = \dfrac{\pi^2 EI}{l^2}$ 时，$k = \dfrac{\pi}{l}$。这样式（9-4）写为

$$w = A\sin\frac{\pi x}{l}$$

由此可见，压杆处于微弯的曲线平衡状态时，轴线弯成半个正弦波曲线。当 $x = \dfrac{l}{2}$ 时，$w = A$，即 A 为压杆中点处的挠度，也是压杆的最大挠度，它是一个任意微小数值，随干扰的大小而异。因为在推导公式的过程中，我们使用的是挠曲线近似微分方程，所以 A 的值是无法确定的。实际上，A 的值是可以用挠曲线的精确微分方程确定。但是从设计的角度来看，目的是确定临界压力，并不是确定失稳时的最大挠度。因此我们采用近似微分方程的方法来确定临界压力，既能使计算得到简化，同时又能够满足设计要求。

2. 其他约束条件下细长压杆的临界压力

工程中，有许多细长压杆两端的约束并不能简化为球形铰链支座。例如，常见的千斤顶螺杆，下端简化为固定端，上端为自由端。对于类似这些其他约束条件下的细长压杆，由于杆端的约束条件发生变化，边界条件也随之变化，临界压力的计算公式与式（9-5）将有所不同。其临界压力的计算公式可以用上述同样的方法来推导，也可以通过比较失稳时的挠曲线形状而求得。

将各种不同杆端约束条件下的细长压杆处于临界状态时的微弯变形曲线与两端铰支细长压杆处于临界状态时的微弯变形曲线（半波正弦曲线）相比较，画出这些压杆在微弯变形时的一个半波正弦曲线长度，用 μl 来表示，将式（9-5）中分母上的 l 用 μl 来替换，即可得到不同约束条件下细长压杆的临界压力的一般公式：

$$F_{cr} = \frac{\pi^2 EI}{(\mu l)^2} \qquad\qquad (9\text{-}6)$$

式（9-6）是欧拉公式的普遍形式。式中，μ 为长度系数，它反映了约束对压杆临界压力的影响；μl 为压杆的相当长度，或称为有效计算长度。

图 9-8 对四种常见的不同约束条件下的细长压杆在临界状态下的微弯曲线做了比

较，并给出了相应情况下的 μ 值。对工程实际中的其他约束情况，其长度系数可从相关的设计手册或规范中查到。

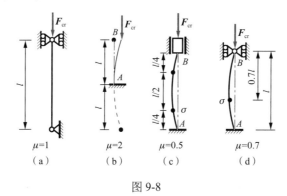

$\mu=1$　　　$\mu=2$　　　$\mu=0.5$　　　$\mu=0.7$

（a）　　　（b）　　　（c）　　　（d）

图 9-8

分析图 9-8（b），一端固定，一端自由的细长压杆，长度为 l，自由端受临界压力 F_{cr} 的作用，处于微弯曲线平衡状态。若将挠曲线对称地向下延伸，如图中虚线部分所示，则整条曲线相当于一个半波正弦曲线，与长为 $2l$ 的两端铰支细长压杆挠曲线相同，因此有 $\mu=2$。图 9-8（c）是两端固定细长压杆失稳时的挠曲线形状，有两个拐点，在距上下两端各 $l/4$ 处，压杆在这两点处的弯矩为零，中间 $l/2$ 段的挠曲线与两端铰支细长压杆挠曲线相同，因此有 $\mu=0.5$。图 9-8（d）是一端固定，一端铰支细长压杆失稳时的挠曲线形状，距上端铰支端 $0.7l$ 处有一拐点，压杆在上端铰支处和拐点处的弯矩均为零。这样从上端铰支处到拐点处的挠曲线与两端铰支细长压杆挠曲线相同，因此有 $\mu=0.7$。

由上面的分析可以看出，约束越强，μ 值越小，临界压力越大，越不易失稳。

【例 9-1】　如图 9-9 所示，两端铰支受压细长杆件，矩形截面，截面面积 $A=5\text{cm}^2$，长 $l=1\text{m}$，弹性模量 $E=200\text{GPa}$。试用欧拉公式计算杆件的临界力。

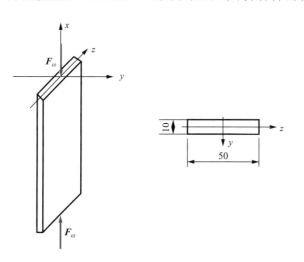

例 9-1 视频讲解

图 9-9

解：由图 9-9 可知，$I_{\min} = I_z$，其值为

$$I_{\min} = \frac{1}{12} \times 50 \times 10^3 \times 10^{-12} = 4.2 \times 10^{-9}(\text{m}^4)$$

压杆总是先在抗弯能力最弱的纵向平面内失稳。当轴向压力达到 $F_{cr} = \pi^2 EI_{\min}/l^2$ 时，杆件就会在 xy 平面内失稳，即失稳时的弯曲平面为 xy 平面。压杆的轴向压力不可能达到 $F_{cr} = \pi^2 EI_{\max}/l^2$。故临界力为

$$F_{cr} = \frac{\pi^2 EI_{\min}}{l^2} = \frac{\pi^2 \times 200 \times 10^9 \times 4.2 \times 10^{-9}}{1^2} = 8282(\text{N})$$

【例 9-2】 两端固定的受压细长杆件，长 $l = 1\text{m}$，弹性模量 $E = 200\text{GPa}$。试用欧拉公式计算如图 9-10 所示三种截面杆件的临界压力。

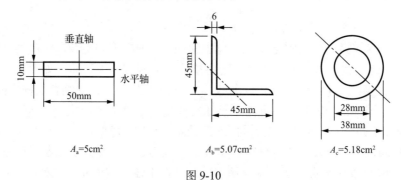

图 9-10

解：矩形截面

$$I_{\min} = \frac{1}{12} \times 50 \times 10^3 \times 10^{-12} = 4.17 \times 10^{-9}(\text{m}^4)$$

$$F_{cr} = \frac{\pi^2 EI_{\min}}{(\mu l)^2} = \frac{\pi^2 \times 200 \times 10^9 \times 4.17 \times 10^{-9}}{(0.5 \times 1)^2} = 32893(\text{N})$$

等边角钢截面由型钢表查得

$$I_{\min} = 3.89 \times 10^{-8}(\text{m}^4)$$

$$F_{cr} = \frac{\pi^2 EI_{\min}}{(\mu l)^2} = \frac{\pi^2 \times 200 \times 10^9 \times 3.89 \times 10^{-8}}{(0.5 \times 1)^2} = 306843(\text{N})$$

空心圆截面

$$I_{\min} = \frac{\pi}{64}(38^4 - 28^4) \times 10^{-12} = 7.21 \times 10^{-8}(\text{m}^4)$$

$$F_{cr} = \frac{\pi^2 EI_{\min}}{(\mu l)^2} = \frac{\pi^2 \times 200 \times 10^9 \times 7.22 \times 10^{-8}}{(0.5 \times 1)^2} = 56949(\text{N})$$

由例 9-2 可知，三个截面形状不同的杆件，截面面积基本相同，但是临界压力相差较大，空心圆截面杆件临界压力最大，矩形截面杆件临界压力最小。主要原因是 $I_{\min}$ 值不同。空心圆截面的材料布置在离截面形心较远处，可得到较大的惯性矩，这样就等于提高了临界压力。因此在稳定性问题中，空心圆截面是一种比较合理的截面形状。

9.3 杆件的临界应力计算

1. 临界应力与柔度

将临界压力除以杆件的横截面面积，所得到的应力即为临界应力，用 σ_{cr} 表示。

$$\sigma_{cr} = \frac{F_{cr}}{A} = \frac{\pi^2 EI}{(\mu l)^2 A} \qquad (9\text{-}7)$$

引入惯性半径 $i = \sqrt{I/A}$，得

$$\sigma_{cr} = \frac{\pi^2 E}{(\mu l)^2} i^2 = \frac{\pi^2 E}{\left(\dfrac{\mu l}{i}\right)^2} \qquad (9\text{-}8)$$

引入记号

$$\lambda = \frac{\mu l}{i} \qquad (9\text{-}9)$$

则式（9-8）可表示为

$$\sigma_{cr} = \frac{\pi^2 E}{\lambda^2} \qquad (9\text{-}10)$$

式（9-10）称为细长压杆临界应力的欧拉公式，是欧拉公式（9-6）的另一种表达形式，两者并无实质性的差别。式（9-10）中，λ 是一个无量纲的量，它综合反映了杆件的约束情况、长度、截面尺寸和形状对临界应力的影响，是描述压杆稳定性能的一个重要参数，称为压杆的柔度或长细比。从式（9-10）中可以看出，柔度越大，临界应力越小，压杆越容易失稳。当压杆的约束条件、长度、截面一定时，压杆的柔度是一个完全确定的量。

2. 欧拉公式的适用范围

欧拉公式是由压杆的挠曲线近似微分方程推导出来的，而该微分方程成立的前提条件是杆件发生小变形并且材料服从胡克定律，所以欧拉公式只有在压杆的临界应力不超过材料的比例极限 σ_p 时才成立。因此，欧拉公式的适用条件为

$$\sigma_{cr} = \frac{\pi^2 E}{\lambda^2} \leqslant \sigma_p \qquad (9\text{-}11)$$

或写成

$$\lambda \geqslant \pi \sqrt{\frac{E}{\sigma_p}}$$

若令

$$\lambda_p = \pi \sqrt{\frac{E}{\sigma_p}} \qquad (9\text{-}12)$$

则欧拉公式的适用条件可表示为

$$\lambda \geqslant \lambda_p \tag{9-13}$$

由式（9-12）可知，λ_p 只与材料的弹性模量 E 和比例极限 σ_p 相关，是材料参数。因此，不同的材料有不同的 λ_p。对于常用的 Q235 钢，弹性模量 $E=200$GPa，比例极限 $\sigma_p=200$MPa，代入式（9-12），得 $\lambda_p=99.3$。式（9-13）表明，只有当压杆的实际柔度 λ 不小于由材料的力学性能所确定的 λ_p 值时，才能保证材料处于线弹性范围内（临界应力未超过材料的比例极限），这时才能应用欧拉公式计算压杆的临界压力或临界应力。柔度 $\lambda \geqslant \lambda_p$ 的这类压杆，称为大柔度杆或细长杆。前面反复提到的细长压杆即指大柔度杆。

3. 临界应力的经验公式和临界应力总图

工程中也会遇到一些压杆的实际柔度值 $\lambda < \lambda_p$，这就说明这些压杆（非细长杆）的临界应力已超过了材料的比例极限，显然，欧拉公式已不再适用，属于超过比例极限的压杆稳定问题。它们受到超过临界值的轴向压力时，失效的机理是不同的。对这类压杆的计算，常采用建立在实验基础上的经验公式。这里介绍两种常用的经验公式：直线公式和抛物线公式。

1）直线公式

直线公式把压杆的临界应力 σ_{cr} 与柔度 λ 表示成以下线性关系：

$$\sigma_{cr} = a - b\lambda \tag{9-14}$$

式中，λ 是压杆的实际柔度；a、b 为与材料相关的参数，由实验确定，单位是 MPa，见表 9-1。

表 9-1

材料（σ_b、σ_s 的单位为 MPa）	a/MPa	b/MPa
Q235 钢（$\sigma_b \geqslant 372, \sigma_s = 235$）	304	1.12
优质碳钢（$\sigma_b \geqslant 471, \sigma_s = 306$）	461	2.568
硅钢（$\sigma_b \geqslant 510, \sigma_s = 353$）	578	3.744
铬铝钢	9807	5.296
铸铁	332.2	1.454
强铝	373	2.15
松木	28.7	0.19

由式（9-14）可知，压杆的临界应力随柔度的减小而增大。但是，当 λ 值较小时，临界应力可能早已超过了塑性材料的屈服极限 σ_s 或脆性材料的强度极限 σ_b，这是杆件的强度条件所不允许的。因此，直线经验公式有一定的适用范围。以塑性材料为例，它的适用条件为

$$\sigma_{cr} = a - b\lambda \leqslant \sigma_s$$

故相应有

$$\lambda \geqslant \frac{a - \sigma_s}{b}$$

这说明直线公式成立时，柔度 λ 的最小值为 $\frac{a - \sigma_s}{b}$。令 $\lambda_s = \frac{a - \sigma_s}{b}$，则 λ_s 是只与材料力学性能有关的参数。直线公式只能计算 $\lambda_s \leqslant \lambda < \lambda_p$ 的压杆。实际柔度处于这一范围内的压杆称为中柔度杆或中长杆。

当压杆的实际柔度值满足 $\lambda < \lambda_s$ 时，压杆的临界应力就超过了材料的屈服极限 σ_s 或强度极限 σ_b，这时的失效属于强度不足引起的。这类压杆称为小柔度杆或短粗杆。若形式上也作为稳定性问题来考虑，临界应力可记为 $\sigma_{cr} = \sigma_s$（或 σ_b）。

为直观反映三类柔度杆的临界应力，以柔度 λ 作为横坐标，临界应力 σ_{cr} 作为纵坐标，绘制一条临界应力随柔度变化的曲线，此曲线称为临界应力总图，如图 9-11 所示。

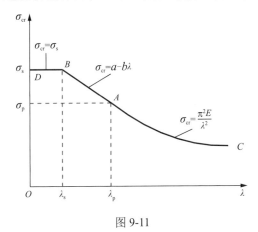

图 9-11

从上图可以看出，计算压杆的临界应力时，应根据压杆的实际柔度来选择相应的计算公式。

① 当 $\lambda \geqslant \lambda_p$ 时，即大柔度杆，对应图中的 AC 段，这时压杆的工作应力小于材料的比例极限 σ_p，临界应力的计算选用欧拉公式。

② 当 λ_s（或 λ_b）$\leqslant \lambda < \lambda_p$ 时，即中柔度杆，存在超过比例极限的稳定性问题，对应图中的 BA 段，临界应力的计算选用直线公式。

③ 当 $\lambda < \lambda_s$ 时，即小柔度杆，不存在稳定性问题，只有强度问题，对应图中的 DB 段，临界应力就是屈服极限 σ_s 或抗压强度极限 σ_b。

2）抛物线公式

在某些工程设计规范中，例如钢结构规范中，采用的抛物线公式为

$$\sigma_{cr} = \sigma_s \left[1 - \alpha \left(\frac{\lambda}{\lambda_c} \right)^2 \right] \tag{9-15}$$

式中，σ_s 是材料的屈服极限；α、λ_c 是与材料有关的系数，可查相关手册。对低碳钢

和低锰钢，有

$$\lambda_c = \pi \sqrt{\frac{E}{0.57\sigma_s}}$$

与直线公式不同的是，抛物线公式的适用范围并不以λ_p为分界点，而是以λ_c为分界点。对于实际柔度$\lambda \geq \lambda_c$的压杆，采用欧拉公式计算临界应力；对于实际柔度$\lambda < \lambda_c$的压杆，采用抛物线公式计算临界应力，见图 9-12。

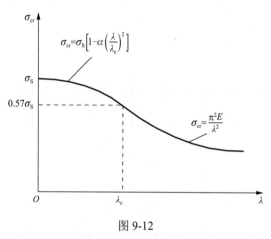

图 9-12

例 9-3 视频讲解

【例 9-3】　两根圆截面压杆的直径均为 $d=160$mm，材料为 Q235 钢，$E=200$GPa，$\sigma_p=200$MPa，$\sigma_s=235$MPa，$a=304$ MPa，$b=1.12$ MPa，长度分别为 $l_1=5$m，$l_2=6$m，压杆 1 为两端铰支，压杆 2 为两端固定，试计算两杆的临界压力。

解：（1）计算压杆 1 的临界压力。

$$i = \frac{d}{4} = 0.04\text{m}, \quad \lambda_1 = \frac{\mu_1 l_1}{i} = \frac{1 \times 5}{0.04} = 125, \quad \lambda_p = \pi \sqrt{\frac{E}{\sigma_p}} = \pi \sqrt{\frac{200 \times 10^9}{200 \times 10^6}} = 99.3$$

因为$\lambda_1 > \lambda_p$，压杆 1 属于大柔度杆，所以采用欧拉公式计算临界压力。

$$F_{cr} = \frac{\pi^2 EI}{(\mu_1 l_1)^2} = \frac{\pi^2 \times 200 \times 10^9 \times \dfrac{\pi}{64} \times 0.16^4}{(1 \times 5)^2} = 2540 \times 10^3 (\text{N}) = 2540(\text{kN})$$

（2）计算压杆 2 的临界压力。

$$\lambda_2 = \frac{\mu_2 l_2}{i} = \frac{0.5 \times 6}{0.04} = 75, \quad \lambda_s = \frac{a - \sigma_s}{b} = \frac{304 - 235}{1.12} = 61.6$$

因为$\lambda_s < \lambda_2 < \lambda_p$，所以杆 2 属于中柔度杆，现采用直线公式（也可采用抛物线公式）计算临界应力。

$$\sigma_{cr} = a - b\lambda_2 = 304 - 1.12 \times 75 = 220(\text{MPa})$$

$$F_{cr} = \sigma_{cr}A = 220 \times 10^6 \times \frac{\pi}{4} \times 0.16^2 = 4421 \times 10^3 (\text{N}) = 4421(\text{kN})$$

9.4 压杆的稳定条件及应用

为保证压杆具有足够的稳定性，并具有一定的安全储备，必须掌握压杆的稳定条件及计算方法。工程中常采用的方法有两种：稳定安全系数法和折减系数法。

1. 稳定安全系数法

从压杆的稳定性概念可知，要保证压杆稳定，其上作用的工作压力 $\boldsymbol{F}$ 必须小于压杆的临界压力 $\boldsymbol{F}_{cr}$，并且为了使压杆更加安全，还需要考虑一定的安全储备。因此压杆的稳定条件可以表示为

$$F \leqslant \frac{F_{cr}}{[n_{st}]} = [F_{cr}] \tag{9-16}$$

式中，$[n_{st}]$ 为规定的稳定安全系数；$[F_{cr}]$ 为压杆的稳定许用压力。

将式（9-16）中的 $\boldsymbol{F}$ 和 $\boldsymbol{F}_{cr}$ 同时除以压杆的横截面面积 A，可得到用应力形式表示的稳定条件，即

$$\sigma \leqslant \frac{\sigma_{cr}}{[n_{st}]} = [\sigma_{cr}] \tag{9-17}$$

式中，$[\sigma_{cr}]$ 为压杆的稳定许用应力。

工程实际中，也常用实际工作安全系数来表达式（9-16）和式（9-17）的稳定条件，即

$$n = \frac{F_{cr}}{F} = \frac{\sigma_{cr}}{\sigma} \geqslant [n_{st}] \tag{9-18}$$

上式表明：为保证压杆的稳定性，压杆的实际工作安全系数 n 不得小于稳定安全系数 $[n_{st}]$。确定稳定安全系数时，除应考虑影响强度的各种因素外，还要考虑加载偏心、压杆的初曲率、材料的不均匀性等不利因素。因此，稳定安全系数一般大于强度安全系数。具体值可以从相关的设计规范和手册中查得。

2. 折减系数法

折减系数法是压杆稳定计算的一种实用计算方法。该方法是将强度许用应力 $[\sigma]$ 乘以一个小于1的系数 φ，以此作为稳定许用应力 $[\sigma_{cr}]$，即

$$[\sigma_{cr}] = \varphi[\sigma]$$

由于稳定许用应力 $[\sigma_{cr}]$ 与柔度 λ 相关，因此系数 φ 也随压杆柔度 λ 的变化而变化。我们将系数 φ 称为折减系数。表 9-2 给出了几种材料的 $\varphi-\lambda$ 对应数值。对于表中没有的柔度值，其折减系数由相邻柔度及对应的折减系数用直线内插法求得。

表 9-2

长细比 $\lambda = \mu l / i$	φ 值			
	Q235 钢	16 锰钢	铸铁	木材
0	1.000	1.000	1.00	1.000
10	0.995	0.993	0.97	0.971
20	0.981	0.973	0.91	0.932
30	0.958	0.940	0.81	0.883
40	0.927	0.895	0.69	0.822
50	0.888	0.840	0.57	0.757
60	0.842	0.776	0.44	0.668
70	0.789	0.705	0.34	0.575
80	0.731	0.627	0.26	0.470
90	0.669	0.546	0.20	0.370
100	0.604	0.462	0.16	0.300
110	0.536	0.384	—	0.248
120	0.466	0.325	—	0.208
130	0.401	0.279	—	0.178
140	0.349	0.242	—	0.153
150	0.306	0.213	—	0.133
160	0.272	0.188	—	0.117
170	0.243	0.168	—	0.104
180	0.218	0.151	—	0.093
190	0.197	0.136	—	0.083
200	0.180	0.124	—	0.075

引入折减系数后，压杆的稳定性条件可表示为

$$\sigma = \frac{F}{A} \leqslant \varphi[\sigma] \tag{9-19}$$

与前面强度条件的应用一样，利用压杆的稳定性条件同样可以解决三类问题：稳定性校核、确定截面尺寸、确定许用荷载。

【例 9-4】 如图 9-13 所示千斤顶最大承载量 $F=150\text{kN}$，丝杠的内径 $d=52\text{mm}$，长度 $l=50\text{cm}$，材料采用 Q235 钢，$E=200\text{GPa}$，$\sigma_p = 200\text{MPa}$，$\sigma_s = 235\text{MPa}$，$a = 304\text{MPa}$，

$b = 1.12\text{MPa}$。丝杠工作时认为下端固定，上端自由。试求千斤顶丝杠的工作安全系数。

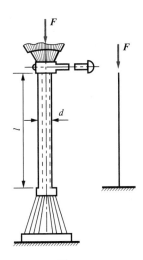

图 9-13

解：（1）确定丝杠的柔度。

$$\mu = 2 , \quad i = \sqrt{\dfrac{I}{A}} = \dfrac{d}{4} , \quad \lambda = \dfrac{\mu l}{i} = \dfrac{2 \times 500}{\dfrac{52}{4}} = 77$$

对于 Q235 钢，

$$\lambda_p = \pi \sqrt{\dfrac{E}{\sigma_p}} = \pi \sqrt{\dfrac{200 \times 10^9}{200 \times 10^6}} = 99.3 , \quad \lambda_s = \dfrac{a - \sigma_s}{b} = \dfrac{304 - 235}{1.12} = 61.6$$

则有 $\lambda_s < \lambda < \lambda_p$，因此，丝杠属于中柔度杆。

（2）确定临界压力。

$$\sigma_{cr} = a - b\lambda = 304 - 1.12 \times 77 = 218\text{(MPa)}$$

$$F_{cr} = \sigma_{cr} A = 218 \times 10^6 \times \dfrac{\pi}{4} \times 0.052^2 \times 10^{-3} = 463\text{(kN)}$$

（3）计算工作安全系数。

$$n = \dfrac{F_{cr}}{F} = \dfrac{463}{150} = 3.087$$

【例 9-5】　如图 9-14 所示，压杆若绕 y 轴失稳，两端可视为铰支，若绕 z 轴失稳，两端可视为固定。材料为 Q235 钢，$E = 200\text{GPa}$，$\sigma_p = 200\text{MPa}$，$\sigma_s = 235\text{MPa}$，$a = 304\text{MPa}$，$l = 2\text{m}$。截面尺寸为 $b = 40\text{mm}$，$h = 65\text{mm}$。设计要求稳定安全系数 $[n_{st}] = 2$，试校核压杆的稳定性。

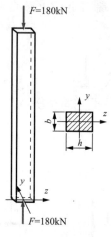

F=180kN

F=180kN

图 9-14

解：首先计算压杆在两个形心主惯性平面失稳时的临界压力，然后对压杆进行稳定校核。

（1）计算压杆绕 y 轴失稳时的临界压力 $(F_{cr})_y$。

$$I_y = \frac{1}{12}bh^3 = \frac{1}{12} \times 40 \times 65^3 \times 10^{-12} = 9.15 \times 10^{-7}(\text{m}^4)$$

$$A = bh = 40 \times 65 \times 10^{-6} = 2.6 \times 10^{-3}(\text{m}^2)$$

$$i_y = \sqrt{\frac{I_y}{A}} = \sqrt{\frac{9.15 \times 10^{-7}}{2.6 \times 10^{-3}}} = 1.87 \times 10^{-2}(\text{m})$$

绕 y 轴失稳，两端视为铰支，所以 $\mu_y=1$。

$$\lambda_y = \frac{\mu_y l}{i_y} = \frac{1 \times 2}{1.87 \times 10^{-2}} = 107 , \quad \lambda_p = \pi\sqrt{\frac{E}{\sigma_p}} = \pi\sqrt{\frac{200 \times 10^9}{200 \times 10^6}} = 99.3$$

由于 $\lambda_y > \lambda_p$，该压杆绕 y 轴失稳时属于细长压杆，选用欧拉公式计算其临界压力。

$$(F_{cr})_y = \frac{\pi^2 E I_y}{(\mu_y l)^2} = \frac{\pi^2 \times 200 \times 10^9 \times 9.15 \times 10^{-7}}{(1 \times 2)^2} \times 10^{-3} = 451(\text{kN})$$

（2）计算压杆绕 z 轴失稳时的临界压力 $(F_{cr})_z$。

$$I_z = \frac{1}{12}hb^3 = \frac{1}{12} \times 65 \times 40^3 \times 10^{-12} = 3.47 \times 10^{-7}(\text{m}^4)$$

$$i_z = \sqrt{\frac{I_z}{A}} = \sqrt{\frac{3.47 \times 10^{-7}}{2.6 \times 10^{-3}}} = 1.16 \times 10^{-2}(\text{m})$$

绕 z 轴失稳，两端视为固定，所以 $\mu_z=0.5$。

$$\lambda_z = \frac{\mu_z l}{i_z} = \frac{0.5 \times 2}{1.16 \times 10^{-2}} = 86 , \quad \lambda_s = \frac{a - \sigma_s}{b} = \frac{304 - 235}{1.12} = 61.6$$

由于 $\lambda_s < \lambda_z < \lambda_p$，该压杆绕 z 轴失稳时属于中长压杆，现采用直线公式计算其临界压力。

$$(\sigma_{cr})_z = a - b\lambda = 304 - 1.12 \times 86 = 207.68(\text{MPa})$$

$$(F_{cr})_z = \sigma_{cr} \cdot A = 207.68 \times 10^6 \times 2.6 \times 10^{-3} \times 10^{-3} = 540(\text{kN})$$

（3）稳定性校核。由上面的计算可知，压杆将绕 y 轴先失稳，取临界压力 $F_{cr} = (F_{cr})_y = 451\text{kN}$，则

$$n = \frac{F_{cr}}{F} = \frac{451}{180} = 2.51 > [n_{st}] = 2$$

压杆稳定计算符合设计要求。

【例 9-6】　如图 9-15 所示，平面磨床的工作台液压驱动装置，液压缸活塞直径 D=65mm，油压 P=1.2MPa，活塞杆长度 l =1.25m，E=210GPa，σ_p=220MPa，$[n_{st}]$=6，试确定活塞杆的直径。

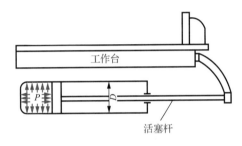

图 9-15

解：（1）计算活塞杆工作时受到的轴向压力。

$$F = \frac{\pi D^2}{4} P = \frac{\pi}{4} \times 65^2 \times 10^{-6} \times 1.2 \times 10^6 = 3982(\text{N})$$

（2）由稳定性条件得

$$F_{cr} \geqslant [n_{st}]F = 6 \times 3982 = 23892(\text{N})$$

（3）设计活塞杆直径。因为活塞杆直径未知，无法求出活塞杆的柔度，也就不能判定计算临界力的公式。为此，可采用试算法。即先按欧拉公式设计活塞杆的直径，然后再检查是否满足欧拉公式的条件。把活塞杆简化为两端铰支压杆，取 μ =1。

$$F_{cr} = \frac{\pi^2 EI}{(\mu l)^2} = \frac{\pi^2 E \dfrac{\pi d^4}{64}}{l^2} \geqslant 23892(\text{N})$$

$$d \geqslant \sqrt[4]{\frac{23892 \times 64 \times 1.25^2}{3.14^3 \times 210 \times 10^9}}(\text{m}) = 0.0246(\text{m})$$

取 d=25mm。

（4）检查是否满足欧拉公式适用条件。用所得的 d 计算活塞杆的柔度，即

$$\lambda = \frac{\mu l}{i} = \frac{1 \times 1250}{\dfrac{25}{4}} = 200 , \quad \lambda_p = \pi \sqrt{\frac{E}{\sigma_p}} = \pi \sqrt{\frac{210 \times 10^9}{220 \times 10^6}} = 97$$

由于 $\lambda > \lambda_p$，活塞杆属于大柔度压杆，选用欧拉公式计算是正确的。

如果按照设计的直径 d 计算出的柔度 λ，不满足大柔度压杆条件，则需要重新设计。

【例 9-7】 如图 9-16 所示，下端固定、上端自由，长度 l =2m 的工字钢压杆，承受轴向压力 F =400kN 作用。材料为 Q235 钢，许用应力 $[\sigma]$ =160MPa。试选择工字钢的型号。

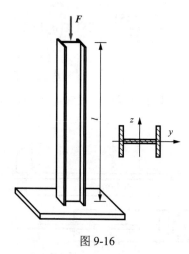

图 9-16

解：按稳定条件选择工字钢的型号。根据稳定条件式（9-19）来计算，但是其中的 A 和 φ 均为未知量，因此采用试算法。

（1）取 φ_1=0.5 进行第一轮试算。由稳定条件得

$$A_1 \geqslant \frac{F}{\varphi_1[\sigma]} = \frac{400 \times 10^3}{0.5 \times 160 \times 10^6} = 50 \times 10^{-4} (\mathrm{m}^2)$$

按照 A_1 的值查型钢规格表初选25b 号工字钢，其横截面面积 $A_1' = 53.51 \times 10^{-4} \mathrm{m}^2$，最小的惯性半径 $i_{\min} = i_y$ =24.0mm。计算柔度为

$$\lambda_{\max} = \lambda_y = \frac{\mu_y l}{i_y} = \frac{2 \times 2000}{24.0} = 166.7$$

由 $\lambda_{\max}$ 查表 9-2，并利用直线内插法可得与25b 号工字钢相应的折减系数为

$$\varphi_1' = 0.272 - \frac{0.272 - 0.243}{10} \times 6.4 = 0.253$$

显然 φ_1' 的值与 φ_1=0.5相差较大，重新选取。

（2）取 $\varphi_2 = \dfrac{\varphi_1 + \varphi_1'}{2} = \dfrac{0.5 + 0.253}{2} = 0.38$，进行第二轮试算。

$$A_2 \geqslant \frac{F}{\varphi_2[\sigma]} = \frac{400 \times 10^3}{0.38 \times 160 \times 10^6} = 65.79 \times 10^{-4} (\mathrm{m}^2)$$

按照 A_2 的值查型钢规格表选32a 号工字钢，其横截面面面积 $A_2' = 67.12 \times 10^{-4} \mathrm{m}^2$，最小的惯性半径 $i_{\min} = i_y$ =26.2mm。计算柔度为

$$\lambda_{\max} = \lambda_y = \frac{\mu_y l}{i_y} = \frac{2 \times 2000}{26.2} = 152.7$$

由 $\lambda_{\max}$ 查表 9-2，计算得相应的折减系数 $\varphi_2' = 0.297$。显然 φ_2' 的值与 $\varphi_2 = 0.38$ 相差还是较大，因此应重新选取。

（3）取 $\varphi_3 = \dfrac{\varphi_2 + \varphi_2'}{2} = \dfrac{0.38 + 0.297}{2} = 0.34$，进行第三轮试算。

$$A_3 \geqslant \frac{F}{\varphi_3 [\sigma]} = \frac{400 \times 10^3}{0.34 \times 160 \times 10^6} = 73.53 \times 10^{-4} (\text{m}^2)$$

按照 A_3 的值查型钢规格表选 36b 号工字钢，其横截面面积 $A_3' = 83.64 \times 10^{-4} \, \text{m}^2$，最小的惯性半径 $i_{\min} = i_y = 26.4$mm。计算柔度为

$$\lambda_{\max} = \lambda_y = \frac{\mu_y l}{i_y} = \frac{2 \times 2000}{26.4} = 151.5$$

由 $\lambda_{\max}$ 查表 9-2，计算得相应的折减系数 $\varphi_3' = 0.301$，与 $\varphi_3 = 0.34$ 接近。取 $\varphi_3 = 0.301$ 对压杆进行稳定计算。

$$[\sigma_{\text{cr}}] = \varphi [\sigma] = 0.301 \times 160 = 48.16 (\text{MPa})$$

$$\sigma = \frac{F}{A} = \frac{400 \times 10^3}{83.64 \times 10^{-4}} \times 10^{-6} = 47.8 (\text{MPa}) < [\sigma_{\text{cr}}]$$

满足稳定条件，所以选 36b 号工字钢。

9.5　提高压杆稳定性的措施

压杆临界压力（或临界应力）的大小，反映了压杆稳定性的强弱。因此，提高压杆的稳定性，主要是提高临界压力（或临界应力）。由欧拉公式和经验公式可知，压杆的稳定性与柔度和材料的性质有关。一般来说，压杆的柔度越大，其临界应力越低。因此，为了提高压杆的稳定性，不仅要从杆件的材料着手，更重要和有效的方法是减小柔度。

1．减小压杆的柔度

由柔度计算公式 $\lambda = \mu l / i$ 可知，柔度是与约束条件、杆件长度、截面形状和尺寸相关的量。因此可从这几方面入手，减小压杆的柔度。

1）改善杆端约束

反映杆端约束条件的量是长度系数 μ。压杆的杆端约束条件不同，压杆的长度系数 μ 也不同。例如，长为 l 的两端铰支细长压杆，将两端铰支改为固定端，如图 9-17 所示，则相当长度由原来的 $\mu l = 1 \times l = l$ 变为 $\mu l = l/2$，于是细长压杆的临界压力也由原来的 $F_{\text{cr}} = \dfrac{\pi^2 EI}{l^2}$ 变成 $F_{\text{cr}} = \dfrac{\pi^2 EI}{(l/2)^2} = 4 \dfrac{\pi^2 EI}{l^2}$，显然临界压力提高为原来的 4 倍。一般来说，加强杆端约束的牢固性，可以降低长度系数 μ 值，从而提高了压杆的稳定性。

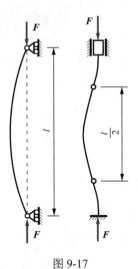

图 9-17

2）减小压杆的长度 l

压杆的长度越小，其柔度越小，稳定性越好。因此，在可能的情况下应尽量减小压杆的长度。但一般情况下，压杆的长度是由结构要求决定的，通常情况下不允许改变。这时可通过设置中间约束来减小支撑长度，使其柔度值减小。图 9-18（a）所示为长 l 的两端铰支细长压杆在失稳时的挠曲线形状，l 为一个正弦半波曲线对应的长度。现在杆件中部增加一个支座，失稳时挠曲线形状如图 9-18（b）所示。显然，相当长度减小一半，临界压力提高为原来的 4 倍。

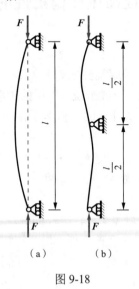

（a） （b）

图 9-18

3）选择合理的截面形状和尺寸

由柔度计算公式 $\lambda = \mu l / i$ 可知，增大截面惯性半径 i，可减小柔度，提高杆件的稳定性。那么在压杆截面面积不变的前提下，即不增加材料用量的条件下，增大横截面的惯性矩 I 是一种有效的办法。尽可能地把材料放在离截面形心较远处，便可得到较大的惯性矩 I。因此工程中常选择空心截面的压杆。例如，采用空心圆环形截面比实心圆形截面合理，如图 9-19（a）所示。根据同样的道理，由四根角钢组成的压杆，其四根角钢应分散在截面四角，而不是集中放置在截面形心附近，如图 9-19（b）所示。但需要注意，对于由型钢组成的压杆，应用足够的缀条或缀板将若干分开放置的型钢连接成一个整体构件，如图 9-20 所示，以保证组合截面的整体稳定，否则，各独立型钢将可能因单独压杆的局部失稳而导致整体破坏。类似地，若采用圆环形截面，不能为了获得较大的惯性半径，无限制地增大环形截面的平均直径而减小其壁厚，否则会使其变成薄壁圆管，易引起管壁局部失稳。

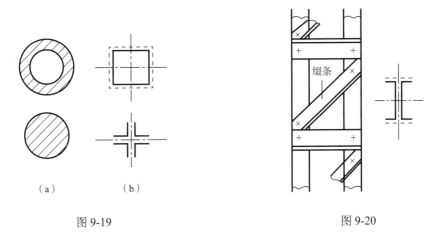

（a） （b）

图 9-19 图 9-20

2. 合理选择材料

对于大柔度压杆，其临界压力随弹性模量 E 的增大而增大。故选用弹性模量大的材料可以提高细长压杆的稳定性。但是由于各种钢材弹性模量大致相等，所以对于钢制压杆，选用优质钢材与普通钢材并无很大差别。对于中柔度压杆，其临界应力随材料的屈服极限 σ_s 的提高而增大，故高强度优质钢在一定程度上可提高压杆稳定性。对于小柔度压杆，本身就是强度问题，选用高强度优质钢必然能提高其承载能力。

本 章 小 结

1. 压杆的失稳：压杆丧失其原有直线形状的平衡而过渡为曲线平衡。
2. 细长压杆临界力的计算公式：

$$F_{cr} = \frac{\pi^2 EI}{(\mu l)^2}$$

3. 临界应力总图：以柔度 λ 作为横坐标，临界应力 σ_{cr} 作为纵坐标，绘制一条临界应力随柔度变化的曲线，此曲线称为临界应力总图。它可直观反映三类柔度杆的临界应力。

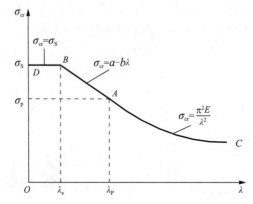

4. 压杆的稳定计算包括两种方法：稳定安全系数法和折减系数法。

5. 提高压杆稳定性的措施：①改善杆端约束；②减小压杆的长度；③选择合理的截面形状和尺寸；④合理选择材料。

思考与练习题

一、填空题

9-1 细长压杆，临界压力越大，稳定性_____。

9-2 一端固定，一端铰支的压杆，长度系数是_____。

9-3 两端固定的压杆，长度系数是_____。

9-4 柔度越大，压杆的临界应力_____。

9-5 小柔度杆是由于_____而引起的破坏。

二、计算题

9-6 三根直径均为 $d=160\text{mm}$ 的圆杆，其长度及支承情况如图所示。圆杆材料为 Q235 钢，$E=200\text{GPa}$，$\sigma_p=200\text{MPa}$，试求：（1）哪根压杆最容易失稳；（2）三杆中最大的临界压力值。

9-7 如图所示，三根直径均为 $d=160\text{mm}$ 的圆杆，长度分别为 $l_1=2\text{m}$，$l_2=4\text{m}$，$l_3=5\text{m}$，杆材料均为 Q235 钢，$E=200\text{GPa}$，$\sigma_p=200\text{MPa}$，$\sigma_s=240\text{MPa}$，$u=304\text{MPa}$，$b=1.12\text{MPa}$。试求各杆的临界压力。

9-8 如图所示，托架中杆 AB 的直径为 $d=4\text{cm}$，长度 $l=80\text{cm}$，两端可视为铰支，材料为 Q235 钢，$E=200\text{GPa}$，$\sigma_p=200\text{MPa}$，$\sigma_s=240\text{MPa}$。（1）试按杆 AB 的稳定条件求托架的许可荷载 F。（2）若已知实际荷载 $F=70\text{kN}$，稳定安全系数 $[n_{st}]=2$，问此托架是否安全？

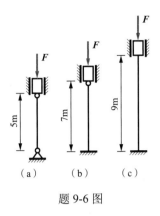

题 9-6 图

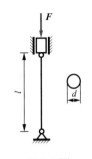

题 9-7 图

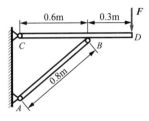

题 9-8 图

9-9　简易起重机如图所示，压杆 BD 为 20b 号槽钢，材料为 Q235 钢，E=200GPa，σ_p=200MPa，σ_s=240MPa，起重机的最大起重量 F=40kN，试求 BD 杆稳定的工作安全系数。

9-10　一正方形截面的压杆如图所示，受轴向压力 F_p=32kN 作用，压杆自身柔度 $\lambda = 80\sqrt{3}$，压杆材料的弹性模量 E=200GPa，λ_p=106，稳定安全系数[n_{st}]=3，试确定压杆截面尺寸 a 和压杆长度 l。

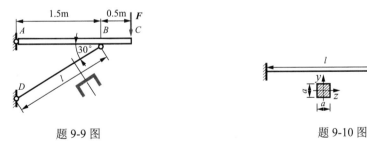

题 9-9 图　　　　　　　　　　　　　　题 9-10 图

9-11　如图所示结构中，杆 AC 和 CD 均用相同钢材制成，C、D 两处均为铰接。已知杆 CD 为圆截面，d=20mm；杆 AC 为矩形截面，b=100mm，h=180mm，E=200GPa，σ_s=235MPa，σ_p=200MPa，强度安全因数为 n=2，稳定安全系数[n_{st}]=3，试确定该结构的最大许可荷载 F。

9-12　由三根钢管构成的支架如图所示。钢管的外径为 30mm，内径为 22mm，长

度 l=2.5m，均可看作细长杆，E=210GPa。在支架的顶点三杆铰接。稳定安全系数$[n_{st}]$=3，试确定该结构的最大许可荷载 F。

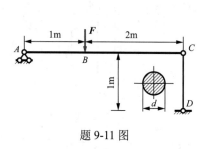

题 9-11 图

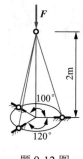

题 9-12 图

参 考 文 献

范钦珊, 殷雅俊, 唐靖林, 2020. 材料力学[M]. 3 版. 北京: 清华大学出版社.

盖尔(James M. Gere), 古德诺(Barry J. Goodno), 2019. 材料力学(Strength of Materials)[M]. 英文版·原书第 7 版. 北京: 机械工业出版社.

干光瑜, 秦惠民, 2017. 建筑力学: 第二分册 材料力学[M]. 5 版. 北京: 高等教育出版社.

刘鸿文, 2017. 材料力学 I[M]. 6 版. 北京: 高等教育出版社.

单辉祖, 2016. 材料力学(I)[M]. 4 版. 北京: 高等教育出版社.

孙训方, 方孝淑, 关来泰, 2019. 材料力学(I)[M]. 6 版. 北京: 高等教育出版社.

同济大学航空航天与力学学院基础力学教学研究部, 2011. 材料力学[M]. 2 版. 上海: 同济大学出版社.

殷雅俊, 范钦珊, 2019. 材料力学[M]. 3 版. 北京: 高等教育出版社.

赵朝前, 吴明军, 2020. 建筑力学[M]. 2 版. 重庆: 重庆大学出版社.

附录Ⅰ 截面的几何性质

在结构设计中，出于经济考虑，我们会在满足安全使用的前提下选取横截面面积较小而承载力较大的构件。因此，会经常遇到与横截面形状及尺寸有关的几何量，这些几何量统称为截面的几何性质。例如，讨论轴向拉压杆时遇到横截面面积 A，梁弯曲时遇到惯性矩 I 等。截面的几何性质是影响构件承载力的一个重要因素，本附录将介绍一些截面几何性质的基本概念和计算方法。

Ⅰ.1 静矩和形心

1. 静矩

如附图Ⅰ-1所示平面图形代表任意一截面，面积为 A。Oyz 为平面图形内的直角坐标系，在坐标为 (z, y) 处的任意一点取微面积 $\mathrm{d}A$，则微面积与其坐标的乘积称为微面积对坐标轴的静矩（又称面积矩或一次矩）。即 $y\mathrm{d}A$ 称为微面积 $\mathrm{d}A$ 对 z 轴的静矩，$z\mathrm{d}A$ 称为微面积 $\mathrm{d}A$ 对 y 轴的静矩。

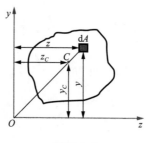

附图Ⅰ-1

在整个图形上对面积 A 进行积分，得

$$\begin{cases} S_z = \int_A y\mathrm{d}A \\ S_y = \int_A z\mathrm{d}A \end{cases} \quad (\text{Ⅰ-1})$$

S_z 和 S_y 分别定义为平面图形对 z 轴和 y 轴的静矩。由式（Ⅰ-1）可以看出，截面的静矩是针对某一坐标轴而言的，同一截面对不同的坐标轴，其静矩不同。静矩的值可为正，可为负，也可为零。静矩的量纲为长度的三次方，常用单位是 m^3 或 mm^3。

2. 形心

形心是指平面图形的几何中心。常用 C 表示平面图形的形心，(z_C, y_C) 表示形心的坐标，见附图Ⅰ-1。形心位置的确定，可以借助于静力学中求均质薄板中心位置的方法。当薄板厚度极其微小时，其重心就是薄板平面图形的形心，则有

$$\begin{cases} z_C = \dfrac{\int_A z\mathrm{d}A}{A} \\ y_C = \dfrac{\int_A y\mathrm{d}A}{A} \end{cases} \quad （Ⅰ\text{-}2）$$

也可改写为

$$\begin{cases} z_C = \dfrac{S_y}{A} \\ y_C = \dfrac{S_z}{A} \end{cases} \quad （Ⅰ\text{-}3）$$

式（Ⅰ-3）表明，如果知道截面对 y 轴和 z 轴的静矩，则将静矩除以截面面积后，即可得该截面形心位置的坐标。反之，如果已知截面的形心坐标 (z_C, y_C)，则将其乘上相应的截面面积，可分别得到截面对 y 轴和 z 轴的静矩。

$$\begin{cases} S_y = z_C A \\ S_z = y_C A \end{cases} \quad （Ⅰ\text{-}4）$$

从式（Ⅰ-4）可以看出：若某轴通过截面的形心，则截面对于该轴的静矩一定为零；反之，若截面对于某轴的静矩为零，则该轴必然通过截面形心。

3. 组合截面的静矩和形心

工程实际中，常会遇到一些复杂的平面图形，它是由多个简单图形组成的。例如，附图Ⅰ-2（a）是由半圆和矩形组成的一个组合截面；附图Ⅰ-2（b）所示的 T 形截面是由两个矩形组成的一个组合截面。

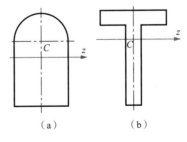

附图Ⅰ-2

我们先来研究组合截面图形的静矩。根据分块积分的原理，将组合图形分解成若干个简单图形，求出各个简单图形对某轴的静矩，再求和。即

$$\begin{cases} S_z = \sum_{i=1}^{n} S_{zi} = \sum_{i=1}^{n} A_i y_{Ci} \\ S_y = \sum_{i=1}^{n} S_{yi} = \sum_{i=1}^{n} A_i z_{Ci} \end{cases} \qquad (\text{I}\text{-}5)$$

式中，A_i 为任意一个简单图形的面积；y_{Ci} 和 z_{Ci} 分别为任意一个简单图形的形心在 Oyz 坐标系中的坐标；n 为组成该截面的简单图形的个数。式（I-5）表明，组合图形对某一轴的静矩等于其组成部分对同一轴静矩之和。

将式（I-5）代入式（I-3）中，得出组合截面图形的形心坐标公式

$$\begin{cases} y_C = \dfrac{\sum_{i=1}^{n} A_i y_{Ci}}{\sum_{i=1}^{n} A_i} \\ \\ z_C = \dfrac{\sum_{i=1}^{n} A_i z_{Ci}}{\sum_{i=1}^{n} A_i} \end{cases} \qquad (\text{I}\text{-}6)$$

【例 I-1】 试确定附图 I-3 所示图形形心 C 的位置。

例 I-1 视频讲解

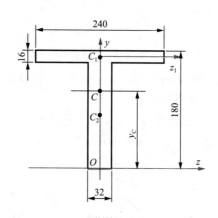

附图 I-3

解：因为图形是对称图形，所以形心一定在对称轴上。为确定形心的另一坐标 y_C，建立坐标系如附图 I-3 所示。将 T 形截面分成两个矩形，两矩形的面积和形心坐标如下：

$$A_1 = 16 \times 240 = 3840(\text{mm}^2), \quad y_{C1} = 180 - \frac{1}{2} \times 16 = 172(\text{mm}), \quad z_{C1} = 0$$

$$A_2 = 32 \times (180 - 16) = 5248(\text{mm}^2), \quad y_{C2} = \frac{1}{2} \times (180 - 16) = 82(\text{mm}), \quad z_{C2} = 0$$

由式（I-6）得

$$y_C = \frac{\sum\limits_{i=1}^{n} A_i y_{Ci}}{\sum\limits_{i=1}^{n} A_i} = \frac{A_1 y_{C1} + A_2 y_{C2}}{A_1 + A_2}$$

$$= \frac{3840 \times 172 + 5248 \times 82}{3840 + 5248}$$

$$= 120 (\text{mm})$$

$$z_C = 0$$

I.2 惯性矩、惯性积及极惯性矩

1. 惯性矩和惯性半径

在附图 I-1 所示平面图形中，$y^2 \mathrm{d}A$ 称为微面积 $\mathrm{d}A$ 对 z 轴的惯性矩。对整个面积 A 进行积分，即可得到整个平面图形对 z 轴的惯性矩，用 I_z 表示。I_z 表达式为

$$I_z = \int_A y^2 \mathrm{d}A \qquad (\text{I-7})$$

同理，整个面积 A 对 y 轴的惯性矩 I_y 为

$$I_y = \int_A z^2 \mathrm{d}A \qquad (\text{I-8})$$

由上述定义可知，惯性矩永远为正值，其大小不仅与图形面积有关，还与图形面积相对于坐标轴的分布有关，面积离坐标轴越远，惯性矩越大。同一平面图形对不同的轴，惯性矩不同。惯性矩的量纲为长度的四次方，常用单位为 m^4 或 mm^4。

在工程中，为便于计算，常将惯性矩表达为另一种形式：

$$I_z = i_z^2 A, \quad I_y = i_y^2 A$$

于是得到

$$\begin{cases} i_z = \sqrt{\dfrac{I_z}{A}} \\[3mm] i_y = \sqrt{\dfrac{I_y}{A}} \end{cases} \qquad (\text{I-9})$$

式中，i_y 和 i_z 分别称为平面图形对 z 轴和 y 轴的惯性半径（或称为回转半径）。它的大小反映了图形面积对于坐标轴的聚焦程度。惯性半径的量纲是长度，常用单位是 m 或 mm。

2. 惯性积

在附图 I-1 所示的平面图形中，$yz\mathrm{d}A$ 称为微面积 $\mathrm{d}A$ 对 y、z 两轴的惯性积。对整个面积 A 进行积分，即可得到整个平面图形对 y、z 两轴的惯性积，用 I_{yz} 表示。I_{yz} 表达式为

$$I_{yz} = \int_A yz\mathrm{d}A \qquad (\text{I-10})$$

由惯性积的定义可知，它可以是正，可以是负，也可以为零。其量纲是长度的四次方，常用单位是 m^4 或 mm^4。如果平面图形在所取的坐标系中，有一个轴是图形的对称轴，则平面图形对该轴及其垂直轴的惯性积必为零。

3. 极惯性矩

在附图 Ⅰ-1 所示平面图形中，设微面积 dA 到坐标原点 O 的距离为 ρ，则 $\rho^2 dA$ 称为该微面积对坐标原点 O 的极惯性矩，而将遍及整个平面图形面积 A 的以下积分

$$I_p = \int_A \rho^2 dA \qquad （Ⅰ\text{-}11）$$

定义为平面图形对坐标原点 O 的极惯性矩。

由定义可知，I_p 永远为正值。它是对一定的点而言，同一平面图形对于不同的点一般有不同的极惯性矩。其量纲为长度的四次方，常用单位是 m^4 或 mm^4。

从附图 Ⅰ-1 可以看出，微面积 dA 到坐标原点 O 的距离为 ρ。ρ 和微面积 dA 在坐标系中的坐标 (y, z) 存在如下关系

$$\rho^2 = z^2 + y^2$$

将上式代入式（Ⅰ-11），得

$$I_p = \int_A \rho^2 dA = \int_A \left(z^2 + y^2\right) dA = \int_A z^2 dA + \int_A y^2 dA = I_y + I_z \qquad （Ⅰ\text{-}12）$$

由此可知，平面图形对其所在平面任一点的极惯性矩 I_p，等于此图形对过此点的一对正交轴 y、z 轴的惯性矩之和。

【例 Ⅰ-2】　如附图 Ⅰ-4 所示矩形，高为 h，宽为 b。试分别求出矩形截面对其形心轴 y、z 轴的惯性矩及对 y、z 两轴的惯性积。

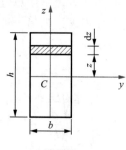

附图 Ⅰ-4

解：（1）求 I_y 和 I_z。取平行于 y 轴的狭长矩形微面积 dA，则

$$dA = bdz$$

$$I_y = \int_A z^2 dA = \int_{-\frac{h}{2}}^{\frac{h}{2}} z^2 bdz = \frac{bh^3}{12}$$

同理可得

$$I_z = \frac{hb^3}{12}$$

（2）求 I_{yz}。因为轴 y、z 是矩形的对称轴，所以 $I_{yz} = 0$。

【例Ⅰ-3】 如附图Ⅰ-5所示圆形，求圆形对圆心的极惯性矩和对其形心轴 y、z 轴的惯性矩。

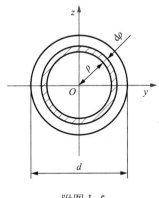

附图Ⅰ-5

解：（1）在距圆心为 ρ 处取宽度为 $\mathrm{d}\rho$ 的圆环形微面积 $\mathrm{d}A$，则

$$\mathrm{d}A = 2\pi\rho\mathrm{d}\rho$$

$$I_{\mathrm{p}} = \int_A \rho^2 \mathrm{d}A = \int_0^{\frac{d}{2}} \rho^2 \cdot 2\pi\rho\mathrm{d}\rho = \frac{\pi d^4}{32}$$

（2）由圆的对称性可知，$I_y = I_z$，根据式（Ⅰ-12）可得

$$I_y = I_z = \frac{\pi d^4}{64}$$

Ⅰ.3 组合截面的惯性矩

同一截面对于不同坐标轴的惯性矩和惯性积虽然不同，但它们之间都存在着一定的关系。利用这些关系，可以使计算简化，有助于应用简单平面图形的结果来计算组合图形的惯性矩和惯性积。本节先来研究平面图形对任一轴和与其平行的形心轴的惯性矩和惯性积之间的关系。

如附图Ⅰ-6所示，任意一个平面图形，置于两组相互平行的坐标系中，O 为该图形的形心，z 轴和 y 轴是形心轴，z_1 轴与 z 轴平行，距离为 b，y_1 轴与 y 轴平行，距离为 a。在平面图形内任取一微面积 $\mathrm{d}A$，$\mathrm{d}A$ 在两个坐标系中的横坐标分别为 z、z_1，纵坐标分别为 y、y_1，

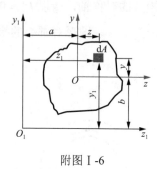

附图 I -6

则
$$z_1 = z + a , \quad y_1 = y + b$$

图形对于 z_1 轴、y_1 轴的惯性矩和惯性积分别为
$$I_{z_1} = \int_A y_1^2 \mathrm{d}A , \quad I_{y_1} = \int_A z_1^2 \mathrm{d}A , \quad I_{y_1 z_1} = \int_A y_1 z_1 \mathrm{d}A$$

则有
$$I_{z_1} = \int_A y_1^2 \mathrm{d}A = \int_A (y + b)^2 \mathrm{d}A = \int_A y^2 \mathrm{d}A + 2b \int_A y \mathrm{d}A + b^2 \int_A \mathrm{d}A$$
$$= I_z + 2b S_z + b^2 A$$

$$I_{y_1} = \int_A z_1^2 \mathrm{d}A = \int_A (z + a)^2 \mathrm{d}A = \int_A z^2 \mathrm{d}A + 2a \int_A z \mathrm{d}A + a^2 \int_A \mathrm{d}A$$
$$= I_y + 2a S_y + a^2 A$$

$$I_{y_1 z_1} = \int_A y_1 z_1 \mathrm{d}A = \int_A (y + b)(z + a) \mathrm{d}A = \int_A yz \mathrm{d}A + a \int_A y \mathrm{d}A + b \int_A z \mathrm{d}A + ab \int_A \mathrm{d}A$$
$$= I_{yz} + a S_z + b S_y + ab A$$

由于 z 轴和 y 轴是形心轴，所以上述各式中 $S_z=0$，$S_y=0$。将上述各式简化，得

$$\begin{cases} I_{z_1} = I_z + b^2 A \\ I_{y_1} = I_y + a^2 A \\ I_{y_1 z_1} = I_{yz} + ab A \end{cases} \tag{I-13}$$

式（I-13）称为惯性矩和惯性积的平行移轴公式。该公式表明：平面图形对任一轴的惯性矩，等于平面图形对于与该轴平行的形心轴的惯性矩加上两轴之间距离的平方与面积的乘积；平面图形对于任意两轴的惯性积，等于平面图形对于与该两轴平行的形心轴的惯性积加上截面面积与两对平行轴之间的距离的乘积。

在实际工程中计算组合图形的惯性矩和惯性积时，经常会用到平行移轴公式。

【例 I -4】 试求附图 I -7 所示平面图形（与例 I -1 的 T 形截面尺寸相同）对水平形心轴 z_C 轴的惯性矩 I_{z_C}。

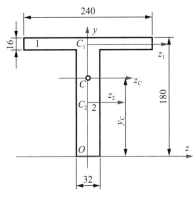

附图Ⅰ-7

解：将图形分解为两个矩形：矩形 1 和矩形 2。设矩形 1 的水平形心轴为 z_1，则由平行移轴公式得矩形 1 对 z_C 轴的惯性矩

$$I_{z_C}^{(1)} = I_{z_1}^{(1)} + A_1 b_1^2 = \frac{1}{12} \times 240 \times 16^3 + 240 \times 16 \times (60-8)^2$$
$$= 1.05 \times 10^7 \,(\mathrm{mm}^4)$$

设矩形 2 的水平形心轴为 z_2，则由平行移轴公式得矩形 2 对 z_C 轴的惯性矩

$$I_{z_C}^{(2)} = I_{z_2}^{(2)} + A_2 b_2^2 = \frac{1}{12} \times 32 \times 164^3 + 32 \times 164 \times \left(120 - \frac{1}{2} \times 164\right)^2$$
$$= 1.93 \times 10^7 \,(\mathrm{mm}^4)$$

而整个平面图形对 z_C 轴的惯性矩

$$I_{z_C} = I_{z_C}^{(1)} + I_{z_C}^{(2)} = 1.05 \times 10^7 + 1.93 \times 10^7$$
$$= 2.98 \times 10^7 \,(\mathrm{mm}^4)$$

Ⅰ.4 截面的主惯性矩

1. 惯性矩和惯性积的转轴公式

附图Ⅰ-8 所示任意平面图形，其对 z 轴和 y 轴的惯性矩分别为 I_z 和 I_y，惯性积为 I_{yz}。若将整个坐标系绕坐标原点 O 旋转 α 角度后，会得到一个新的坐标系，坐标轴分别为 z_1 轴和 y_1 轴，平面图形对 z_1 轴和 y_1 轴的惯性矩分别为 I_{z_1} 和 I_{y_1}，惯性积为 $I_{y_1 z_1}$。

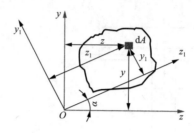

附图 I -8

取任一微面积 dA，其在新旧两个坐标系中的坐标有如下关系：

$$y_1 = y\cos\alpha - z\sin\alpha，\quad z_1 = z\cos\alpha + y\sin\alpha$$

根据惯性矩的定义

$$
\begin{aligned}
I_{z_1} &= \int_A y_1^2 dA = \int_A (y\cos\alpha - z\sin\alpha)^2 dA \\
&= \cos^2\alpha \int_A y^2 dA + \sin^2\alpha \int_A z^2 dA - 2\sin\alpha\cos\alpha \int_A yz dA \\
&= I_z \cos^2\alpha + I_y \sin^2\alpha - I_{yz}\sin 2\alpha
\end{aligned}
$$

将三角变换 $\cos^2\alpha = \dfrac{1+\cos 2\alpha}{2}$，$\sin^2\alpha = \dfrac{1-\cos 2\alpha}{2}$ 代入上式，得

$$I_{z_1} = \frac{I_z + I_y}{2} + \frac{I_z - I_y}{2}\cos 2\alpha - I_{yz}\sin 2\alpha \qquad （I-14a）$$

同理

$$I_{y_1} = \frac{I_z + I_y}{2} - \frac{I_z - I_y}{2}\cos 2\alpha + I_{yz}\sin 2\alpha \qquad （I-14b）$$

$$I_{y_1 z_1} = \frac{I_z - I_y}{2}\sin 2\alpha + I_{yz}\cos 2\alpha \qquad （I-14c）$$

上述三式称为惯性矩和惯性积的转轴公式。可以看出，惯性矩和惯性积是角度 α 的函数。如果将式（I-14a）式（I-14b）相加，可得到

$$I_{y_1} + I_{z_1} = I_y + I_z$$

说明平面图形对通过同一点的任意一对相互垂直的轴的两惯性矩之和为一常数。

2. 主惯性矩与形心主惯性矩

若平面图形对某对正交轴的惯性积等于零，则该对坐标轴就称为主惯性轴，简称主轴。图形对主惯性轴的惯性矩称为主惯性矩。过图形形心的主惯性轴称为形心主惯性轴，图形对形心主惯性轴的惯性矩称为形心主惯性矩。下面来确定主惯性轴的位置，并导出主惯性矩的计算公式。

设主惯性轴与原坐标轴的夹角为 α_0，将其代入惯性积的转轴公式（I-14c）中，并令其等于零，即

$$I_{y_1 z_1} = \frac{I_z - I_y}{2}\sin 2\alpha_0 + I_{yz}\cos 2\alpha_0 = 0$$

可得

$$\tan 2\alpha_0 = -\frac{2I_{yz}}{I_z - I_y} \qquad (\text{I-15})$$

由式（I-15）可解得相差 90° 的两个角度 α_0 和 $\alpha_0+90°$，从而确定了一对相互垂直的主惯性轴 z_0 轴和 y_0 轴。主惯性轴也可以由惯性矩的极值来定义，即将式（I-14a）对 α 求导等于零来确定（读者可自行证明）。

将式（I-15）解得的 α_0 代回到式（I-14a）和式（I-14b），可得到主惯性矩的计算公式：

$$\begin{matrix} I_{\max} \\ I_{\min} \end{matrix} = \frac{I_z + I_y}{2} \pm \sqrt{\left(\frac{I_z - I_y}{2}\right)^2 + I_{yz}^2} \qquad (\text{I-16})$$

综上所述，形心主惯性轴是通过形心且由 α_0 角确定的一对互相垂直的坐标轴，而形心主惯性矩则是图形对通过形心的所有坐标轴的惯性矩的极值。

确定形心主轴的位置和计算形心主惯性矩的数值，就必须先确定截面的形心，并且计算出截面对某一对互相垂直的形心轴的惯性矩和惯性积，然后应用式（I-15）和式（I-16）计算形心主轴和形心主惯性矩。

思考与练习题

一、填空题

I-1　惯性矩恒为_____。

I-2　直径为 d 的圆截面，对其形心轴的惯性矩为_____。

I-3　组合图形对某轴的惯性矩等于各部分对同一轴的惯性矩_____。

I-4　任意截面对一点的极惯性矩等于截面对以该点为原点的任意两正交坐标轴的_____之和。

二、计算题

I-5　已知半径为 r 的半圆如图所示，求其形心坐标及对 z_1 轴的静矩。

I-6　试分别计算图示矩形对 y、z 轴的静矩。

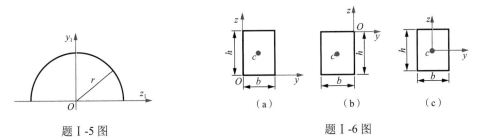

题 I-5 图　　　　　　　　　　题 I-6 图

I-7 求图示图形的形心坐标。

I-8 图示半径为 R 的半圆对底边的惯性矩 $I_{z1}=\pi R^4/8$，z_2 轴平行于 z_1 轴且相距为 R。试求半圆对 z_2 轴的惯性矩。

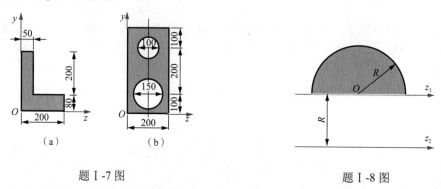

题 I-7 图

题 I-8 图

I-9 试求：（1）图（a）对过形心的水平轴的惯性矩；（2）图（b）对过形心的竖直轴的惯性矩。

I-10 试求图示由 16a 号槽钢和 22a 号工字钢组成的组合图形的形心坐标 z_C 及对形心轴 y_C 轴的惯性矩。

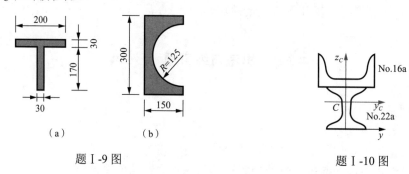

题 I-9 图

题 I-10 图

I-11 试求图示图形的形心主惯性轴的位置和形心主惯性矩。

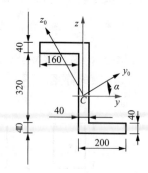

题 I-11 图

附录Ⅱ 常用型钢规格表

附表Ⅱ-1 普通工字钢

说明：
h——高度；
b——腿宽度；
d——腰厚度；
t——腿中间厚度；
r——内圆弧半径；
r_1——腿端圆弧半径。

斜度1:6

型号	截面尺寸/mm						截面面积/ cm²	理论重量/ (kg/m)	外表面积/ (m²/m)	惯性矩/cm⁴		惯性半径/cm		截面模数/cm³	
	h	b	d	t	r	r_1				I_x	I_y	i_x	i_y	W_x	W_y
10	100	68	4.5	7.6	6.5	3.3	14.33	11.3	0.432	245	33.0	4.14	1.52	49.0	9.72
12	120	74	5.0	8.4	7.0	3.5	17.80	14.0	0.493	436	46.9	4.95	1.62	72.7	12.7
12.6	126	74	5.0	8.4	7.0	3.5	18.10	14.2	0.505	488	46.9	5.20	1.61	77.5	12.7
14	140	80	5.5	9.1	7.5	3.8	21.50	16.9	0.553	712	64.4	5.76	1.73	102	16.1
16	160	88	6.0	9.9	8.0	4.0	26.11	20.5	0.621	1130	93.1	6.58	1.89	141	21.2
18	180	94	6.5	10.7	8.5	4.3	30.74	24.1	0.681	1660	122	7.36	2.00	185	26.0

续表

型号	截面尺寸/mm						截面面积/cm²	理论重量/(kg/m)	外表面积/(m²/m)	惯性矩/cm⁴		惯性半径/cm		截面模数/cm³	
	h	b	d	t	r	r_1				I_x	I_y	i_x	i_y	W_x	W_y
20a	200	100	7.0	11.4	9.0	4.5	35.55	27.9	0.742	2370	158	8.15	2.12	237	31.5
20b	200	102	9.0	11.4	9.0	4.5	39.55	31.1	0.746	2500	169	7.96	2.06	250	33.1
22a	220	110	7.5	12.3	9.5	4.8	42.10	33.1	0.817	3400	225	8.99	2.31	309	40.9
22b	220	112	9.5	12.3	9.5	4.8	46.50	36.5	0.821	3570	239	8.78	2.27	325	42.7
24a	240	116	8.0	13.0	10.0	5.0	47.71	37.5	0.878	4570	280	9.77	2.42	381	48.4
24b	240	118	10.0	13.0	10.0	5.0	52.51	41.2	0.882	4800	297	9.57	2.38	400	50.4
25a	250	116	8.0	13.0	10.0	5.0	48.51	38.1	0.898	5020	280	10.2	2.40	402	48.3
25b	250	118	10.0	13.0	10.0	5.0	53.51	42.0	0.902	5280	309	9.94	2.40	423	52.4
27a	270	122	8.5	13.7	10.5	5.3	54.52	42.8	0.958	6550	345	10.9	2.51	485	56.6
27b	270	124	10.5	13.7	10.5	5.3	59.92	47.0	0.962	6870	366	10.7	2.47	509	58.9
28a	280	122	8.5	13.7	10.5	5.3	55.37	43.5	0.978	7110	345	11.3	2.50	508	56.6
28b	280	124	10.5	13.7	10.5	5.3	60.97	47.9	0.982	7480	379	11.1	2.49	534	61.2
30a	300	126	9.0	14.4	11.0	5.5	61.22	48.1	1.031	8950	400	12.1	2.55	597	63.5
30b	300	128	11.0	14.4	11.0	5.5	67.22	52.8	1.035	9400	422	11.8	2.50	627	65.9
30c	300	130	13.0	14.4	11.0	5.5	73.22	57.5	1.039	9850	445	11.6	2.46	657	68.5
32a	320	130	9.5	15.0	11.5	5.8	67.12	52.7	1.084	11100	460	12.8	2.62	692	70.8
32b	320	132	11.5	15.0	11.5	5.8	73.52	57.7	1.088	11600	502	12.6	2.61	726	76.0
32c	320	134	13.5	15.0	11.5	5.8	79.92	62.7	1.092	12200	544	12.3	2.61	760	81.2
36a	360	136	10.0	15.8	12.0	6.0	76.44	60.0	1.185	15800	552	14.4	2.69	875	81.2
36b	360	138	12.0	15.8	12.0	6.0	83.64	65.7	1.189	16500	582	14.1	2.64	919	84.3
36c	360	140	14.0	15.8	12.0	6.0	90.84	71.3	1.193	17300	612	13.8	2.60	962	87.4

续表

| 型号 | 截面尺寸/mm | | | | | | 截面面积/cm² | 理论重量/(kg/m) | 外表面积/(m²/m) | 惯性矩/cm⁴ | | 惯性半径/cm | | 截面模数/cm³ | |
	h	b	d	t	r	r_1				I_x	I_y	i_x	i_y	W_x	W_y
40a	400	142	10.5	16.5	12.5	6.3	86.07	67.6	1.285	21700	660	15.9	2.77	1090	93.2
40b		144	12.5	16.5	12.5	6.3	94.07	73.8	1.289	22800	692	15.6	2.71	1140	96.2
40c		146	14.5	16.5	12.5	6.3	102.1	80.1	1.293	23900	727	15.2	2.65	1190	99.6
45a	450	150	11.5	18.0	13.5	6.8	102.4	80.4	1.411	32200	855	17.7	2.89	1430	114
45b		152	13.5	18.0	13.5	6.8	111.4	87.4	1.145	33800	894	17.4	2.84	1500	118
45c		154	15.5	18.0	13.5	6.8	120.4	94.5	1.419	35300	938	17.1	2.79	1570	122
50a	500	158	12.0	20.0	14.0	7.0	119.2	93.6	1.539	46500	1120	19.7	3.07	1860	142
50b		160	14.0	20.0	14.0	7.0	129.2	101	1.543	48600	1170	19.4	3.01	1940	146
50c		162	16.0	20.0	14.0	7.0	139.2	109	1.547	50600	1220	19.0	2.96	2080	151
55a	550	166	12.5	21.0	14.5	7.3	134.1	105	1.667	62900	1370	21.6	3.19	2290	164
55b		168	14.5	21.0	14.5	7.3	145.1	114	1.671	65600	1420	21.2	3.14	2390	170
55c		170	16.5	21.0	14.5	7.3	156.1	123	1.675	68400	1480	20.9	3.08	2490	175
56a	560	166	12.5	21.0	14.5	7.3	135.4	106	1.687	65600	1370	22.0	3.18	2340	165
56b		168	14.5	21.0	14.5	7.3	146.6	115	1.691	68500	1490	21.6	3.16	2450	174
56c		170	16.5	21.0	14.5	7.3	157.8	124	1.695	71400	1560	21.3	3.16	2550	183
63a	630	176	13.0	22.0	15.0	7.5	154.6	121	1.862	93900	1700	24.5	3.31	2980	193
63b		178	15.0	22.0	15.0	7.5	167.2	131	1.866	98100	1810	24.2	3.29	3160	204
63c		180	17.0	22.0	15.0	7.5	179.8	141	1.870	102000	1920	23.8	3.27	3300	214

注：表中 r、r_1 的数据用于孔型设计，不做交货条件。

附表 Ⅱ-2　普通槽钢

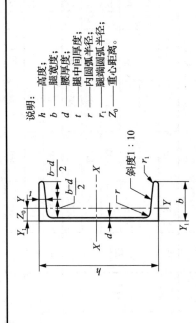

说明:
h —— 高度;
b —— 腿宽度;
d —— 腰厚度;
t —— 腿中间厚度;
r —— 内圆弧半径;
r_1 —— 腿端圆弧半径;
Z_0 —— 重心距离。

斜度1:10

型号	截面尺寸/mm						截面面积/ cm²	理论重量/ (kg/m)	外表面积/ (m²/m)	惯性矩/cm⁴			惯性半径/cm		截面模数/cm³		重心距离/ cm
	h	b	d	t	r	r_1				I_x	I_y	I_{y1}	i_x	i_y	W_x	W_y	Z_0
5	50	37	4.5	7.0	7.0	3.5	6.925	5.44	0.226	26.0	8.30	20.9	1.94	1.10	10.4	3.55	1.35
6.3	63	40	4.8	7.5	7.5	3.8	8.446	6.63	0.262	50.8	11.9	28.4	2.45	1.19	16.1	4.50	1.36
6.5	65	40	4.3	7.5	7.5	3.8	8.292	6.51	0.267	55.2	12.0	28.3	2.54	1.19	17.0	4.59	1.38
8	80	43	5.0	8.0	8.0	4.0	10.24	8.04	0.307	101	16.6	37.4	3.15	1.27	25.3	5.79	1.43
10	100	48	5.3	8.5	8.5	4.2	12.74	10.0	0.365	198	25.6	54.9	3.95	1.41	39.7	7.80	1.52
12	120	53	5.5	9.0	9.0	4.5	15.36	12.1	0.423	346	37.4	77.7	4.75	1.56	57.7	10.2	1.62
12.6	126	53	5.5	9.0	9.0	4.5	15.69	12.3	0.435	391	38.0	77.1	4.95	1.57	62.1	10.2	1.59

续表

型号	截面尺寸/mm						截面面积/cm²	理论重量/(kg/m)	外表面积/(m²/m)	惯性矩/cm⁴			惯性半径/cm		截面模数/cm³		重心距离/cm
	h	b	d	t	r	r_1				I_x	I_y	I_{y1}	i_x	i_y	W_x	W_y	Z_0
14a	140	58	6.0	9.5	9.5	4.8	18.51	14.5	0.480	564	53.2	107	5.52	1.70	80.5	13.0	1.71
14b	140	60	8.0	9.5	9.5	4.8	21.31	16.7	0.484	609	61.1	121	5.35	1.69	87.1	14.1	1.67
16a	160	63	6.5	10.0	10.0	5.0	21.95	17.2	0.538	866	73.3	144	6.28	1.83	108	16.3	1.80
16b	160	65	8.5	10.0	10.0	5.0	25.15	19.8	0.542	935	83.4	161	6.10	1.82	117	17.6	1.75
18a	180	68	7.0	10.5	10.5	5.2	25.69	20.2	0.596	1270	98.6	190	7.04	1.96	141	20.0	1.88
18b	180	70	9.0	10.5	10.5	5.2	29.29	23.0	0.600	1370	111	210	6.84	1.95	152	21.5	1.84
20a	200	73	7.0	11.0	11.0	5.5	28.83	22.6	0.654	1780	128	244	7.86	2.11	178	24.2	2.01
20b	200	75	9.0	11.0	11.0	5.5	32.83	25.8	0.658	1910	144	268	7.64	2.09	191	25.9	1.95
22a	220	77	7.0	11.5	11.5	5.8	31.83	25.0	0.709	2390	158	298	8.67	2.23	218	28.2	2.10
22b	220	79	9.0	11.5	11.5	5.8	36.23	28.5	0.713	2570	176	326	8.42	2.21	234	30.1	2.03
24a	240	78	7.0	12.0	12.0	6.0	34.21	26.9	0.752	3050	174	325	9.45	2.25	254	30.5	2.10
24b	240	80	9.0	12.0	12.0	6.0	39.01	30.6	0.756	3280	194	355	9.17	2.23	274	32.5	2.03
24c	240	82	11.0	12.0	12.0	6.0	43.81	34.4	0.760	3510	213	388	8.96	2.21	293	34.4	2.00
25a	250	78	7.0	12.0	12.0	6.0	34.91	27.4	0.722	3370	176	322	9.82	2.24	270	30.6	2.07
25b	250	80	9.0	12.0	12.0	6.0	39.91	31.3	0.776	3530	196	353	9.41	2.22	282	32.7	1.98
25c	250	82	11.0	12.0	12.0	6.0	44.91	35.3	0.780	3690	218	384	9.07	2.21	295	35.9	1.92
27a	270	82	7.5	12.5	12.5	6.2	39.27	30.8	0.826	4360	216	393	10.5	2.34	323	35.5	2.13
27b	270	84	9.5	12.5	12.5	6.2	44.67	35.1	0.830	4690	239	428	10.3	2.31	347	37.7	2.06
27c	270	86	11.5	12.5	12.5	6.2	50.07	39.3	0.834	5020	261	467	10.1	2.28	372	39.8	2.03

续表

| 型号 | 截面尺寸/mm | | | | | | 截面面积/cm² | 理论重量/(kg/m) | 外表面积/(m²/m) | 惯性矩/cm⁴ | | | 惯性半径/cm | | 截面模数/cm³ | | 重心距离/cm |
	h	b	d	t	r	r_1				I_x	I_y	I_{y1}	i_x	i_y	W_x	W_y	Z_0
28a	280	82	7.5	12.5	12.5	6.2	40.02	31.4	0.846	4760	218	388	10.9	2.33	340	35.7	2.10
28b		84	9.5				45.62	35.8	0.850	5130	242	428	10.6	2.30	366	37.9	2.02
28c		86	11.5				51.22	40.2	0.854	5500	268	463	10.4	2.29	393	40.3	1.95
30a	300	85	7.5	13.5	13.5	6.8	43.89	34.5	0.897	6050	260	467	11.7	2.43	403	41.1	2.17
30b		87	9.5				49.89	39.2	0.901	6500	289	515	11.4	2.41	433	44.0	2.13
30c		89	11.5				55.89	43.9	0.905	6950	316	560	11.2	2.38	463	46.4	2.09
32a	320	88	8.0	14.0	14.0	7.0	48.50	38.1	0.947	7600	305	552	12.5	2.50	475	46.5	2.24
32b		90	10.0				54.90	43.1	0.951	8140	336	593	12.2	2.47	509	49.2	2.16
32c		92	12.0				61.30	48.1	0.955	8690	374	643	11.9	2.47	543	52.6	2.09
36a	36.0	96	9.0	16.0	16.0	8.0	60.89	47.8	1.053	11900	455	818	14.0	2.73	660	63.5	2.44
36b		98	11.0				68.09	53.5	1.057	12700	497	880	13.6	2.70	703	66.9	2.37
36c		100	13.0				75.29	59.1	1.061	13400	536	948	13.4	2.67	746	70.0	2.34
40a	400	100	10.5	18.0	18.0	9.0	75.04	58.9	1.144	17600	592	1070	15.3	2.81	879	78.8	2.49
40b		102	12.5				83.04	65.2	1.148	18600	640	1140	15.0	2.78	932	82.5	2.44
40c		104	14.5				91.04	71.5	1.152	19700	688	1220	14.7	2.75	986	86.2	2.42

注：表中 r、r_1 的数据用于孔型设计，不做交货条件。

附表Ⅱ-3 等边角钢

说明:
b —— 边宽度;
d —— 边厚度;
r —— 内圆弧半径;
r_1 —— 边端圆弧半径;
Z_0 —— 重心距离。

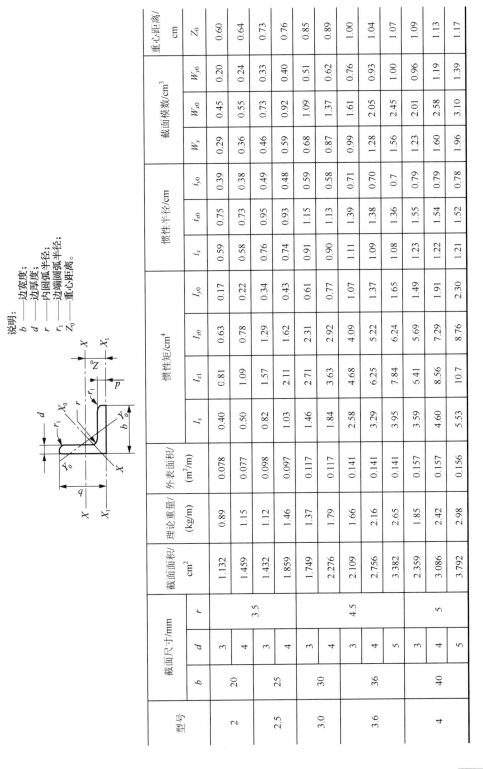

型号	截面尺寸/mm			截面面积/cm²	理论重量/(kg/m)	外表面积/(m²/m)	惯性矩/cm⁴				惯性半径/cm			截面模数/cm³			重心距离/cm
	b	d	r				I_x	I_{x1}	I_{x0}	I_{y0}	i_x	i_{x0}	i_{y0}	W_x	W_{x0}	W_{y0}	Z_0
2	20	3	3.5	1.132	0.89	0.078	0.40	0.81	0.63	0.17	0.59	0.75	0.39	0.29	0.45	0.20	0.60
		4		1.459	1.15	0.077	0.50	1.09	0.78	0.22	0.58	0.73	0.38	0.36	0.55	0.24	0.64
2.5	25	3		1.432	1.12	0.098	0.82	1.57	1.29	0.34	0.76	0.95	0.49	0.46	0.73	0.33	0.73
		4		1.859	1.46	0.097	1.03	2.11	1.62	0.43	0.74	0.93	0.48	0.59	0.92	0.40	0.76
3.0	30	3	4.5	1.749	1.37	0.117	1.46	2.71	2.31	0.61	0.91	1.15	0.59	0.68	1.09	0.51	0.85
		4		2.276	1.79	0.117	1.84	3.63	2.92	0.77	0.90	1.13	0.58	0.87	1.37	0.62	0.89
3.6	36	3		2.109	1.66	0.141	2.58	4.68	4.09	1.07	1.11	1.39	0.71	0.99	1.61	0.76	1.00
		4		2.756	2.16	0.141	3.29	6.25	5.22	1.37	1.09	1.38	0.70	1.28	2.05	0.93	1.04
		5		3.382	2.65	0.141	3.95	7.84	6.24	1.65	1.08	1.36	0.7	1.56	2.45	1.00	1.07
4	40	3	5	2.359	1.85	0.157	3.59	5.41	5.69	1.49	1.23	1.55	0.79	1.23	2.01	0.96	1.09
		4		3.086	2.42	0.157	4.60	8.56	7.29	1.91	1.22	1.54	0.79	1.60	2.58	1.19	1.13
		5		3.792	2.98	0.156	5.53	10.7	8.76	2.30	1.21	1.52	0.78	1.96	3.10	1.39	1.17

材料力学

续表

型号	截面尺寸/mm			截面面积/cm²	理论重量/(kg/m)	外表面积/(m²/m)	惯性矩/cm⁴				惯性半径/cm			截面模数/cm³			重心距离/cm
	b	d	r				I_x	I_{x1}	I_{x0}	I_{y0}	i_x	i_{x0}	i_{y0}	W_x	W_{x0}	W_{y0}	Z_0
4.5	45	3	5	2.659	2.09	0.177	5.17	9.12	8.20	2.14	1.40	1.76	0.89	1.58	2.58	1.24	1.22
		4		3.486	2.74	0.177	6.65	12.2	10.6	2.75	1.38	1.74	0.89	2.05	3.32	1.54	1.26
		5		4.292	3.37	0.176	8.04	15.2	12.7	3.33	1.37	1.72	0.88	2.51	4.00	1.81	1.30
		6		5.077	3.99	0.176	9.33	18.4	14.8	3.89	1.36	1.70	0.80	2.95	4.64	2.06	1.33
5	50	3	5.5	2.971	2.33	0.197	7.18	12.5	11.4	2.98	1.55	1.96	1.00	1.96	3.22	1.57	1.34
		4		3.897	3.06	0.197	9.26	16.7	14.7	3.82	1.54	1.94	0.99	2.56	4.16	1.96	1.38
		5		4.803	3.77	0.196	11.2	20.9	17.8	4.64	1.53	1.92	0.98	3.13	5.03	2.31	1.42
		6		5.688	4.46	0.196	13.1	25.1	20.7	5.42	1.52	1.91	0.98	3.68	5.85	2.63	1.46
5.6	56	3	6	3.343	2.62	0.221	10.2	17.6	16.1	4.24	1.75	2.20	1.13	2.48	4.08	2.02	1.48
		4		4.39	3.45	0.220	13.2	23.4	20.9	5.46	1.73	2.18	1.11	3.24	5.28	2.52	1.53
		5		5.415	4.25	0.220	16.0	29.3	25.4	6.61	1.72	2.17	1.10	3.97	6.42	2.98	1.57
		6		6.42	5.04	0.220	18.7	35.3	29.7	7.73	1.71	2.15	1.10	4.68	7.49	3.40	1.61
		7		7.404	5.81	0.219	21.2	41.2	33.6	8.82	1.69	2.13	1.09	5.36	8.19	3.80	1.64
		8		8.367	6.57	0.219	23.6	47.2	37.4	9.89	1.68	2.11	1.09	6.03	9.44	4.16	1.68
6	60	5	6.5	5.829	4.58	0.236	19.9	36.1	31.6	8.21	1.85	2.33	1.19	4.59	7.44	3.48	1.67
		6		6.914	5.43	0.235	23.4	43.3	36.9	9.60	1.83	2.31	1.18	5.41	8.70	3.98	1.70
		7		7.977	6.26	0.235	26.4	50.7	41.9	11.0	1.82	2.29	1.17	6.21	9.88	4.45	1.74
		8		9.02	7.08	0.235	29.5	58.0	46.7	12.3	1.81	2.27	1.17	6.98	11.0	4.88	1.78

续表

型号	截面尺寸/mm			截面面积/cm²	理论重量/(kg/m)	外表面积/(m²/m)	惯性矩/cm⁴				惯性半径/cm			截面模数/cm³			重心距离/cm
	b	d	r				I_x	I_{x1}	I_{x0}	I_{y0}	i_x	i_{x0}	i_{y0}	W_x	W_{x0}	W_{y0}	Z_0
6.3	63	4	7	4.978	3.91	0.248	19.0	33.4	30.2	7.89	1.96	2.46	1.26	4.13	6.78	3.29	1.70
		5		6.143	4.82	0.248	23.2	41.7	36.8	9.57	1.94	2.45	1.25	5.08	8.25	3.90	1.74
		6		7.288	5.72	0.247	27.1	50.1	43.0	11.2	1.93	2.43	1.24	6.00	9.66	4.46	1.78
		7		8.412	6.60	0.247	30.9	58.6	49.0	12.8	1.92	2.41	1.23	6.88	11.0	4.98	1.82
		8		9.515	7.47	0.247	34.5	67.1	54.6	14.3	1.90	2.40	1.23	7.75	12.3	5.47	1.85
		10		11.66	9.15	0.246	41.1	84.3	64.9	17.3	1.88	2.36	1.22	9.39	14.6	6.36	1.93
7	70	4	8	5.570	4.37	0.275	26.4	45.7	41.8	11.0	2.18	2.74	1.40	5.14	8.44	4.17	1.86
		5		6.876	5.40	0.275	32.2	57.2	51.1	13.3	2.16	2.73	1.39	6.32	10.3	4.95	1.91
		6		8.160	6.41	0.275	37.8	68.7	59.9	15.6	2.15	2.71	1.38	7.48	12.1	5.67	1.95
		7		9.424	7.40	0.275	43.1	80.3	68.4	17.8	2.14	2.69	1.38	8.59	13.8	6.34	1.99
		8		10.67	8.37	0.274	48.2	91.9	76.4	20.0	2.12	2.68	1.37	9.68	15.4	6.98	2.03
7.5	75	5	9	7.412	5.82	0.295	40.0	70.6	63.3	16.6	2.33	2.92	1.50	7.32	11.9	5.77	2.04
		6		8.797	6.91	0.294	47.0	84.6	74.4	19.5	2.31	2.90	1.49	8.64	14.0	6.67	2.07
		7		10.16	7.98	0.294	53.6	98.7	85.0	22.2	2.30	2.89	1.48	9.93	16.0	7.44	2.11
		8		11.50	9.03	0.294	60.0	113	95.1	24.9	2.28	2.88	1.47	11.2	17.9	8.19	2.15
		9		12.83	10.1	0.294	66.1	127	105	27.5	2.27	2.86	1.46	12.4	19.8	8.89	2.18
		10		14.13	11.1	0.293	72.0	142	114	30.1	2.26	2.84	1.46	13.6	21.5	9.56	2.22
8	80	5	9	7.912	6.21	0.315	48.8	85.4	77.3	20.3	2.48	3.13	1.60	8.34	13.7	6.66	2.15
		6		9.397	7.38	0.314	57.4	103	91.0	23.7	2.47	3.11	1.59	9.87	16.1	7.65	2.19
		7		10.86	8.53	0.314	65.6	120	104	27.1	2.46	3.10	1.58	11.4	18.4	8.58	2.23
		8		12.30	9.66	0.314	73.5	137	117	30.4	2.44	3.08	1.57	12.8	20.6	9.46	2.27
		9		13.73	10.8	0.314	81.1	154	129	33.6	2.43	3.06	1.56	14.3	22.7	10.3	2.31
		10		15.13	11.9	0.313	88.4	172	140	36.8	2.42	3.04	1.56	15.6	24.8	11.1	2.35

续表

型号	截面尺寸/mm			截面面积/cm²	理论重量/(kg/m)	外表面积/(m²/m)	惯性矩/cm⁴				惯性半径/cm			截面模数/cm³			重心距离/cm
	b	d	r				I_x	I_{x1}	I_{x0}	I_{y0}	i_x	i_{x0}	i_{y0}	W_x	W_{x0}	W_{y0}	Z_0
9	90	6	10	10.64	8.35	0.354	82.8	146	131	34.3	2.79	3.51	1.80	12.6	20.6	9.95	2.44
		7		12.30	9.66	0.354	94.8	170	150	39.2	2.78	3.50	1.78	14.5	23.6	11.2	2.48
		8		13.94	10.9	0.353	106	195	169	44.0	2.76	3.48	1.78	16.4	26.6	12.4	2.52
		9		15.57	12.2	0.353	118	219	187	48.7	2.75	3.46	1.77	18.3	29.4	13.5	2.56
		10		17.17	13.5	0.353	129	244	204	53.3	2.74	3.45	1.76	20.1	32.0	14.5	2.59
		12		20.31	15.9	0.352	149	294	236	62.2	2.71	3.41	1.75	23.6	37.1	16.5	2.67
10	100	6	12	11.93	9.37	0.393	115	200	182	47.9	3.10	3.90	2.00	15.7	25.7	12.7	2.67
		7		13.80	10.8	0.393	132	234	209	54.7	3.09	3.89	1.99	18.1	29.6	14.3	2.71
		8		15.64	12.3	0.393	148	267	235	61.4	3.08	3.88	1.98	20.5	33.2	15.8	2.76
		9		17.46	13.7	0.392	164	300	260	68.0	3.07	3.86	1.97	22.8	36.8	17.2	2.80
		10		19.26	15.1	0.392	180	334	285	74.4	3.05	3.84	1.96	25.1	40.3	18.5	2.84
		12		22.80	17.9	0.391	209	402	331	86.8	3.03	3.81	1.95	29.5	46.8	211	2.91
		14		26.26	20.6	0.391	237	471	374	99.0	3.00	3.77	1.94	33.7	52.9	23.4	2.99
		16		29.63	23.3	0.390	263	540	414	111	2.98	3.74	1.94	37.8	58.6	25.6	3.06
11	110	7	12	15.20	11.9	0.433	177	311	281	73.4	3.41	4.30	2.20	22.1	36.1	17.5	2.96
		8		17.24	13.5	0.433	199	355	316	82.4	3.40	4.28	2.19	25.0	40.7	19.4	3.01
		10		21.26	16.7	0.432	242	445	384	100	3.38	4.25	2.17	30.6	49.4	22.9	3.09
		12		25.20	19.8	0.431	283	535	448	117	3.35	4.22	2.15	36.1	57.6	26.2	3.16
		14		29.06	22.8	0.431	321	625	508	133	3.32	4.18	2.14	41.3	65.3	29.1	3.24
12.5	125	8	14	19.75	15.5	0.492	297	521	471	123	3.88	4.88	2.50	32.5	53.3	25.9	3.37
		10		24.37	19.1	0.491	362	652	574	149	3.85	4.85	2.48	40.0	64.9	30.6	3.45
		12		28.91	22.7	0.491	423	783	671	175	3.83	482	2.46	41.2	76.0	35.0	3.53

续表

型号	截面尺寸/mm b	d	r	截面面积/cm²	理论重量/(kg/m)	外表面积/(m²/m)	惯性矩/cm⁴ I_x	I_{x1}	I_{x0}	I_{y0}	惯性半径/cm i_x	i_{x0}	i_{y0}	截面模数/cm³ W_x	W_{x0}	W_{y0}	重心距离/cm Z_0
12.5	125	14	14	33.37	26.2	0.490	482	916	764	200	3.80	4.78	2.45	54.2	86.4	39.1	3.61
		16		37.74	29.6	0.489	537	1050	851	224	3.77	4.75	2.43	60.9	96.3	43.0	3.68
14	140	10		27.37	21.5	0.551	515	915	817	212	4.34	5.46	2.78	50.6	82.6	39.2	3.82
		12		32.51	25.5	0.551	604	1100	959	249	4.31	5.43	2.76	59.8	96.9	45.0	3.90
		14		37.57	29.5	0.550	689	1280	1090	284	4.28	5.40	2.75	68.8	110	50.5	3.98
		16		42.54	33.4	0.549	770	1470	1220	319	4.26	5.36	2.74	77.5	123	55.6	4.06
15	150	8		23.75	18.6	0.592	521	900	827	215	4.69	5.90	3.01	47.4	78.0	38.1	3.99
		10		29.37	23.1	0.591	638	1130	1010	262	4.66	5.87	2.99	58.4	95.5	45.5	4.08
		12		34.91	27.4	0.591	749	1350	1190	308	4.63	5.84	2.97	69.0	112	52.4	4.15
		14		40.37	31.7	0.590	856	1580	1360	352	4.60	5.80	2.95	79.5	128	58.8	4.23
		15		43.06	33.8	0.590	907	1690	1140	374	4.59	5.78	2.95	84.6	136	61.9	4.27
		16		45.74	35.9	0.589	958	1810	1520	395	4.58	5.77	2.94	89.6	143	64.9	4.31
16	160	10	16	31.50	24.7	0.630	780	1370	1240	322	4.98	6.27	3.20	66.7	109	52.8	4.31
		12		37.44	29.4	0.630	917	1640	1460	377	4.95	6.24	3.18	79.0	129	60.7	4.39
		14		43.30	34.0	0.629	1050	1910	1670	432	4.92	6.20	3.16	91.0	147	68.2	4.47
		16		49.07	38.5	0.629	1180	2190	1870	485	4.89	6.17	3.14	103	165	75.3	4.55
18	180	12		42.24	33.2	0.710	1320	2330	2100	543	5.59	7.05	3.58	101	165	78.4	4.89
		14		48.90	38.4	0.709	1510	2720	2410	622	5.56	7.02	3.56	116	189	88.4	4.97
		16		55.47	43.5	0.709	1700	3120	2700	699	5.54	6.98	3.55	131	212	97.8	5.05
		18		61.96	48.6	0.708	1880	3500	2990	762	5.50	6.94	3.51	146	235	105	5.13
20	200	14		54.64	42.9	0.788	2100	3730	3340	864	6.20	7.82	3.98	145	236	112	5.46

续表

型号	截面尺寸/mm			截面面积/cm²	理论重量/(kg/m)	外表面积/(m²/m)	惯性矩/cm⁴				惯性半径/cm			截面模数/cm³			重心距离/cm
	b	d	r				I_x	I_{x1}	I_{x0}	I_{y0}	i_x	i_{x0}	i_{y0}	W_x	W_{x0}	W_{y0}	Z_0
20	200	16	18	62.01	48.7	0.788	2370	4270	3760	971	6.18	7.79	3.96	164	266	124	5.54
		18		69.30	54.4	0.787	2620	4810	4160	1080	6.15	7.75	3.94	182	294	136	5.62
		20		76.51	60.1	0.787	2870	6350	4550	1180	6.12	7.72	3.93	200	322	147	5.69
		24		90.66	71.2	0.785	3340	6460	5290	1380	6.07	7.64	3.90	236	374	167	5.87
22	220	16	21	68.67	53.9	0.866	3190	5680	5060	1310	6.81	8.59	4.37	200	326	454	6.03
		18		76.75	60.3	0.866	3540	6400	5620	1450	6.79	8.55	4.35	223	361	168	6.11
		20		84.76	66.5	0.865	3870	7110	6150	1590	6.76	8.52	4.34	245	395	182	6.18
		22		92.68	72.8	0.865	4200	7830	6670	1730	6.73	8.48	4.32	267	429	195	6.26
		24		100.5	78.9	0.864	4520	8550	7170	1870	6.71	8.45	4.31	289	461	208	6.33
		26		108.3	85.0	0.864	4830	9280	7690	2000	6.68	8.41	4.30	310	492	221	6.41
25	250	18	24	87.84	69.0	0.985	5270	9380	8370	2170	7.75	9.76	4.97	290	473	224	6.84
		20		97.05	76.2	0.984	5780	10400	9180	2380	7.72	9.73	4.95	320	519	243	6.92
		22		106.2	83.3	0.983	6280	11500	9970	2580	7.69	9.69	4.93	349	564	261	7.00
		24		115.2	90.4	0.983	6770	12500	10700	2790	7.67	9.66	4.92	378	608	278	7.07
		26		124.2	97.5	0.982	7240	13600	11500	2980	7.64	9.62	4.90	406	650	295	7.15
		28		133.0	104	0.982	7700	14600	12200	3180	7.61	9.58	4.89	433	691	311	7.22
		30		141.8	111	0.981	8160	15700	12900	3380	7.58	9.55	4.88	461	731	327	7.30
		32		150.5	118	0.981	8600	16800	13600	3570	7.56	9.51	4.87	488	770	342	7.37
		35		163.4	128	0.980	9240	18400	14600	3850	7.52	9.46	4.86	527	827	364	7.48

注：截面图中的 $r_1=1/3d$ 及表中 r 的数据用于孔型设计，不做交货条件。

附表Ⅱ-4 不等边角钢

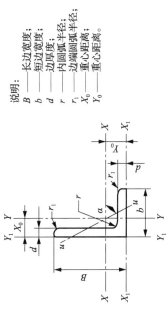

说明:
B —— 长边宽度;
b —— 短边宽度;
d —— 边厚度;
r —— 内圆弧半径;
r₁ —— 边端圆弧半径;
X₀ —— 重心距离;
Y₀ —— 重心距离。

型号	截面尺寸/mm				截面面积/cm²	理论重量/(kg/m)	外表面积/(m²/m)	惯性矩/cm⁴					惯性半径/cm			截面模数/cm³			tanα	重心距离/cm	
	B	b	d	r				I_x	I_{x1}	I_y	I_{y1}	I_u	i_x	i_y	i_u	W_x	W_y	W_u		X_0	Y_0
2.5/1.6	25	16	3	3.5	1.162	0.91	0.080	0.70	1.56	0.22	0.43	0.14	0.78	0.44	0.34	0.43	0.19	0.16	0.392	0.42	0.86
			4		1.499	1.18	0.079	0.88	2.09	0.27	0.59	0.17	0.77	0.43	0.34	0.55	0.24	0.20	0.381	0.46	0.90
3.2/2	32	20	3	4	1.492	1.17	0.102	1.53	3.27	0.46	0.82	0.28	1.01	0.55	0.43	0.72	0.30	0.25	0.382	0.49	1.08
			4		1.939	1.52	0.101	1.93	4.37	0.57	1.12	0.35	1.00	0.54	0.42	0.93	0.39	0.32	0.374	0.53	1.12
4/2.5	40	25	3	4	1.890	1.48	0.127	3.08	5.39	0.93	1.59	0.56	1.28	0.70	0.54	1.15	0.49	0.40	0.385	0.59	1.32
			4		2.467	1.94	0.127	3.93	8.53	1.18	2.14	0.71	1.36	0.69	0.54	1.49	0.63	0.52	0.381	0.63	1.37
4.5/2.8	45	28	3	5	2.149	1.69	0.143	4.45	9.10	1.34	2.23	0.80	1.44	0.79	0.61	1.47	0.62	0.51	0.383	0.64	1.47
			4		2.806	2.20	0.143	5.69	12.1	1.70	3.00	1.02	1.42	0.78	0.60	1.91	0.80	0.66	0.380	0.68	1.51
5/3.2	50	32	3	5.5	2.431	1.91	0.161	6.24	12.5	2.02	3.31	1.20	1.60	0.91	0.70	1.84	0.82	0.68	0.404	0.73	1.60
			4		3.177	2.49	0.160	8.02	16.7	2.58	4.45	1.53	1.59	0.90	0.69	2.39	1.06	0.87	0.402	0.77	1.65
5.6/3.6	56	36	3	6	2.743	2.15	0.181	8.88	17.5	2.92	4.7	1.73	1.80	1.03	0.79	2.32	1.05	0.87	0.408	0.80	1.78
			4		3.590	2.82	0.180	11.5	23.4	3.76	6.33	2.23	1.79	1.02	0.79	3.03	1.37	1.13	0.408	0.85	1.82
			5		4.415	3.47	0.180	13.9	29.3	4.49	7.94	2.67	1.77	1.01	0.78	3.71	1.65	1.36	0.404	0.88	1.87

续表

型号	截面尺寸/mm				截面面积/ cm²	理论重量/ (kg/m)	外表面积/ (m²/m)	惯性矩/cm⁴					惯性半径/cm			截面模数/cm³			tanα	重心距离/cm	
	B	b	d	r				I_x	I_{x1}	I_y	I_{y1}	I_u	i_x	i_y	i_u	W_x	W_y	W_u		X_0	Y_0
6.3/4	63	40	4	7	4.058	3.19	0.202	16.5	33.3	5.23	8.63	3.12	2.02	1.14	0.88	3.87	1.70	1.40	0.398	0.92	2.04
			5		4.993	3.92	0.202	20.0	41.6	6.31	10.9	3.75	2.00	1.12	0.87	4.74	2.07	1.71	0.396	0.95	2.08
			6		5.908	4.64	0.201	23.4	50.0	7.29	13.1	4.34	1.96	1.11	0.86	5.59	2.43	1.99	0.393	0.99	2.12
			7		6.802	5.34	0.201	26.5	58.1	8.24	15.5	4.97	1.98	1.10	0.86	6.40	2.78	2.29	0.389	1.03	2.15
7/4.5	70	45	4	7.5	4.553	3.57	0.226	23.2	45.9	7.55	12.3	4.40	2.26	1.29	0.98	4.86	2.17	1.77	0.410	1.02	2.24
			5		5.609	4.40	0.225	28.0	57.1	9.13	15.4	5.40	2.23	1.28	0.98	5.92	2.65	2.19	0.407	1.06	2.28
			6		6.644	5.22	0.225	32.5	68.4	10.6	18.6	6.35	2.21	1.26	0.98	6.95	3.12	2.59	0.404	1.09	2.32
			7		7.658	6.01	0.225	37.2	80.0	12.0	21.8	7.16	2.20	1.25	0.97	8.03	3.57	2.94	0.402	1.13	2.36
7.5/5	75	50	5	8	6.126	4.81	6.245	34.9	70.0	12.6	21.0	7.41	2.39	1.44	1.10	6.83	3.3	2.74	0.435	1.17	2.40
			6		7.260	5.70	0.245	41.1	84.3	14.7	25.4	8.54	2.38	1.42	1.08	8.12	3.88	3.19	0.435	1.21	2.44
			8		9.467	7.43	0.244	52.4	113	18.5	34.2	10.9	2.35	1.40	1.07	10.5	4.99	4.10	0.429	1.29	2.52
			10		11.59	9.10	0.244	62.7	141	22.0	43.4	13.1	2.33	1.38	1.06	12.8	6.04	4.99	0.423	1.36	2.60
8/5	80	50	5	8	6.376	5.00	0.255	42.0	85.2	12.8	21.1	7.66	2.56	1.42	1.10	7.78	3.32	2.74	0.383	1.14	2.60
			6		7.560	5.93	0.255	49.5	103	15.0	25.4	8.85	2.56	1.41	1.08	9.25	3.91	3.20	0.387	1.18	2.65
			7		8.724	6.85	0.255	56.2	119	17.0	29.8	10.2	2.54	1.39	1.08	10.6	4.48	3.70	0.384	1.21	2.69
			8		9.867	7.75	0.254	62.8	136	18.9	34.3	11.4	2.52	1.38	1.07	11.9	5.03	4.16	0.381	1.25	2.73
9/5.6	90	56	5	9	7.212	5.66	0.287	60.5	121	18.3	29.5	11.0	2.90	1.59	1.23	9.92	4.21	3.49	0.385	1.25	2.91
			6		8.557	6.72	0.286	71.0	146	21.4	35.6	12.9	2.88	1.58	1.23	11.7	4.96	4.13	0.384	1.29	2.95
			7		9.881	7.76	0.286	81.0	170	24.4	41.7	14.7	2.86	1.57	1.22	13.5	5.70	4.72	0.382	1.33	3.00
			8		11.18	8.78	0.285	91.0	194	27.2	47.9	16.3	2.85	1.56	1.21	15.3	6.41	5.29	0.380	1.36	3.04

续表

型号	B	b	d	r	截面面积/cm²	理论重量/(kg/m)	外表面积/(m²/m)	I_x	I_{x1}	I_y	I_{y1}	I_u	i_x	i_y	i_u	W_x	W_y	W_u	tanα	X_0	Y_0
								惯性矩/cm⁴					惯性半径/cm			截面模数/cm³				重心距离/cm	
10/6.3	100	63	6	10	9.518	7.55	0.320	99.1	200	30.9	50.5	18.4	3.21	1.79	1.38	14.6	6.35	5.25	0.394	1.43	3.24
			7		11.11	8.72	0.320	113	233	35.3	59.1	21.0	3.20	1.78	1.38	16.9	7.29	6.02	0.394	1.47	3.28
			8		12.58	9.88	0.319	127	260	39.4	67.9	23.5	3.18	1.77	1.37	19.1	8.21	6.78	0.391	1.50	3.32
			10		15.47	12.1	0.319	154	333	47.1	85.7	28.3	3.15	1.74	1.35	23.3	9.98	8.24	0.387	1.58	3.40
10/8	100	80	6	10	10.64	8.35	0.354	107	200	61.2	103	31.7	3.17	2.40	1.72	15.2	10.2	8.37	0.627	1.97	2.95
			7		12.30	9.66	0.354	123	233	70.1	120	36.2	3.16	2.39	1.72	17.5	11.7	9.60	0.626	2.01	3.00
			8		13.94	10.9	0.353	138	267	78.6	137	40.6	3.14	2.37	1.71	19.8	13.2	10.8	0.625	2.05	3.04
			10		17.17	13.5	0.353	167	334	94.7	172	49.1	3.12	2.35	1.69	24.2	16.1	13.1	0.622	2.13	3.12
11/7	110	70	6	10	10.64	8.35	0.354	133	266	42.9	69.1	25.4	3.54	2.01	1.54	17.9	7.90	6.53	0.403	1.57	3.53
			7		12.30	9.66	0.354	153	310	49.0	80.8	29.0	3.53	2.00	1.53	20.6	9.09	7.50	0.402	1.61	3.57
			8		13.94	10.9	0.353	172	354	54.9	92.7	32.5	3.51	1.98	1.53	23.3	10.3	8.45	0.401	1.65	3.62
			10		17.17	13.5	0.353	208	443	65.9	117	39.2	3.48	1.96	1.51	28.5	12.5	10.3	0.397	1.72	3.70
12.5/8	125	80	7	11	14.10	11.1	0.403	228	455	74.4	120	43.8	4.02	2.30	1.76	26.9	12.0	9.92	0.408	1.80	4.01
			8		15.99	12.6	0.403	257	520	83.5	138	49.2	4.01	2.28	1.75	30.4	13.6	11.2	0.407	1.84	4.06
			10		19.71	15.5	0.402	312	650	101	173	59.5	3.98	2.26	1.74	37.3	16.6	13.6	0.404	1.92	4.06
			12		23.35	18.3	0.402	364	780	117	210	69.4	3.95	2.24	1.72	44.0	19.4	16.0	0.400	2.00	4.22
14/9	140	90	8	12	18.04	14.2	0.453	366	731	121	196	70.8	4.50	2.59	1.98	38.5	17.3	14.3	0.411	2.04	4.50
			10		22.26	17.5	0.452	446	913	140	246	85.8	4.47	2.56	1.96	47.3	21.2	17.5	0.409	2.12	4.58
			12		26.40	20.7	0.451	522	1100	170	297	100	4.44	2.54	1.95	55.9	25.0	20.5	0.406	2.19	4.66
			14		30.46	23.9	0.451	594	1280	192	349	114	4.42	2.51	1.94	64.2	28.5	23.5	0.403	2.27	4.74
15/9	150	90	8	12	18.84	14.8	0.473	442	898	123	196	74.1	4.84	2.55	1.98	43.9	17.5	14.5	0.364	1.97	4.92
			10		23.26	18.3	0.472	539	1120	149	246	89.9	4.81	2.53	1.97	54.0	21.4	17.7	0.362	2.05	5.01
			12		27.60	21.7	0.471	632	1350	173	297	105	4.79	2.50	1.95	63.8	25.1	20.8	0.359	2.12	5.09

续表

型号	截面尺寸/mm				截面面积/cm²	理论重量/(kg/m)	外表面积/(m²/m)	惯性矩/cm⁴					惯性半径/cm			截面模数/cm³			tanα	重心距离/cm	
	B	b	d	r	cm²	(kg/m)	(m²/m)	I_x	I_{x1}	I_y	I_{y1}	I_u	i_x	i_y	i_u	W_x	W_y	W_u		X_0	Y_0
15/9	150	90	14	13	31.86	25.0	0.471	721	1570	196	350	120	4.76	2.48	1.94	73.3	28.8	23.8	0.356	2.20	5.17
			15		33.95	26.7	0.471	764	1680	207	376	127	4.74	2.47	1.93	78.0	30.5	25.3	0.354	2.24	5.21
			16		36.03	28.3	0.470	806	1800	217	403	134	4.73	2.45	1.93	82.6	32.3	26.8	0.352	2.27	5.25
16/10	160	100	10		25.32	19.9	0.512	669	1360	205	337	122	5.14	2.85	2.19	62.1	26.6	21.9	0.390	2.28	5.24
			12		30.05	23.6	0.511	785	1640	239	406	142	5.11	2.82	2.17	73.5	31.3	25.8	0.388	2.36	5.32
			14		34.71	27.2	0.510	896	1910	271	476	162	5.08	2.80	2.16	84.6	35.8	29.6	0.385	2.43	5.40
			16		39.28	30.8	0.510	1000	2180	302	548	183	5.05	2.77	2.16	95.3	40.2	33.4	0.382	2.51	5.48
18/11	180	110	10	14	28.37	22.3	0.571	956	1940	278	447	167	5.80	3.13	2.42	79.0	32.5	26.9	0.376	2.44	5.89
			12		33.71	26.5	0.571	1120	2330	325	539	195	5.78	3.10	2.40	93.5	38.3	31.7	0.374	2.52	5.98
			14		38.97	30.6	0.570	1290	2720	370	632	222	5.75	3.08	2.39	108	44.0	36.3	0.372	2.59	6.06
			16		44.14	34.6	0.569	1440	3110	412	726	249	5.72	3.06	2.38	122	49.4	40.9	0.369	2.67	6.14
20/12.5	200	125	12		37.91	29.8	0.641	1570	3190	483	788	286	6.44	3.57	2.74	117	50.0	41.2	0.392	2.83	6.54
			14		43.87	34.4	0.640	1800	3730	551	922	327	6.41	3.54	2.73	135	57.4	47.3	0.390	2.91	6.62
			16		49.74	39.0	0.639	2020	4260	615	1060	366	6.38	3.52	2.71	152	64.9	53.3	0.388	2.99	6.70
			18		55.53	43.6	0.639	2240	4790	677	1200	405	6.35	3.49	2.70	169	71.7	59.2	0.385	3.06	6.78

注：截面图中的 $r_1=1/3d$ 及表中 r 的数据用于孔型设计，不做交货条件。

附录Ⅲ　部分思考与练习题参考答案

第2章

2-5　（a）$F_{N1}=40\text{kN}$，$F_{N2}=10\text{kN}$，$F_{N3}=20\text{kN}$；（b）$F_{N1}=3F$，$F_{N2}=F$，$F_{N3}=-2F$

（c）$F_{N1}=10\text{kN}$，$F_{N2}=-10\text{kN}$，$F_{N3}=-20\text{kN}$；（d）$F_{N1}=-40\text{kN}$，$F_{N2}=0$，$F_{N3}=20\text{kN}$

2-6　$\sigma_1=-50\text{MPa}$，$\sigma_2=-200\text{MPa}$，$\sigma_3=-100\text{MPa}$

2-7　$\sigma_{AB}=191.1\text{MPa}$，$\sigma_{AC}=-50.7\text{MPa}$

2-8　（1）$\Delta l_1=0.076\text{mm}$，$\Delta l_2=0.143\text{mm}$；（2）$\varepsilon_1=3.8\times10^{-5}$，$\varepsilon_2=4.77\times10^{-5}$；

（3）$\Delta l=0.219\text{mm}$

2-9　（1）$x=1.35\text{m}$；　（2）$\sigma_1=38.3\text{MPa}$，$\sigma_2=28.7\text{MPa}$

2-10　（1）$\sigma=127.4\text{MPa}$；　（2）$E=210\text{GPa}$；（3）$v=0.28$

2-11　满足强度要求

2-12　两杆均满足强度要求

2-13　满足强度要求

2-14　杆 1 满足强度要求；杆 2 不满足强度要求

2-15　（1）该结构是安全的；（2）$[F]=185\text{kN}$

2-16　$[F]=103\text{kN}$

2-17　$l=200\text{mm}$；$a=20\text{mm}$

第3章

3-17　（a）$T_{AB}=1\text{kN}\cdot\text{m}$，$T_{BC}=-2\text{kN}\cdot\text{m}$，$T_{CD}=2\text{kN}\cdot\text{m}$

（b）$T_{AB}=-4\text{kN}\cdot\text{m}$，$T_{BC}=T_{CD}=6\text{kN}\cdot\text{m}$

（c）$T_{AB}=18\text{kN}\cdot\text{m}$，$T_{BC}=12\text{kN}\cdot\text{m}$，$T_{CD}=-18\text{kN}\cdot\text{m}$，$T_{DE}=-10\text{kN}\cdot\text{m}$

（d）$T_{AB}=-4\text{kN}\cdot\text{m}$，$T_{BC}=2\text{kN}\cdot\text{m}$，$T_{CD}=-8\text{kN}\cdot\text{m}$

3-18　$T_{12}=-15.76\text{kN}\cdot\text{m}$，$T_{23}=-11.94\text{kN}\cdot\text{m}$，$T_{34}=-7.16\text{kN}\cdot\text{m}$，$T_{45}=-3.58\text{kN}\cdot\text{m}$；

布置不合理，主动轮 1 放在中间较合理。

3-19　$P=18.49\text{kW}$

3-20　$T_{AB}=2\text{kN}\cdot\text{m}$，$T_{AB}=-4\text{kN}\cdot\text{m}$，$\tau_{\max}=34.5\text{MPa}$

3-21　不满足强度要求；$d\geqslant50.3\text{mm}$

3-22　$M_{eA}=13.4\text{kN}\cdot\text{m}$

3-23　$M_e=3.14\text{kN}\cdot\text{m}$

3-24　0.015rad

3-25　（1）$\tau_{\max}^{BC}=48.9\text{MPa}$；（2）$\varphi_{BC}=-1.22\times10^{-2}\text{rad}$，$\varphi_C=-2.13\times10^{-2}\text{rad}$

3-26 满足强度要求和刚度要求

3-27 $d_{min} \geqslant 111.3 \, mm$

第4章

4-12

（a）$F_{S1}=-F$，$F_{S2}=F$，$F_{S3}=0$；$M_1=-Fl$，$M_2=-Fl$，$M_3=0$

（b）$F_{S1}=3kN$，$F_{S2}=-1kN$；$M_1=-6\,kN\cdot m$，$M_2=6\,kN\cdot m$

（c）$F_{S1}=-2kN$，$F_{S2}=2kN$；$M_1=12\,kN\cdot m$，$M_2=12\,kN\cdot m$

（d）$F_{S1}=4kN$，$F_{S2}=-6kN$，$F_{S3}=2kN$；$M_1=-4\,kN\cdot m$，$M_2=-4\,kN\cdot m$，$M_3=4\,kN\cdot m$

4-13

（a）$F_{SC}^{左}=F$，$F_{SC}^{右}=0$；$M_A=0$，$M_C=Fl$

（b）$F_{SA}=2ql$，$F_{SB}=ql$；$M_A=0$，$M_B=\dfrac{3ql^2}{2}$

（c）$F_{SA}^{左}=20$，$F_{SA}^{右}=2ql$；$F_{SB}=0$；$M_A=-2ql^2$，$M_B=0$

（d）$F_{SC}^{右}=-20kN$，$F_{SA}^{左}=-20kN$，$F_{SA}^{右}=30kN$，$F_{SB}=-10kN$；

$M_A=0\,kN\cdot m$，$M_C=-20\,kN\cdot m$，$M_B=0\,kN\cdot m$

4-15 　　　　　　　　　（a）　　　　　　　　　　　　　（b）

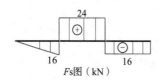
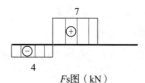

第5章

5-15 $\sigma_1=3.33MPa$，$\sigma_2=6.67MPa$

5-16 （1）$\sigma_{竖}=2.5MPa$，$\sigma_{横}=6.67MPa$ （2）$\sigma_{max}=6.67MPa$，$\tau_{max}=0.4MPa$，该梁满足强度要求

5-17 $\sigma_{max}=6.17MPa$，$\tau_{max}=0.28MPa$，该梁满足强度要求

5-18 $M_{max}=36kN\cdot m$，$W_z=2.25\times10^5\,mm^3$，选择型号为20a的工字钢

5-19 $M_{max}=2qkN\cdot m$，$W_z=4.02\times10^5\,mm^3$，$q\approx2\,kN/m$

5-20 $M_{max}=80kN\cdot m$，$h=416mm$，$b=277mm$

5-21 $M_{max}=4kN\cdot m$，$I_z=1.36\times10^6\,mm^4$

$\sigma_{max}^c=88.2MPa$，$\sigma_{max}^t=147.1MPa$

第6章

6-3 $y_C=\dfrac{qa^4}{8EI}$，$y_D=\dfrac{qa^4}{12EI}$

6-4 $y_C=\dfrac{5ql^4}{384EI}+\dfrac{Fl^3}{48EI}$

6-5　$\dfrac{y_{max}}{l}=\dfrac{1}{600}<\dfrac{1}{400}$，满足刚度要求

第7章

7-4　（1）$\sigma_{30^\circ}=9.82\text{MPa}$，$\tau_{30^\circ}=-31.65\text{MPa}$；（2）$\sigma_1=37\text{MPa}$，$\sigma_2=0$，$\sigma_3=-27\text{MPa}$，$\alpha_0=-19.33^\circ,70.67^\circ$；（3）$\tau_{max}=32\text{MPa}$，$\tau_{min}=-32\text{MPa}$，$\alpha_1=25.67^\circ,115.67^\circ$

7-5　（1）应力圆略；（2）$\sigma_{-30^\circ}=32.2\text{MPa}$，$\tau_{-30^\circ}=-10.3\text{MPa}$；（3）$\sigma_1=34.41\text{MPa}$，$\sigma_2=0$，$\sigma_3=-14.41\text{MPa}$

7-6　$\sigma_1=73.02\text{MPa}$，$\sigma_2=10.9\text{MPa}$，$\sigma_3=0$，$\alpha_0=-37.50^\circ,52.50^\circ$，$\tau=22\text{MPa}$

7-7　$\sigma_x=81.7\text{MPa}$，$\sigma_y=-70.7\text{MPa}$

7-8　$\sigma_y=130\text{MPa}<[\sigma]$，$q=10.4\text{MPa}$

第8章

8-3　$\sigma_{max}=9.98\text{MPa}$

8-4　$\sigma=12\text{MPa}$

8-5　40c 工字钢

8-6　$\sigma_{max}=153.37\text{MPa}$

8-7　$\sigma_{max}^{t}=0.1328\text{MPa}$，$\sigma_{max}^{c}=0.1908\text{MPa}$

8-8　$\sigma_{max}^{c}=5.29\text{MPa}$，$\sigma_{max}^{t}=5.09\text{MPa}$

8-9　$\sigma_{max}=94.9\text{MPa}$

8-10　8倍

8-11　$\sigma_A=8.83\text{MPa}$，$\sigma_B=3.83\text{MPa}$，$\sigma_C=-12.2\text{MPa}$，$\sigma_D=-7.17\text{MPa}$

$a_y=15.6\text{mm}$　$a_z=33.4\text{mm}$，a_y、a_z 分别是中性轴与 y、z 轴的截距

第9章

9-6　（a）杆；$F_{cr}=3120\text{kN}$

9-7　1 杆 $F_{cr}=4825\text{kN}$；2 杆 $F_{cr}=3965\text{kN}$；3 杆 $F_{cr}=2537\text{kN}$；

9-8　（1）$F=118.8\text{kN}$；（2）不安全

9-9　$n=6.5$

9-10　$a=31\text{mm}$，$l=2.48\text{m}$

9-11　$[F]=15.5\text{kN}$

9-12　$[F]=7.5\text{kN}$

附录 I

I-5　$z_C=0$，$y_C=\dfrac{4r}{3\pi}$，$S_{z_1}=\dfrac{2r^3}{3}$

I-6　（a）$S_y=\dfrac{1}{2}bh^2$，$S_z=\dfrac{1}{2}b^2h$；（b）$S_y=-\dfrac{1}{2}bh^2$，$S_z=-\dfrac{1}{2}b^2h$；（c）$S_y=0$，$S_z=0$

I-7　（a）$z_C=7.12\text{cm}$，$y_C=9.38\text{cm}$；（b）$z_C=10\text{cm}$，$y_C=21.8\text{cm}$

材 料 力 学

Ⅰ-8　$I_{z_2} = 3.29R^4$

Ⅰ-9　$I_{z_C} = 1.5 \times 10^7 \, \text{mm}^4$，$I_{y_C} = 4 \times 10^6 \, \text{mm}^4$

Ⅰ-10　$z_C = 154 \, \text{mm}$，$I_{y_C} = 5.832 \times 10^7 \, \text{mm}^4$

Ⅰ-11　$\alpha_0 = 20.4°$，$I_{y_0} = 7.039 \times 10^7 \, \text{mm}^4$，$I_{z_0} = 5.39 \times 10^7 \, \text{mm}^4$